Física Quântica

Para leigos

Física Quântica Para Leigos

ISBN: 978-85-508-2601-1

Alta Books é uma Editora do Grupo Editorial Alta Books.

Translated from original Quantum Physics For Dummies © 2024 by Wiley Publishing, Inc. ISBN 978-1-394-22550-7. This translation is published and sold by John Wiley, the owner of all rights to publish and sell the same. PORTUGUESE language edition published by Starlin Alta Editora e Consultoria Eireli, Copyright © 2025 by STARLIN ALTA EDITORA E CONSULTORIA LTDA.

Impresso no Brasil — 1ª Edição, 2025 — Edição revisada conforme o Acordo Ortográfico da Língua Portuguesa de 2009.

Dados Internacionais de Catalogação na Publicação (CIP)
(BENITEZ Catalogação Ass. Editorial, MS, Brasil)

J76f
1.ed. Jones, Andrew Zimmerman
Física quântica para leigos / Andrew Zimmerman Jones ; tradução Alberto Streicher. – 1.ed. – Rio de Janeiro : Alta Books, 2025.
352 p.; 16 x 23 cm. – (Para leigos)

Título original: Quantum physics for dummies.
ISBN 978-85-508-2601-1

1. Física quântica. 2. Física quântica – Estudo e ensino. I. Streicher, Alberto. II. Título. III. Série.

04-2025/214 CDD 539

Índice para catálogo sistemático:
1. Física quântica 539

Aline Graziele Benitez - Bibliotecária - CRB-1/3129

Grupo Editorial Alta Books

Produção Editorial: Grupo Editorial Alta Books
Diretor Editorial: Anderson Vieira
Editor da Obra: Gorki Starlin
Vendas Governamentais: Cristiane Mutüs
Gerência Comercial: Claudio Lima

Produtor Editorial: Thiê Alves
Tradução: Alberto Streicher
Copidesque: Carlos Bacci
Revisão Gramatical: Kamila Wozniak
Revisão Técnica: Sendy Nascimento
Diagramação: Catia Soderi

ALTA BOOKS
GRUPO EDITORIAL

Rua Viúva Cláudio, 291 — Bairro Industrial do Jacaré
CEP: 20.970-031 — Rio de Janeiro (RJ)
Tels.: (21) 3278-8069 / 3278-8419
www.altabooks.com.br — altabooks@altabooks.com.br
Ouvidoria: ouvidoria@altabooks.com.br

Editora **afiliada à:**
ASSOCIADO

Física Quântica Para leigos

Esta Folha de Cola tem o objetivo de complementar o *Física Quântica Para Leigos*, tradução da 3ª edição, de Andrew Zimmerman Jones. Ela começa com uma revisão de alguns operadores úteis usados nos cálculos de mecânica quântica. Em seguida, aborda um método útil para resolver a equação de Schrödinger para a função de onda quântica e como você pode usar essa função de onda para calcular probabilidades na física quântica. Por fim, apresenta alguns momentos fundamentais de uma das descobertas mais importantes da física quântica: a compreensão da dualidade onda-partícula.

COMO DENOTAR VETORES E OPERADORES EM CÁLCULOS DE FÍSICA QUÂNTICA

A notação matemática usada na física quântica é conhecida como *notação bra-ket* e *notação de Dirac*. É uma forma de escrever vetores quânticos em uma notação simplificada que lhe permite atuar sobre eles sem precisar entrar em detalhes da função de onda, exceto pelas características específicas com as quais deseja lidar.

OPERADORES

Um *operador* é uma regra matemática que, ao operar em um ket, transforma-o em um novo ket.

$$\mathrm{A}|\psi\rangle = |\psi'\rangle$$

$$\langle\psi|\mathrm{A}^\dagger = \langle\psi'|$$

Aqui estão vários exemplos dos tipos de operadores que você verá nos cálculos de mecânica quântica:

- **Hamiltoniano (H).** Ao aplicar este operador (que é diferente para cada situação física), obtemos E, a energia da partícula representada pelo ket. Veja que E é uma quantidade escalar:

$$\mathrm{H}|\psi\rangle = \mathrm{E}|\psi\rangle$$

- **Unidade ou identidade (I).** O operador de unidade ou identidade deixa os kets inalterados:

$$\mathrm{I}|\psi\rangle = |\psi\rangle$$

- **Gradiente (∇).** Este operador emprega derivadas (a taxa variável de mudança de uma função com relação às diferentes variáveis de posição) e funciona da seguinte forma:

$$\nabla|\psi\rangle = \frac{\partial}{\partial x}|\psi\rangle \boldsymbol{i} + \frac{\partial}{\partial y}|\psi\rangle \boldsymbol{j} + \frac{\partial}{\partial z}|\psi\rangle \boldsymbol{k}$$

- **Momento linear (P).** Este operador é usado para encontrar o momento linear; na mecânica quântica, ele fica assim:

$$P|\psi\rangle = -i\hbar\nabla|\psi\rangle$$

- **Laplaciano (∇^2).** Você usa este operador, que é muito parecido com um gradiente de segunda ordem, para criar o operador hamiltoniano para calcular a energia:

$$\nabla^2|\psi\rangle = \nabla\cdot\nabla|\psi\rangle = \frac{\partial^2}{\partial x^2}|\psi\rangle + \frac{\partial^2}{\partial y^2}|\psi\rangle + \frac{\partial^2}{\partial z^2}|\psi\rangle$$

Um operador A é considerado *linear* se atender à seguinte condição:

$$A(c_1|\psi\rangle + c_2|\phi\rangle) = c_1A|\psi\rangle + c_2A|\phi\rangle$$

OPERADORES HERMITIANOS

Para um operador A, o adjunto hermitiano é denotado. Veja algumas relações úteis relacionadas aos adjuntos hermitianos:

$$(aA)^\dagger = a^* A^\dagger$$

$$\left(A^\dagger\right)^\dagger = A$$

$$(A+B)^\dagger = A^\dagger + B^\dagger$$

$$(AB)^\dagger = B^\dagger A^\dagger$$

$$(AB|\psi\rangle)^\dagger = \langle\psi|B^\dagger A^\dagger$$

COMUTADOR

O comutador dos operadores A e B é definido da seguinte forma:

$$[A, B] = AB - BA$$

Consideramos que dois operadores comutam-se quando:

$$[A, B] = 0$$

Física Quântica

Para leigos

Tradução da 3ª Edição

Andrew Zimmerman Jones

ALTA BOOKS
GRUPO EDITORIAL
Rio de Janeiro, 2025

Sobre o Autor

Andrew Zimmerman Jones é formado em física pelo Wabash College. É membro da National Association of Science Writers, da National Science Teachers Association e da Mensa. Concluiu seu mestrado em ensino de matemática na Purdue University e obteve sua certificação em design aplicado de jogos na Central Michigan University. Trabalha há mais de duas décadas com publicação educacional criando e editando avaliações e currículos de matemática e ciências em nível estadual e nacional dos EUA, incluindo o Departamento de Educação de Indiana. Por mais de dez anos, foi o físico responsável e editor do `About.com`, atualmente ThoughtCo. É o coautor de *Teoria das Cordas Para Leigos*, escreveu para o blog NOVA Physics da NPR e também criou o roteiro do vídeo TED-Ed, "Does Time Exist?".

Dedicatória

Para minha amada esposa, Amber, por emaranhar sua função de onda com a minha.

Agradecimentos do Autor

Gostaria de agradecer inicialmente à minha esposa, Amber, e meus filhos, Elijah e Gideon, por todo o apoio concedido, mesmo quando eu estava doido com os prazos, as extensivas revisões e os caprichos do cotidiano. Também gostaria de agradecer a todos os professores, mentores, cientistas e autores que me ensinaram ao longo dos anos. Há pessoas demais para nomeá-las individualmente.

Este livro não seria possível sem o trabalho do falecido Dr. Steven Holzner, autor de *Quantum Physics For Dummies*, Edição Revisada. Seu vasto trabalho com as iterações anteriores deste livro ofereceram uma base sólida sobre a qual construir. Também expresso aqui meu mais profundo apreço à maravilhosa equipe editorial que se esforçou para tornar esta obra uma realidade. Agradeço ainda a Elizabeth Stilwell por confiar em mim, tanto para me oferecer esta oportunidade quanto por minhas recomendações sobre como proceder com o projeto. É impossível mensurar todo o trabalho que a editora do projeto, Leah Michael, e a revisora, Marylouise Wiack, tiveram para transformar rascunhos prolixos e repletos de jargão técnico em explicações claras e concisas desses conceitos difíceis. Foi realmente um prazer trabalhar com vocês em todos os momentos.

Sumário Resumido

Introdução 1

Parte 1: Primeiros Passos com a Física Quântica 5

CAPÍTULO 1: O que É Física Quântica, Afinal? 7

CAPÍTULO 2: Sobre os Ombros de Gigantes: Física Clássica 15

CAPÍTULO 3: A Revolução Quântica 43

Parte 2: Fundamentos: Princípios e Teorias da Física Quântica 73

CAPÍTULO 4: Mecânica Quântica: Estados e Dualidades das Partículas 75

CAPÍTULO 5: Eletrodinâmica Quântica e Além 83

CAPÍTULO 6: Gatos Quânticos e Ação Fantasmagórica: Interpretações da Física Quântica 95

Parte 3: Números: Matemática Básica da Física Quântica 109

CAPÍTULO 7: Entrando na Matriz: Bem-vindo aos Vetores de Estado 111

CAPÍTULO 8: Caindo nos Poços de Energia 141

CAPÍTULO 9: Balança mas Não Cai: Osciladores Harmônicos 173

CAPÍTULO 10: Trabalhando com o Momento Angular no Nível Quântico 191

CAPÍTULO 11: Ficando Tonto com o Spin 215

Parte 4: 3D com os Cálculos da Física Quântica 227

CAPÍTULO 12: Coordenadas Cartesianas: Resolvendo Problemas em 3D 229

CAPÍTULO 13: Resolvendo Problemas de Coordenadas Esféricas 247

CAPÍTULO 14: O Átomo Mais Simples: Entendendo o Hidrogênio 263

CAPÍTULO 15: Lidando com Muitas Partículas e Dinâmicas de Grupo 285

Parte 5: A Parte dos Dez 313

CAPÍTULO 16: Dez Pioneiros Importantes da Física Quântica 315

CAPÍTULO 17: Dez Triunfos da Física Quântica 323

Índice 329

Sumário

INTRODUÇÃO 1

Sobre Este Livro 1

Penso que... 2

Ícones Usados Neste Livro 3

Além Deste Livro. 3

De Lá para Cá, Daqui para Lá 4

PARTE 1: PRIMEIROS PASSOS COM A FÍSICA QUÂNTICA 5

CAPÍTULO 1: O que É Física Quântica, Afinal? 7

O Clássico: Física Pré-Quântica. 8

O que Faz a Física Ser Quântica? 8

Uma Matéria de Escala ou uma Escala da Matéria 9

Mensurações e Observáveis: Como os Cientistas Sabem que a Física Quântica É Verdadeira. 10

Realizando os testes certos. 11

Confiando nos testes certos, mas comprovando-os. 11

CAPÍTULO 2: Sobre os Ombros de Gigantes: Física Clássica 15

Objetos em Movimento: Mecânica Clássica. 16

Newton cria as regras 16

Energia cinética e momento 18

Pegando as Ondas 20

Algumas propriedades da frente de onda 20

Superposição e interferência de onda 23

Haja Luz: Eletromagnetismo. 24

Uma disputa iluminada: Corpúsculos contra vibrações. 24

Young: A contradição da fenda dupla 26

As maravilhosas equações de Maxwell. 27

Michelson-Morley e o misterioso éter faltante 31

Átomos: Os Pilares da Matéria. 33

Atomismo antigo 33

Os químicos descobrem o átomo (talvez). 34

E o elétron 34

Termodinâmica: Outro Tema Quente 36

Jogos da Vida: Incógnitas e Incertezas. 37

Um lance de dados: Probabilidade clássica 37

Incertezas e desvios 39

CAPÍTULO 3: **A Revolução Quântica** 43
Sendo Discreto: O Problema com a Radiação de Corpo Negro 44
Um salto (quântico) intuitivo: Espectro de Max Planck. 46
Vendo a Luz como Partículas 48
Resolvendo o efeito fotoelétrico 48
Dispersando a luz dos elétrons: O efeito Compton 50
Modelo Atômico de Bohr 53
A mudança das órbitas dos elétrons. 53
Explicando resultados com o modelo de Bohr 55
Identidade Dupla: Observando as Partículas como Ondas 55
Pósitron de Prova? Dirac e a Produção de Pares. 57
Você Não Pode Saber Tudo (Mas Pode Calcular as Probabilidades) 58
Posição versus momento: O princípio da incerteza de Heisenberg 58
Jogando dados quânticos: Uma nova visão da probabilidade. 60
Uma Nova Visão da Luz: Eletrodinâmica Quântica 63
O que causa as ondulações?. 63
Primeiros lampejos da QED 65
O fóton ganha um novo emprego 65
Escancarando as Partes do Átomo 68
Colidindo as partículas para extrair informações 69
Mantendo o núcleo atômico unido 70

PARTE 2: FUNDAMENTOS: PRINCÍPIOS E TEORIAS DA FÍSICA QUÂNTICA 73

CAPÍTULO 4: **Mecânica Quântica: Estados e Dualidades das Partículas** 75
Quantificando com os Números Quânticos 76
O spinning eterno do elétron 76
Férmions e bósons 78
Revendo a Dualidade Onda-Partícula 78
Origens da dualidade onda-partícula 79
Implicações da dualidade onda-partícula. 79
Descobrindo o que É a Antimatéria. 80

CAPÍTULO 5: **Eletrodinâmica Quântica e Além** 83
Teoria Quântica de Campos: Explicando a Matéria e a Energia 84
Revendo a eletrodinâmica quântica 84
Analisando as forças nucleares e a cromodinâmica quântica. 85
Recorrendo ao bóson de Higgs 86
Descobrindo como a Física Quântica Mudou o Mundo 88
Que haja luz com os lasers 88
Controlando o fluxo com semicondutores e transistores 89
Aproveitando o poder da energia nuclear 90
Energia solar 91

Olhando para o Futuro: Computadores Quânticos. 92
Calculando com estados de superposição 92
Manutenção e evolução de computadores quânticos 92

CAPÍTULO 6: **Gatos Quânticos e Ação Fantasmagórica: Interpretações da Física Quântica** 95
Questionando o que Precisa de Interpretação 96
Interpretando probabilidade e medição. 96
Interpretando o efeito do observador 97
Revisitando o emaranhamento 98
Descobrindo que a Interpretação Mais Comum É Dar de Ombros 99
Esboçando Três Interpretações da Física Quântica. 99
A popular: Interpretação de Copenhague 100
A divertida: Interpretação de muitos mundos. 100
A responsável: Variáveis ocultas 101
Debates Duradouros, Rixas e Outros Contra-argumentos 102
Falando sobre o gato (morto?) na sala 102
Os fantasmas de Einstein 104
Explorando os Experimentos Emaranhados 106
A desigualdade de Bell. 106
O grande experimento de Alain Aspect 107

PARTE 3: NÚMEROS: MATEMÁTICA BÁSICA DA FÍSICA QUÂNTICA. 109

CAPÍTULO 7: **Entrando na Matriz: Bem-vindo aos Vetores de Estado** 111
Criando Seus Próprios Vetores no Espaço de Hilbert. 112
Facilitando a Vida com a Notação de Dirac 114
Abreviando os vetores de estado em kets 115
Escrevendo o conjugado hermitiano como um bra 115
Multiplicando bras e kets: Uma probabilidade de 1 117
Cobrindo todas as suas bases: Bras e kets como vetores de estado sem base 117
Compreendendo algumas relações usando kets 119
Dançando com os Operadores. 120
Hello, operator: Como os operadores funcionam 120
Por essa eu já esperava: Encontrando valores esperados. 121
Analisando os operadores lineares 123
Tornando-se hermitiano com operadores e adjuntos hermitianos 124
Para a Frente e para Trás: Encontrando o Comutador. 125
Comutando 125
Encontrando os operadores anti-hermitianos. 126
Começando do Zero e Terminando com Heisenberg. 127
Autovetores e Autovalores: São Naturalmente Autásticos! 129
Entendendo como eles funcionam 131

Encontrando autovetores e autovalores 132
Vem Aí a Inversão: Simplificando com Operadores Unitários 134
Comparando Representações Contínuas e Matriciais 136
Tornando-se contínuo com o cálculo 137
Fazendo a onda 137

CAPÍTULO 8: **Caindo nos Poços de Energia** 141
Observando um Poço Quadrado 142
Prendendo Partículas em Poços de Potencial 144
Ligando partículas em poços de potencial 144
Escapando dos poços de potencial 145
Prendendo Partículas em Poços Potenciais de Quadrado Infinito 146
Encontrando a equação da função de onda 146
Determinando os níveis de energia 149
Normalizando a função de onda 150
Adicionando dependência do tempo às funções de onda 152
Alterando para poços potenciais de quadrado simétrico 153
Potencial Limitado: Analisando as Partículas e os Degraus de Potencial . . 154
Supondo que a partícula tenha bastante energia 155
Supondo que a partícula não tenha energia suficiente 159
Tunelamento em Regiões Proibidas 163
Atingindo a Parede: Partículas e Barreiras de Potencial 163
Atravessando barreiras de potencial quando $E > V_0$ 164
Tunelamento adentro: Barreiras de potencial quando $E < V_0$ 166
Partículas Desligadas: Resolvendo a Equação de Schrödinger para Partículas Livres 167
Obtendo uma partícula física com um pacote de onda 169
Analisando um exemplo gaussiano 170

CAPÍTULO 9: **Balança mas Não Cai: Osciladores Harmônicos** 173
Solucionando os Hamiltonianos do Oscilador Harmônico 174
Classicamente: A oscilação harmônica 174
Entendendo a energia total na oscilação quântica 175
Criação e Aniquilação: Incluindo os Operadores do Oscilador Harmônico. 177
Atenção ao p e ao q: Obtendo as Equações de Estado de Energia 178
Encontrando os Autoestados 179
Encontrando a energia de $\boldsymbol{a}|\boldsymbol{n}\rangle$ 180
Encontrando a energia de $\boldsymbol{a}^\dagger|\boldsymbol{n}\rangle$ 181
Derivando a e $a^\dagger$ diretamente 181
Encontrando os autoestados de energia do oscilador harmônico 182
O mundo real: Inserindo alguns números 188

CAPÍTULO 10: **Trabalhando com o Momento Angular no Nível Quântico** 191
Estabelecendo o Hamiltoniano 192
Rodeando os Operadores: Círculos com o Momento Angular 193

Encontrando os Comutadores de L_x, L_y e L_z ... 194
Criando os Autoestados do Momento Angular ... 195
Encontrando os Autovalores do Momento Angular ... 196
Derivando equações de autoestado com β_{max} e β_{min} ... 196
Obtendo a energia rotacional de uma molécula diatômica ... 199
Encontrando os Autovalores dos Operadores de Criação e Aniquilação ... 201
Interpretando o Momento Angular com Matrizes ... 202
Operadores de criação e aniquilação ... 203
Passando para outros operadores L ... 204
Um Passo Além: Mudando para o Sistema de Coordenadas Esféricas ... 204
Estabelecendo as bases (esféricas) ... 205
As autofunções de L_z em coordenadas esféricas ... 207
As autofunções de L^2 em coordenadas esféricas ... 209
Voltando às coordenadas cartesianas ... 213

CAPÍTULO 11: **Ficando Tonto com o Spin** ... 215
Investigando o Experimento de Stern-Gerlach e o Caso do Ponto Faltante 216
Tirando Vantagem do Spin e dos Autoestados ... 217
Metades e Números Inteiros: Dizendo Olá aos Férmions e Bósons ... 218
Operadores de Spin: De um Lado para o Outro com o Momento Angular. 220
Definindo os operadores de spin ... 221
Operadores de aumento e redução do spin ... 221
Trabalhando com o Spin ½ e com Matrizes de Pauli ... 222
Matrizes de Spin ½ ... 222
Matrizes de Pauli ... 224

PARTE 4: 3D COM OS CÁLCULOS DA FÍSICA QUÂNTICA ... 227

CAPÍTULO 12: **Coordenadas Cartesianas: Resolvendo Problemas em 3D** ... 229
Visualizando a Equação de Schrödinger em 3D! ... 230
Convertendo a equação de Schrödinger em coordenadas cartesianas ... 230
Separando a equação de Schrödinger ... 231
Resolvendo Problemas de Partículas Livres em 3D ... 232
Encontrando a equação de energia total ... 234
Adicionando a dependência do tempo ... 235
Encontrando uma solução física ... 235
Organizando Tudo com Potenciais Retangulares em 3D ... 237
Determinando os níveis de energia ... 239
Normalizando a função de onda ... 240
Usando um potencial cúbico ... 242
Saltando para Osciladores Harmônicos 3D ... 243
Potencial de uma mola 3D ... 243
Resolvendo Schrödinger para a mola 3D ... 244
Energia do oscilador 3D ... 245

CAPÍTULO 13: **Resolvendo Problemas de Coordenadas Esféricas** 247
Escolhendo as Coordenadas Esféricas 248
Observando Potenciais Centrais em 3D 249
Decompondo a equação de Schrödinger 249
A parte angular de $\psi(r, \theta, \phi)$ 251
A parte radial de $\psi(r, \theta, \phi)$ 251
Lidando com Partículas Livres em 3D com Coordenadas Esféricas 252
As funções esféricas de Bessel e Neumann 253
Os limites do ρ pequeno e grande 254
Trabalhando com o Poço Potencial Esférico Quadrado 255
Olhando dentro do poço quadrado: $0 < r < a$ 256
Fora do poço quadrado: $r > a$ 258
Obtendo Informações sobre Osciladores Harmônicos Isotrópicos 259

CAPÍTULO 14: **O Átomo Mais Simples: Entendendo o Hidrogênio** 263
Revendo o Atomismo 264
Conciliação: A Equação de Schrödinger para o Átomo de Hidrogênio 266
Simplificando e separando a equação do hidrogênio 268
Resolvendo a equação radial de Schrödinger 270
Encontrando as energias permitidas do átomo de hidrogênio 274
Criando o formato da solução radial 275
Generalizando com a Função de Onda do Hidrogênio 277
Calculando a Degenerescência de Energia do Átomo de Hidrogênio 278
Estados quânticos: Adicionando um pouco de spin 280
Linha fina: Obtendo os orbitais 281
Caçando o Elusivo Elétron 282

CAPÍTULO 15: **Lidando com Muitas Partículas e Dinâmicas de Grupo** 285
Sistemas de Muitas Partículas, em Termos Gerais 286
Considerando funções de onda e hamiltonianos 287
Valendo um Nobel: Considerando átomos com vários elétrons 288
Uma ferramenta superpoderosa: Simetria de troca 289
Carros flutuantes: Abordando sistemas de muitas partículas distinguíveis 291
Conciliando muitas partículas idênticas 293
Criando funções de onda simétricas e antissimétricas 295
Trabalhando com Partículas Idênticas que Não Interagem 296
Funções de onda de sistemas de duas partículas 297
Funções de onda de sistemas de três ou mais partículas 298
Nem todos estão convidados: O princípio de exclusão de Pauli 298
Compreendendo a tabela periódica 299
Um Empurrãozinho nos Sistemas: Teoria de Perturbação 300
Teoria de perturbação, muito prazer! 300
Trabalhando com perturbações em hamiltonianos não degenerados . 301
Trabalhando com perturbações em hamiltonianos degenerados 305

Quando as Partículas Colidem: Teoria do Espalhamento 306
Introduzindo a dispersão de partículas e as seções transversais...... 306
Transpondo os referenciais de centro de massa e de laboratório..... 308
Rastreando a amplitude de dispersão das partículas sem spin 309
A aproximação de Born: Resgatando a equação de onda............ 310

PARTE 5: A PARTE DOS DEZ.. 313

CAPÍTULO 16: **Dez Pioneiros Importantes da Física Quântica** 315
Max Planck (1858–1947) 316
Albert Einstein (1879–1955) 316
Niels Bohr (1885–1962) 317
Louis de Broglie (1892–1987) 317
Werner Heisenberg (1901–1976) 318
Erwin Schrödinger (1887–1961) 318
Paul Dirac (1902–1984) 319
Max Born (1882–1970)... 319
Richard Feynman (1918–1988)....................................... 320
Murray Gell-Mann (1929–2019) 320

CAPÍTULO 17: **Dez Triunfos da Física Quântica**......................... 323
Dualidade Onda-partícula.. 323
O Efeito Fotoelétrico 324
Postulando o Spin 324
Diferenças entre as Leis de Newton e a Física Quântica 324
O Princípio da Incerteza de Heisenberg 325
Tunelamento Quântico 325
Espectros Discretos de Átomos 326
Oscilador Harmônico.. 326
Poços Quadrados.. 327
O Gato de Schrödinger 327

ÍNDICE 329

Introdução

A física, como uma disciplina geral, não tem limites; ela abarca fenômenos físicos que vão desde o extremamente vasto (como as galáxias) até o extremamente minúsculo (átomos e coisas ainda menores). Este livro fala sobre essas coisas muito pequenas — tal é a especialidade da física quântica. Quando *quantizamos* algo, é impossível obter algo ainda menor. Essas são as menores unidades discretas de matéria.

A física clássica é ótima para explicar a ciência envolvida em atividades como o aquecimento de xícaras de café, a aceleração em descidas ou a colisão de veículos (bem como em milhares de outras coisas), mas ela enfrenta problemas quando a matéria física se torna muito pequena. De forma geral, a física quântica trata do micromundo e examina atividades como o que acontece quando observamos elétrons individuais movimentando-se em alta velocidade em torno de um átomo. E quando chegamos a esse nível minúsculo, as coisas podem ficar muito estranhas.

A física quântica contém princípios de incerteza que afetam a possibilidade de um físico identificar com precisão as características físicas de uma partícula. Por exemplo, você não pode determinar (com perfeita acurácia) a posição exata de uma partícula e seu momento ao mesmo tempo. A física quântica também explica como funcionam os níveis de energia dos elétrons que orbitam um átomo. À medida que os físicos exploravam cada vez mais para encontrar uma forma de modelar a realidade, a física quântica lhes deu a possibilidade de descobrir mais sobre esse domínio microscópico de matéria e energia. Você encontrará todos esses tópicos, e muito mais, neste livro.

Sobre Este Livro

Este livro contém os conceitos essenciais da física quântica, incluindo a história de como ela foi descoberta, explicações (e experimentos mentais) que resumem as questões e os debates principais, bem como a matemática necessária para mergulhar em alguns de seus problemas centrais.

Em termos de conceito científico, a física quântica é um dos assuntos mais confusos. É uma matéria sobre a qual podem haver discussões acaloradas e fundamentais mesmo entre os especialistas mais destacados. Os primeiros capítulos se concentram em explorar a ciência subjacente, como surgiram as ideias da física quântica e os principais conceitos científicos.

Porém, em última análise, a física quântica trata de resolver equações, e este livro não foge disso. A partir do Capítulo 7, o livro pressupõe um nível bastante alto de proficiência matemática. Não é possível apreciar o assunto de forma total sem entrar no cálculo, bem como em matérias como álgebra linear e equações diferenciais.

À medida que você progredir na leitura, perceberá que utilizei as seguintes convenções:

- **Itálicos** indicam um termo técnico relacionado com a física quântica, em geral em sua primeira ocorrência. O termo em itálico é seguido por sua definição ou explicação. Quando o mesmo termo aparecer em capítulos subsequentes, não estará necessariamente em itálico.
- **Passos numerados** servem para ajudar a organizar o processo de resolução dos problemas apresentados.

Para tornar o conteúdo mais acessível, eu o dividi em cinco partes:

- **Parte 1: Primeiros Passos com a Física Quântica:** Nesta parte, descubra os princípios básicos da física quântica, os conceitos físicos que levaram a eles e a história de sua descoberta e refinamento.
- **Parte 2: Fundamentos — Princípios e Teorias da Física Quântica:** Esta parte o ajuda a mergulhar mais fundo nos conceitos essenciais da física quântica, desde a dualidade onda-partícula e os diversos tipos de partículas físicas até as possíveis interpretações da física quântica.
- **Parte 3: Números — Matemática Básica da Física Quântica:** Nesta parte, descubra a matemática que sustenta as descobertas da física quântica, incluindo as notações que os físicos adotaram na área. Em seguida, usando tal compreensão, você analisará alguns dos problemas mais diretos que pode resolver com a física quântica.
- **Parte 4: 3D com os Cálculos de Física Quântica:** Esta parte o direciona à resolução de problemas mais complicados da física quântica, incluindo o uso de coordenadas cartesianas e esféricas para abordá-los. Você também começará a explorar o átomo de hidrogênio e diversas partículas subatômicas que interagem entre si.
- **Parte 5: A Parte dos Dez:** Desfrute desta parte ao descobrir mais sobre algumas das figuras e dos triunfos centrais da física quântica.

Penso que...

Penso que você não tem nenhum conhecimento sobre física quântica ao começar a leitura deste livro. Porém, presumo que você

» Esteja cursando física quântica na faculdade ou tenha interesse em como a matemática descreve o movimento e a energia da matéria em escalas atômicas e subatômicas.

» Tenha o conhecimento matemático necessário para compreender o conteúdo que começa no Capítulo 7. Em especial, que você conheça cálculo e trigonometria e como fazer uso das fórmulas de equações diferenciais. Presumo ainda que você tenha alguma experiência com álgebra linear na descrição de um espaço de Hilbert.

» Conheça os conceitos clássicos de física. Caso já tenha cursado um ano na faculdade de física (ou saiba tudo apresentado pelo livro *Física Para Leigos*), então certamente terá uma base sólida sobre os conceitos fundamentais.

Ícones Usados Neste Livro

Ao longo deste livro, os ícones nas margens destacam certos tipos de informações valiosas que precisam de sua atenção. Aqui estão os ícones que encontrará e uma breve descrição de cada um.

DICA

Este ícone destaca as dicas e atalhos que você pode usar para tornar a física quântica mais acessível.

LEMBRE-SE

Este ícone marca as informações especialmente importantes que você deve saber. Para extrair os conceitos mais essenciais de cada capítulo, é só procurar esses ícones.

PAPO DE ESPECIALISTA

Este ícone aponta as informações de natureza altamente técnica que você geralmente pode pular.

CUIDADO

Este ícone lhe faz um alerta! Ele destaca informações importantes que podem lhe poupar dores de cabeça, a maioria das quais relacionada com equívocos comuns sobre a física quântica.

Além Deste Livro

Além da abundância de informações e orientações relacionadas à física quântica que forneço neste livro, você ainda tem acesso a mais ajuda e materiais online. Acesse o site da editora Alta Books: `altabooks.com.br`. Procure pelo título do livro e faça o download da Folha de Cola completa, bem como de erratas e possíveis materiais de apoio.

De Lá para Cá, Daqui para Lá

Você não precisa necessariamente ler este livro na sequência dos capítulos, podendo pular para o conteúdo que lhe interessa. Caso queira saber mais sobre a física quântica, mas não tem uma base sólida de ciências, comece pelo Capítulo 1 e vá prosseguindo a leitura. Caso sinta que já tem um conhecimento sólido sobre a física clássica e queira focar apenas a parte quântica, pode pular para o Capítulo 2. Se já tiver um bom domínio sobre os elementos conceituais da física quântica e quiser realmente ver como aplicar a matemática, então pegue suas fórmulas de equações diferenciais e pule diretamente para o Capítulo 7.

E caso esteja interessado em algum tópico específico que não mencionei no parágrafo anterior, você pode pesquisá-lo no *Sumário* (início do livro) ou no *Índice* (fim do livro).

1

Primeiros Passos com a Física Quântica

NESTA PARTE . . .

Descubra os conceitos básicos que estão no âmago da física quântica.

Examine conceitos clássicos de física.

Aprofunde-se nos grandes experimentos e descobertas da física quântica.

NESTE CAPÍTULO

- » Estabelecendo uma base da física
- » Identificando os principais elementos da física quântica
- » Entendendo a escala da física quântica
- » Refletindo sobre experimentos e seus resultados

Capítulo 1

O que É Física Quântica, Afinal?

Ao longo do século XX, a física quântica transformou nosso mundo. A humanidade passou de uma espécie que questionava se os átomos existiam, para uma que controlava o poder do átomo. Os humanos também usaram a compreensão sobre os átomos e partículas subatômicas para criar computadores de mesa a partir de transistores microscópicos — um feito possibilitado pela física quântica.

Casas no mundo todo têm energia devido às correntes de elétrons, uma partícula subatômica que havia sido descoberta, mas que praticamente não era compreendida antes do surgimento da física quântica. Os primeiros computadores armazenavam as informações em cartões físicos, mas então passaram a usar o magnetismo, tanto em discos rígidos como em disquetes. Por certo tempo, a humanidade armazenou informações em CDs que as máquinas liam usando lasers (também um produto da física quântica). Agora, um meio comum de armazenamento é um solid-state drive (SSD) feito de semicondutores (outro resultado da física quântica), e a maioria das pessoas carrega pequenos supercomputadores (chamados de smartphones) em seus bolsos.

Neste capítulo, apresento uma discussão de alto nível sobre a transformação da compreensão clássica para a quântica sobre matéria e energia. Falo brevemente sobre o mundo antes da descoberta da física quântica e, em seguida, apresento os principais atributos que os físicos descobriram quando começaram a explorar a natureza quântica da realidade. Analiso por que as pessoas não observam esses efeitos quânticos em seu dia a dia e como as melhorias em tecnologia lhes permite primeiramente ver e, então, expandir essas compreensões para aumentar seu conhecimento de física.

O Clássico: Física Pré-Quântica

Em sua essência, *física* é o estudo científico dos elementos fundamentais da realidade física: matéria e energia. Ao subirmos pela escala da estrutura física, quando essa matéria e energia assumem a forma de compostos químicos misturados ou, digamos, de um esquilo, o estudo científico se transforma em química e biologia. Mas se você ainda estiver falando sobre o estudo básico da matéria e da energia, significa que o assunto é física.

Qualquer campo científico, é claro, tem diversas subdisciplinas. Se você estiver estudando o esquilo, por exemplo, não se restringirá apenas à biologia, mas também à *zoologia* (o estudo dos animais). Caso estude como uma bolota se transforma em uma árvore, então isso seria biologia, mas também *botânica* (o estudo das plantas).

Se estiver estudando a trajetória de uma bolota arremessada de uma árvore por um esquilo irritado, bem, isso é física. Mas também algo relacionado com o campo específico da cinemática. A física inclui muitos subcampos, incluindo a *termodinâmica* (o estudo da energia do calor), a *ótica* (o estudo da luz) e o *eletromagnetismo* (o estudo da eletricidade e do magnetismo).

LEMBRE-SE

Ao longo deste livro, presumo que você, leitor, já tenha uma compreensão geral das ideias básicas sobre a física clássica. O Capítulo 2 se concentra nas diversas disciplinas da física clássica que estudam a matéria e a energia em diferentes formas e estruturas. E, à medida que esses estudos se tornaram mais detalhados, eles deixaram questões que estabeleceram a base, no fim do século XIX, para a descoberta de um campo totalmente novo da física — a física quântica.

O que Faz a Física Ser Quântica?

Física quântica se refere a uma série de descobertas feitas a partir da primeira metade do século XX e às explicações científicas relacionadas com tais descobertas. Os insights dessas explicações revolucionaram a compreensão sobre a matéria e a energia na menor escala e causaram uma transformação na maneira fundamental em que a física descreve a realidade física dessas estruturas e pensa sobre ela. Falo detalhadamente sobre isso e também sobre experimentos no Capítulo 3.

Mas quais são os principais insights que tornam a física quântica diferente da física que veio antes dela? Duas diferenças principais são fundamentais para entendermos como a física quântica difere da física clássica.

» **Quantização:** Quantidades físicas são mensuradas em unidades discretas, pacotes ou *quanta* [plural de *quantum*] que não podem ser mais divididos.

» **Incerteza e probabilidade:** Sistemas que têm uma incerteza inerente incorporada.

A maior parte deste livro explora como essas duas ideias interagem entre si e aparecem nos sistemas da física quântica, bem como as implicações que surgem delas. ***Nota:*** Essas implicações muitas vezes parecem contraintuitivas.

DICA

O principal equívoco que você precisa superar ao estudar a física quântica é que, para dizer de modo franco, você realmente entende como o universo opera.

LEMBRE-SE

Na física quântica, quando sua mão repousa sobre uma mesa, você não está olhando para os dois objetos físicos sólidos, mas para dois campos de partículas interagindo juntos de determinada maneira. Ambos são compostos primordialmente por espaço vazio e vasto, contudo, de alguma forma, ainda empurram um ao outro. Pensar nessa situação como duas superfícies sólidas pressionando uma a outra não está errado, mas apenas não representa a atividade que está ocorrendo no nível quântico. As superfícies sólidas que você vê e sente resultam de todas as interações mais fundamentais da física quântica.

Uma Matéria de Escala ou uma Escala da Matéria

Parte do motivo pelo qual os físicos levaram tanto tempo para descobrir esses elementos quânticos da realidade física é que os elementos se tornam aparentes apenas em escalas extremamente pequenas. Em seu cotidiano, as pessoas costumam interagir com sistemas grandes e macroscópicos.

Vale a pena observar o que a palavra *grande* significa neste contexto. Estima-se que um grão de areia contenha algo entre 1 quintilhão a 100 quintilhões de átomos. Essa estimativa é expressa como mais de 100.000.000.000.000.000.000 (10^{20}) átomos em um único grão de areia — há tantos átomos em um grão de areia quanto há estrelas no universo. E um grão de areia é tão grande que você não precisa fazer uso da física quântica para descobrir como ele se comporta.

Esses sistemas grandes (relativamente falando) acabam encobrindo os efeitos quânticos. Assim, embora cada átomo envolva uma incerteza quântica, quando você observa todos os 100 quintilhões de átomos no grão de areia, todas essas incertezas quânticas cancelam umas às outras. Quando vista como um todo, a incerteza quântica que permanece no grão de areia é completamente irrelevante.

LEMBRE-SE

Os físicos começaram a perceber a física quântica somente depois que puderam observar um único átomo ou, de forma ainda mais precisa, depois que começaram a observar o *interior* de um único átomo — por exemplo, quando examinaram os elétrons dentro de um átomo ou a estrutura do núcleo atômico. Esse nível minúsculo foi onde os comportamentos quânticos se tornaram realmente evidentes.

As descobertas da física quântica permitiram que os físicos, por fim, começassem a entender o que acontecia dentro dos átomos. A compreensão moderna sobre as estruturas atômicas baseia-se completamente na compreensão da física quântica, muito embora as estruturas físicas macroscópicas que saem desses átomos — seja um grão de areia, um esquilo ou um planeta — não exibam os mesmos comportamentos quânticos que podemos ver ao observar suas menores partes.

Mensurações e Observáveis: Como os Cientistas Sabem que a Física Quântica É Verdadeira

A *mecânica quântica* é um meio de analisar cuidadosamente uma situação de física quântica e de descrever os resultados observáveis da mensuração de um experimento de mecânica quântica. Embora alguns insights principais delineiem o campo, a mecânica quântica é orientada principalmente pelo fato de que as equações utilizadas funcionam. São complexas e difíceis, exigindo anos de estudos de matemática e física para compreendê-las totalmente. No entanto, quando você descobre como funcionam, elas lhe fornecem informações condizentes com o resultado observável de um experimento.

Visto que a física quântica se baseia em comportamentos que as pessoas não experienciam em seu mundo cotidiano, um dos maiores desafios para aqueles que a estudam é aprender como depender de compreensões abstratas que são inconsistentes com suas intuições naturais.

Em comparação, estudar a física clássica é moleza, pois as pessoas têm intuições naturais completamente consistentes com esse campo de estudo. Muitas crianças conseguem arremessar uma bola no ângulo certo para que seja pega por outra criança. (Não é o meu caso, mas muitas crianças conseguem.)

Realizando os testes certos

As pessoas que pesquisam sabem que, para demonstrar se qualquer coisa na ciência é verdadeira, a explicação deve estar condizente com os resultados experimentais. Em muitos casos, as descobertas dos resultados experimentais são bastante consistentes com suas intuições, porém, em outros, aceitar as descobertas envolve perceber quando suas intuições estão erradas.

DICA

Quase tudo que é aprendido nos experimentos de física quântica envolve as pessoas percebendo que suas intuições estão erradas.

Para usar um exemplo histórico, os pensadores desde antes dos antigos gregos acreditavam que os objetos mais pesados caem mais rápido do que os mais leves. É algo bem intuitivo de acreditar e provavelmente é o que a maioria das crianças acharia sobre como as coisas caem.

A ideia não é apenas intuitiva, mas até mesmo comprovada por experimentos simples. Se você pegar duas bolas com exatamente o mesmo tamanho, sendo uma feita de chumbo e outra de isopor, a de chumbo (quando largada em um experimento simples) atingirá o chão primeiro. Mas se você criar um experimento mais cuidadoso, o que elimina o possível impacto da resistência do vento (ou do ar), descobrirá a mesma coisa que os cientistas (ou *filósofos da natureza*) descobriram séculos atrás: ambas as bolas caem precisamente na mesma velocidade. Qualquer diferença experimental em sua taxa de queda de fato independe de seu peso. (Descubra um pouco mais sobre as leis do movimento que surgem disso no Capítulo 2.)

LEMBRE-SE

Não era suficiente apenas realizar um experimento; os cientistas tiveram de descobrir como fazer o experimento *certo*. Em alguns casos ao longo da história, podemos ver que os experimentos certos andam de mãos dadas com a invenção da tecnologia, como o microscópio ou o telescópio, os quais permitem a realização de testes e experimentos que não podiam ser feitos a olho nu.

De igual modo, a tecnologia da revolução industrial significou que o nascimento do século XX trouxe consigo a tecnologia necessária para conduzir os tipos certos de experimentos — muitos deles mencionados no Capítulo 3 — que levaram os cientistas a revelar a natureza física quântica da realidade.

Confiando nos testes certos, mas comprovando-os

Quando os resultados de um experimento conflitam com as intuições dos cientistas, eles então percebem que suas intuições estão erradas — mas talvez não de forma instantânea. Na ciência, não faltam exemplos de cientistas que chegaram a conclusões que, posteriormente, se mostraram equivocadas.

Como o conhecido físico teórico Richard P. Feynman (sobre quem falo nos Capítulos 3, 5 e 16) disse certa vez:

O primeiro princípio é que você não deve enganar a si mesmo, e você é a pessoa mais fácil de ser enganada.

Um ceticismo saudável é fundamental para a ciência. Idealmente, os cientistas confirmam cuidadosamente seus resultados diversas vezes antes de os compartilhar. Porém, caso tenham se precipitado e talvez violado o primeiro princípio de Feynman, então o ceticismo da comunidade científica deve estar de prontidão. Qualquer cientista quer estar pronto para a tarefa de provar que uma afirmação científica popular está errada. Fazer isso é um pouco mais fácil do que apresentar uma afirmação totalmente nova (e, talvez, muito mais divertido).

À medida que você vai descobrindo mais sobre a história da física quântica, especialmente nos Capítulos 3 e 6, perceberá os conflitos entre os cientistas a respeito da compreensão adequada quanto aos resultados dos experimentos físicos. E, mesmo quando os físicos concordam com os conceitos básicos sobre como resolver os problemas de física quântica, eles acabam tendo discordâncias ainda mais profundas sobre como interpretar essas soluções!

LEMBRE-SE

No entanto, durante o século passado, os resultados da física quântica foram testados repetidas vezes e, de forma constante, os resultados se demonstraram consistentes com as resoluções matemáticas da teoria. Não obstante haja uma forte discordância sobre a interpretação e o significado de tais soluções, os físicos deixam esse desentendimento de lado e começam a trabalhar na aplicação da física quântica, construindo aceleradores de partículas, criando estados exóticos e superfluidos, desenvolvendo semicondutores e transistores, e expandindo continuamente os limites do que as pessoas têm capacidade de criar.

EMARANHAMENTO E NÃO LOCALIDADE

Um conceito importante da física quântica é denominado *emaranhamento*. Significa que há uma ligação entre os estados quânticos das partículas devido a uma interação anterior entre elas.

Veja um exemplo clássico e fácil sobre isso. Suponha que estou segurando duas moedas de 1 centavo, uma cunhada em 1967 e a outra em 1999. Sem olhar para nenhuma das moedas, lhe dou uma delas. Esse sistema só poderá ter dois estados possíveis:

- Você está com a moeda de 1967 e eu com a de 1999.
- Você está com a moeda de 1999 e eu com a de 1967.

Essas moedas estão emaranhadas. Quando alguém mensura (observa) uma das moedas, todos saberão instantaneamente em qual estado a outra moeda está, apesar de nenhuma mensuração dela ter sido feita.

Pois bem, em termos clássicos, isso é bastante óbvio. O problema é que, na física quântica (ao menos em sua interpretação mais comum), os dois estados são fundamentalmente incertos até que a mensuração ocorra. Isso significa que há uma *não localidade* inerente na física quântica, ou seja, o fato de que duas partículas longe uma da outra podem se conectar de uma maneira que não faz sentido usando o conceito clássico da lógica. Mais especificamente, é como se as partículas pudessem se comunicar mais rápido do que a velocidade da luz.

Abordo esses conceitos em detalhe no Capítulo 6, pois se tratam de elementos cruciais que a física quântica tenta explicar, e que os críticos da física quântica procuram tirar partido.

NESTE CAPÍTULO

» **Descobrindo o movimento e a mecânica clássica**

» **Mergulhando na matemática e na física das ondas**

» **Entendendo de que modo a luz se manifesta como ondas eletromagnéticas**

» **Explorando a compreensão clássica sobre matéria e energia**

» **Descrevendo a incerteza e a probabilidade**

Capítulo 2

Sobre os Ombros de Gigantes: Física Clássica

Na maior parte deste livro, eu o levo em um jornada pelo misterioso domínio quântico — um mundo de objetos microscópicos e partículas elementares — onde não se aplicam as regras normais que governam a matéria e a energia que os seres humanos *pensam* perceber em nosso universo. Entretanto, para entender a significância do que você verá durante essa exploração, é necessário primeiro compreender as regras da matéria e da energia que as pessoas estão acostumadas a ver. Ou seja, você precisa saber o básico da física clássica.

Em essência, o termo *física clássica* faz referência a qualquer conceito e teoria sobre sistemas físicos que foram popularmente aceitos desde a era do Iluminismo (com início aproximado no fim dos anos 1600) até a aurora do século XX. Ou, usando outras palavras, a física clássica geralmente aborda desde tudo que Isaac Newton sabia quando morreu até o que Albert Einstein aprendeu antes de começar seu doutorado (momento em que ele meio que revolucionou o mundo). Se você prestou bastante atenção em suas aulas de física no ensino médio, então a grande maioria dos assuntos abordados provavelmente compreendiam a física clássica.

Neste capítulo, exploro algumas ideias centrais da física clássica e estabeleço as bases para expandi-las para o domínio quântico. Especificamente, analiso o comportamento da matéria quando ela se move e sofre a ação de forças. Em seguida, abordo os conceitos sobre a matemática e a física das ondas, incluindo como isso se relaciona com um debate de séculos sobre a natureza fundamental da luz. Depois de explicar a resolução pré-quântica a esse debate, exploro brevemente o que a física clássica revelou sobre a existência dos átomos e como a energia era transferida. E concluo com a discussão sobre a probabilidade e a incerteza na física clássica; tais conceitos matemáticos são centrais a uma compreensão da física quântica.

Objetos em Movimento: Mecânica Clássica

As origens da física como uma ciência remontam às pessoas tentando entender o movimento de objetos: objetos rolando pelo chão, lançados pelo ar, caindo, e objetos celestes movimentando-se pelo céu.

Você pode encontrar alguns pensadores muito úteis nesse caminho — notadamente, Hipátia de Alexandria (351/370-415), Nicolau Copérnico (1473-1543), Johannes Kepler (1571-1630) e Galileu Galilei (1564-1642) —, mas os detalhes de suas descobertas culminaram no trabalho de Sir Isaac Newton e nas leis do movimento descritas por ele. O trabalho de Newton lançou as bases da física de movimento, ou *mecânica clássica*.

Newton cria as regras

As realizações de Isaac Newton (1643-1727) incluem a definição das leis de gravitação universal e as regras básicas da ótica, bem como a invenção do cálculo. Ele também criou as três leis de movimento, que serão meu foco agora como uma introdução à mecânica clássica.

Newton expôs suas descobertas de forma bastante extensiva em sua obra-prima de 1687, *Philosophiae Naturalis Principia Mathematica* ou *Os Princípios Matemáticos da Filosofia Natural*. Esse livro continha as três principais contribuições de Newton para a mecânica clássica:

- Lei da gravitação universal
- Leis do movimento
- Cálculo

Descrevendo o movimento

Muito da mecânica clássica envolve as três leis do movimento de alguma forma. São as três afirmações sobre a relação entre o movimento de um objeto e a força que atua sobre ele.

» **A primeira lei: A Lei da Inércia** afirma que o estado de movimento de um objeto mudará apenas se alguma força agir sobre ele. Em uma situação em que não há forças, o estado de movimento do objeto é o de mover-se em linha reta numa velocidade constante (ou o de estar parado, caso sua velocidade seja zero).

» **A segunda lei: $F = ma$** é uma afirmação matemática formal sobre como a força (F) sobre um objeto se transforma em aceleração (a) sobre ele. O m na equação representa a massa do objeto.

» **A terceira lei: A Lei de Ação e Reação** sustenta que a força que atua sobre um objeto sempre trabalha em ambos os sentidos. Nenhum objeto físico afeta outro objeto sem também ser afetado por ele.

A parte inicial de um curso introdutório de física dedica-se em grande parte a entender como definir a força ou a aceleração em determinada situação, ou a compreender como as várias forças (incluindo as forças reativas da terceira lei) se conectam.

DICA

A primeira lei de Newton realmente descreve um caso especial de sua segunda lei. Caso nenhuma força esteja agindo sobre o objeto, então $F = 0$, ou seja, $a = 0$ sempre que não houver força. E se não houver nenhuma aceleração, isso significa que o objeto sem uma força está parado ou se movimentando em uma linha reta. Do mesmo modo, se $a = 0$, então a equação diz que $F = 0$.

Aplicando cálculo no movimento

Usando suas leis de movimento, Newton passou então a aplicar seu cálculo para determinar as forças em ação sobre os objetos em movimento. Isso formou a base de sua lei da gravitação universal, ou a lei da gravidade. Ele também confirmou que sua explicação e a matemática utilizada coincidiam com as órbitas elípticas dos planetas, descritas por Kepler anos antes.

DICA

Tanto a força quanto a aceleração são *vetores*, o que significa que consistem não apenas em uma magnitude, mas também em uma direção e um sentido. A massa, por outro lado, é uma grandeza *escalar*, ou seja, ela tem apenas uma magnitude, mas sem nenhuma direção ou sentido associados.

LEMBRE-SE

E, sabe o quê? A unidade que os físicos usam para a força é chamada de... adivinhe... *newton*! É representada pela letra N, e um N equivale a $1\ \text{kg}\cdot\text{m/s}^2$. Se você aplicar a segunda lei em uma massa de 1 kg que foi acelerada exatamente por 1 m/s^2, então a força envolvida seria de exatamente 1 N.

Energia cinética e momento

Além da força que age sobre um objeto, os outros dois conceitos essenciais que se aplicam na mecânica clássica são o de energia e momento no sistema associado com o objeto.

Energia é a capacidade de produção de ação. Essa capacidade pode se manifestar numa variedade de formas, mas me concentro primeiramente na energia do movimento, ou *energia cinética*. Essa energia se manifesta quando um objeto com massa *m*, se movimenta a uma velocidade *v*. Usando apenas a massa e a velocidade, você pode calcular a energia cinética, EC, do objeto com esta equação:

$$EC=\frac{1}{2}mv^2$$

A unidade para energia é joules (J), na equação, $1\,J=1\,kg\cdot m^2/s^2$. Muito embora o objeto esteja se movimentando em um sentido, a energia cinética é uma quantidade escalar (apenas magnitude). A energia é sempre escalar, e nunca tem direção ou sentido.

Encontrando o momento quando o sentido importa

Caso o sentido importe, você analisa o *momento* em vez da energia. A variável para momento é *p*, que vem do termo *impetus* [impulso], usado para esse conceito nos dias pré-Newtonianos. Como a variável *m* já está sendo usada para a massa, seria confuso usar *m* para ambas as variáveis, então os físicos continuam a usar *p* para momento. Você perceberá que o momento, *p*, também é calculado diretamente a partir apenas da massa, *m*, e da velocidade, *v*, usando esta equação:

$$\mathbf{p}=m\mathbf{v}$$

Tanto o **p** quanto o **v** estão em negrito para mostrar que são vetores, com uma magnitude, direção e sentido. Ao lidar com uma grandeza vetorial, saber apenas qual é a magnitude não ajuda muito. Também é importante saber a direção, ou orientação, do vetor. Dois vetores podem ter a mesma magnitude, mas ser distintos um do outro caso apontem para sentidos diferentes. A Figura 2-1 mostra um exemplo com dois vetores de velocidade, v_1 e v_2.

FIGURA 2-1: Dois vetores com a mesma magnitude, mas direções diferentes.

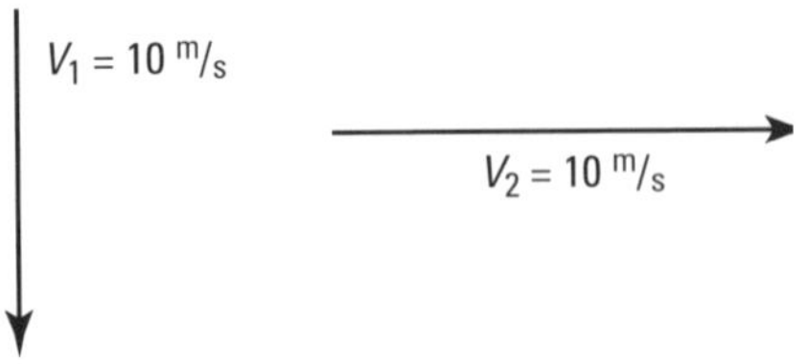

No entanto, nessa equação a massa, m, é escalar. Multiplicar um vetor por uma escalar nunca mudará o sentido do produto vetorial resultante. Em outras palavras, o momento, $\boldsymbol{p}$, sempre estará exatamente no mesmo sentido que a velocidade, $\boldsymbol{v}$. Assim, se um objeto de 10 kg estiver se movendo a 5 metros por segundo diretamente para a direita, o momento será 50 kg·m/s diretamente à direita.

DICA

O momento (diferentemente da força ou da energia) não tem sua própria unidade. Ele é mensurado em unidades complementares de kg·m/s. Caso os físicos realmente precisassem de uma unidade de momento, provavelmente já teriam definido uma, mas, de fato, não é necessária. Nos problemas físicos do mundo real, os físicos raramente buscam o momento como um objetivo final, mas o usam como um passo intermediário para determinar o resultado relacionado com alguma outra variável desconhecida, como força, velocidade, aceleração, energia ou massa.

Focando a energia cinética — Mas há outras

Uma vez que a energia cinética e o momento são diretamente calculados a partir da massa e da velocidade, talvez você já tenha percebido a semelhança entre essas equações. Na verdade, pode eliminar totalmente a necessidade da velocidade e escrever a equação da energia cinética para depender apenas do momento e da massa, assim:

$$\text{EC} = \frac{p^2}{2m}$$

Vetores são importantes na física, incluindo a física quântica, então vale a pena repetir que o momento é um vetor, enquanto a energia é escalar. Porém, na equação da energia cinética, quando multiplicamos o momento por si mesmo (elevando-o ao quadrado), o aspecto direcional some nesse processo, e você acaba com apenas um valor escalar.

PAPO DE ESPECIALISTA

Caso seja fã de cálculo, talvez já tenha percebido que o momento (mv) é a derivada da energia cinética ($\frac{1}{2}mv^2$) com relação à velocidade. Newton inventou o cálculo porque seria conveniente para trabalhar nesses tipos de situações, embora também seja possível derivar equações de energia cinética e momento sem usar cálculo.

Nesta seção, concentro-me exclusivamente na energia cinética (a energia do movimento), mas aqui estão algumas outras formas de energia.

- **Energia gravitacional potencial:** A energia que um objeto tem porque sua posição muda em um campo gravitacional
- **Energia térmica/de calor:** A energia dentro de um sistema, responsável por sua temperatura

» **Energia elétrica:** A energia relacionada com as forças em partículas eletricamente carregadas e seus movimentos

» **Energia química:** A energia armazenada nas ligações de átomos e moléculas

» **Energia nuclear:** A energia contida dentro do núcleo atômico

Pegando as Ondas

Uma das formas pelas quais a energia se manifesta pelo movimento é nas ondas. Muitas pessoas que não são físicos quase sempre pensam nas ondas como a forma em que os fluidos se movem, pois as relacionam com o fato de irem à praia. Mas os físicos acreditam que esse movimento simples e repetitivo (da onda) é um dos conceitos que aparece de maneira mais repetitiva em todos os sistemas naturais. Você pode encontrar ondas no movimento de fluidos, claro, mas também as descobrirá ao considerar o movimento do som.

O movimento de massas penduradas em pêndulos ou molas exibe movimento repetitivo ao redor de um ponto de equilíbrio em oscilações regulares, tornando-os perfeitos para descrever por meio de ondas clássicas. O Capítulo 9 centra-se na abordagem da física quântica para osciladores.

Algumas propriedades da frente de onda

As ondas têm algumas características em comum aplicáveis em todos os casos, seja qual for a forma de onda sobre a qual nos referimos. Uma onda mecânica pode ser facilmente representada, como mostra a Figura 2-2.

As características em comum das ondas incluem

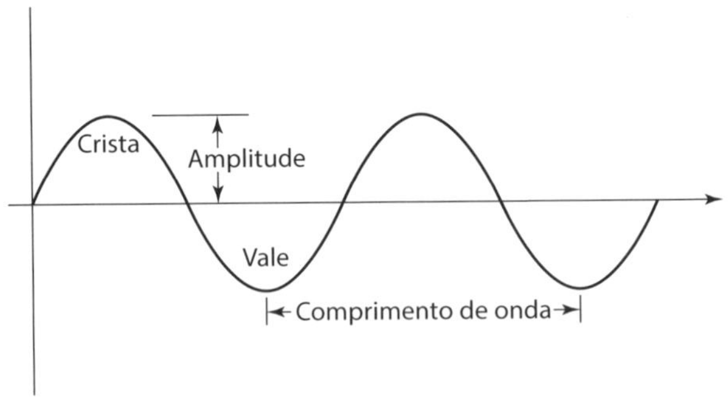

FIGURA 2-2: Exemplo de uma onda.

» **Amplitude (A):** É o deslocamento máximo da onda a partir do equilíbrio. A natureza do deslocamento pode aparecer com

- *Amplitude constante* (consulte a Figura 2-2). As *ondas contínuas* resultantes têm um mesmo deslocamento em todos os ciclos.
- *Amplitude modulada*, quando o deslocamento varia com o tempo e/ou a posição. Em um antigo aparelho de rádio, AM significa "amplitude modulada", pois é assim que o sinal de rádio é codificado com as informações. A amplitude é mensurada em distância, usando unidades que fazem sentido com base no tamanho da onda.

» **Crista:** O topo da onda. Em uma onda mecânica, o alto da crista é igual ao equilíbrio mais a amplitude.

» **Vale:** O fundo da onda. Em uma onda mecânica, a profundidade do vale é igual ao equilíbrio menos a amplitude.

» **Período (*T*):** O intervalo de tempo necessário para completar uma onda, ciclo ou vibração.

» **Frequência (*f*):** O número de ondas, ciclos ou vibrações que ocorrem em uma unidade de tempo. A frequência é o inverso do período.

» **Comprimento da onda (λ):** A distância entre dois pontos idênticos e sucessivos na onda. A distância é geralmente medida de crista a crista ou de vale a vale.

» **Velocidade (*v*):** A variação da distância por um ponto particular na onda em determinado intervalo de tempo. A velocidade é igual ao comprimento da onda dividido pelo período $\left(v=\frac{\lambda}{T}\right)$ ou o comprimento da onda vezes a frequência ($v=\lambda f$).

Podemos observar as duas ondas matemáticas mais simples, relacionadas com as funções trigonométricas seno e cosseno, demonstradas graficamente na Figura 2-3. Em especial, a onda seno é útil porque quando o valor de entrada é zero, o valor de saída também é zero. Uma ferramenta conveniente na física (incluindo na física quântica) é a definição, ou a redefinição, de suas variáveis para poder aplicar o conhecimento sobre essas funções trigonométricas para ajudar a resolver o problema.

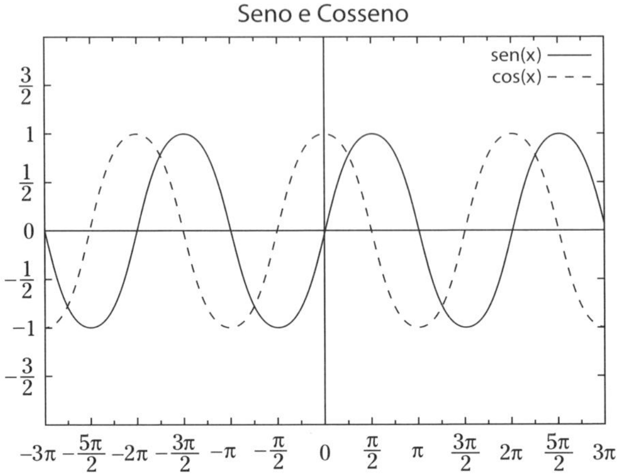

FIGURA 2-3: Gráfico das funções de seno e cosseno.

Em geral há, em relação às ondas clássicas, dois tipos físicos diferentes, que podemos ver retratados na Figura 2-4.

- » **Onda transversal:** Uma onda que vibra de forma perpendicular à direção da propagação. Por exemplo, uma onda de água vibra para cima e para baixo, enquanto a onda se move horizontalmente sobre a superfície da água.
- » **Onda longitudinal:** Uma onda que vibra na direção da propagação. Por exemplo, com o som, as moléculas de ar vibram na mesma direção em que o som está se movimentando, para longe da fonte do som.

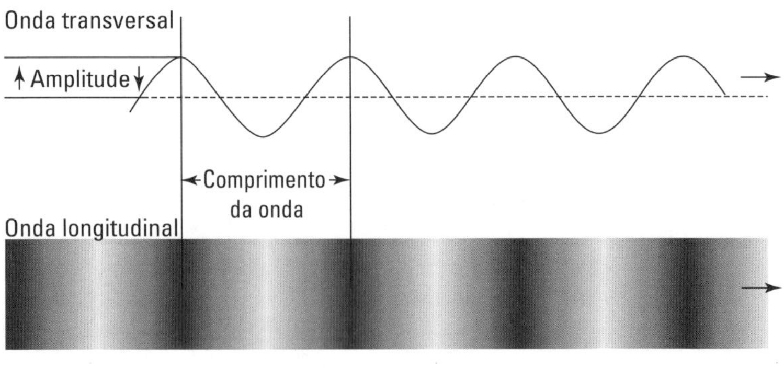

FIGURA 2-4: Dois tipos de ondas: transversal, acima, e longitudinal, abaixo.

Seja falando sobre a harmonia das ondas de som ou o movimento periódico de uma massa em uma mola (sobre o qual falo brevemente no Capítulo 9), os físicos tradicionais usam as características da onda para modelar o comportamento físico desses sistemas. A matemática das ondas se torna central também para a física quântica.

Superposição e interferência de onda

Ao lidar com ondas, você deve ter uma compreensão sólida sobre como duas ondas diferentes interagem. Em resumo, as duas se sobrepõem, formando uma *superposição* das duas ondas. Em vez de falar sobre cada uma das ondas distintas, a superposição agora permite que você fale sobre uma única onda.

Por exemplo, pense nas ondas físicas sobre a superfície da água. Se vir duas fontes de ondas se misturando, as ondas em colisão não permanecerão como uma série de ondas distintas. As duas frentes de onda se tornam uma ondulação coletiva de água, fazendo com que as duas fontes resultem em um conjunto de ondas que não podem mais ser distinguidas umas das outras. Você estará observando a superposição de duas ondas.

O resultado da superposição é a *interferência*. Imagine duas ondas físicas de água que são exatamente iguais em intensidade e que se sobreponham. Se uma onda for alta (na crista) e a outra for baixa (no vale) na colisão, a superposição resultante da onda nesse ponto será totalmente plana. A crista e o vale cancelariam um ao outro.

O processo pelo qual os valores das duas ondas são somados é chamado *interferência* e tem dois exemplos extremos:

- **Interferência destrutiva** (como no exemplo anterior) acontece quando uma crista e um vale de igual intensidade se cancelam e anulam a onda.
- **Interferência construtiva** acontece quando duas ondas se sobrepõem de modo que ambas as cristas coincidam. Isso cria uma crista de onda que se iguala à soma das duas cristas e é, portanto, mais alta do que qualquer uma das ondas individuais.

Claro, a maioria das interferências não alinha as cristas e os vales perfeitamente, ficando em algum estágio entre a interferência destrutiva e a construtiva, como mostra a Figura 2-5.

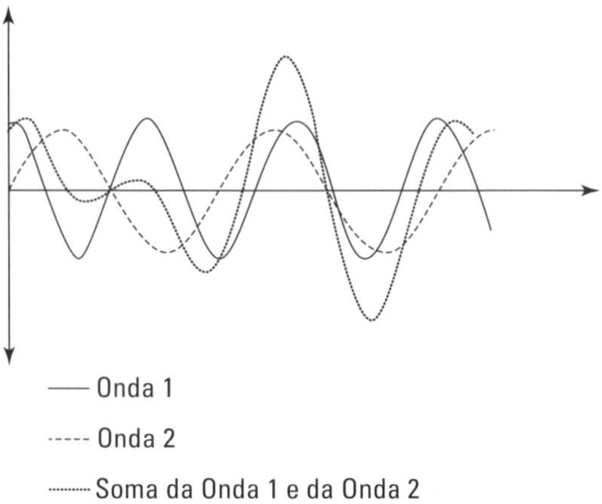

FIGURA 2-5: Quando duas ondas se sobrepõem, o deslocamento é a soma dos dois deslocamentos individuais.

Haja Luz: Eletromagnetismo

Durante o período entre Newton e Einstein, um dos maiores debates sobre física envolveu a natureza da luz. Esse debate clássico é fundamental para a compreensão da física quântica.

Uma disputa iluminada: Corpúsculos contra vibrações

Antes do trabalho de Newton, a teoria dominante interpretava a luz como uma vibração de alguma substância desconhecida. Quer dizer, a luz era interpretada como uma teoria com base em ondas, mais notavelmente pelo físico holandês Christiaan Huygens (1629–1695) e pelo filósofo francês René Descartes (1596–1650).

LEMBRE-SE

Essas teorias da luz com base em ondas exigiam algum tipo de substância que fizesse a vibração. Se a luz é como uma onda que se movimenta sobre a água, alguma substância deve agir como a água, mesmo em um vácuo. Os físicos passaram a se referir a tal meio desconhecido para a luz como *éter*, embora algumas vezes o chamassem (e de forma mais dramática) de *éter luminífero*.

Enfrentando as obstruções

Para considerar por que é útil pensar em termos de onda, você deve reconhecer que quando há uma fonte de luz, a luz parece emanar para todas as direções a partir dessa fonte (a menos que seja bloqueada). Esse movimento é como uma onda se dispersando para todas as direções a partir de sua fonte, como, por exemplo, se você mergulhar o dedo na superfície de uma poça d'água parada.

Todavia, e ainda mais importante, pense no que acontece quando uma obstrução se coloca no caminho da luz. Quando as ondas na água se deparam com uma tora bloqueando seu caminho, ao atingi-la elas não continuam se movimentando numa linha reta. Em vez disso, há uma ondulação ao redor do outro lado da tora.

Algo semelhante ocorre quando a luz é obstruída. Se há luz em um corredor, ela flui ao longo dele, mas se você estiver em uma sala grande no fim do corredor, a luz não ilumina apenas o que estiver em uma linha reta. Parte dela se expande para iluminar objetos na sala que não estão no caminho direto do corredor. A luz entra pela porta e parece se curvar ao redor dela, como se estivesse tentando iluminar o máximo possível de espaço.

Esse processo no qual a luz se depara com um obstáculo e se expande para tentar preencher a área ao seu redor é chamado *difração*. A Figura 2-6 mostra as ondas de luz caindo sobre uma peça de metal em que há uma pequena fenda. A fenda age como uma nova fonte de luz, fazendo com que as ondas de luz irradiem para fora, a partir da fenda, no outro lado da peça de metal (a obstrução).

Teorias para explicar o comportamento da luz

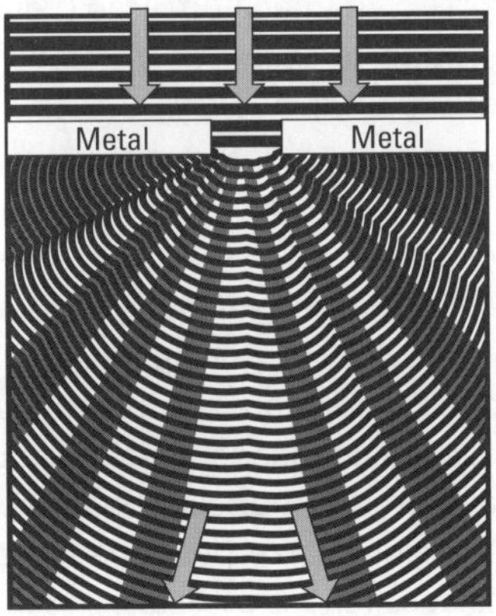

FIGURA 2-6: Difração em ação através de uma única fenda.

Para explicar tal comportamento radiante, Huygens propôs que a luz não era meramente uma única onda (que sempre se move no mesmo sentido), mas uma frente de onda que se propaga constantemente. Em seu modelo teórico da luz, cada ponto ao longo da frente de onda na verdade emite novas ondas esféricas em todas as direções.

LEMBRE-SE

Essa teoria de frente de onda explicava a contento os comportamentos não lineares da luz. O problema com ela é que a luz também exibia diversos comportamentos lineares, e o modelo de Huygens não os explicava particularmente bem.

O livro de Newton, *Óptica* (1704) afirmava que experimentos com a reflexão e a refração da luz seriam mais bem explicados se a luz se movimentasse em linhas retas. Como elas não fazem isso necessariamente, a explicação que ele preferiu envolvia pequenas partículas de luz, denominadas *corpúsculos*, que se movimentam em linha reta numa velocidade finita. Essa *teoria corpuscular da luz* dominou a física por quase um século, até que novos experimentos fizeram os físicos considerarem mais uma vez se pensar na luz como uma onda não faria mais sentido.

Young: A contradição da fenda dupla

Em 1802, o oftalmologista e físico londrino Thomas Young (1773–1829) começou o que ficou conhecido como o *experimento da dupla fenda*. Nesse experimento, usou espelhos para direcionar um raio de luz para uma vidraça quase toda coberta para a luz não poder penetrar. Porém, havia duas fendas estreitas na vidraça que permitiriam a luz passar. No outro lado da vidraça, uma tela preta mostraria se alguma luz a iluminasse.

LEMBRE-SE

Quando há apenas uma fenda, ocorre a chamada difração (veja a seção anterior e consulte a Figura 2-6), então Young precisou configurar corretamente seu experimento — com duas fendas — para evitá-la.

Considere dois cenários e o que poderia esperar ver quando um raio de luz brilhasse sobre a vidraça de Young:

- **Se a luz fosse feita de partículas que se movem em linhas retas,** como Newton sugeriu, então a previsão do que apareceria na tela seria relativamente simples. A luz direcionada para a vidraça atingiria a cobertura e pararia, ou as partículas adequadamente posicionadas passariam por uma das fendas estreitas. Ou seja, Young esperaria ver duas faixas estreitas de luz na tela que corresponderiam aos corpúsculos que acabaram passando pelas duas fendas estreitas.
- **Se a luz fosse uma frente de onda em propagação,** o que Young de fato observou coincidiria com seu comportamento de onda. Em vez de dois raios de luz direcionados em duas faixas na tela, cada uma das fendas (como origens das novas ondas esféricas) direcionaria essas frentes de onda para que ambas atingissem a tela. Devido às propriedades das ondas, você realmente veria na tela o padrão de interferência das duas ondas, o que resultaria numa série alternante entre faixas luminescentes e escuras, como mostra a Figura 2-7. E foi exatamente esse o tipo de padrão que Young observou.

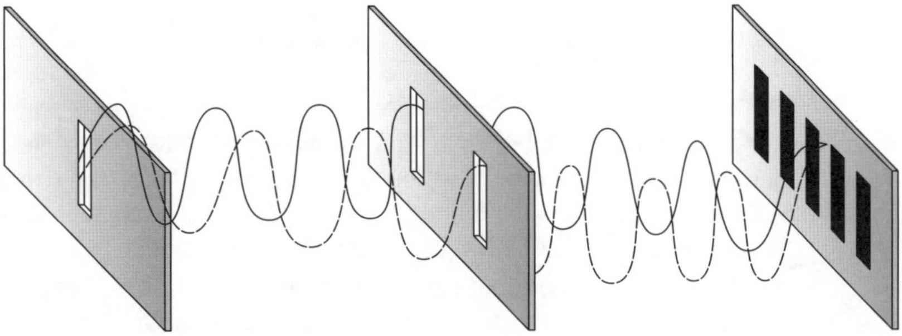

FIGURA 2-7: A luz se movimentando pelas duas fendas como uma onda criaria uma série de faixas luminescentes e escuras.

LEMBRE-SE

O arranjo observado na tela do experimento de Young parecia totalmente incompatível com a teoria corpuscular de Newton, mas fazia sentido usando o modelo de frente de onda de Huygens ou algum outro modelo semelhante de luz com base em onda. Apesar de terem abraçado a teoria corpuscular da luz oferecida por Newton durante quase um século, os físicos tiveram que abandonar a ideia de que a luz se comportava como uma partícula. A opinião de Newton sobre a ótica ainda era um modelo útil para realizar cálculos, mas o experimento de Young demonstrou claramente que o comportamento da luz deve ser tratado como uma onda.

Na verdade, contudo, nenhum modelo respondia a todas as dúvidas dos físicos. Nem o modelo de partículas nem o de onda captavam totalmente as complexidades envolvendo o comportamento da luz. No entanto, no século XIX, os físicos se inclinavam a interpretar a luz como onda, o que significava que tiveram que enfrentar mais uma vez o desconhecido éter. O Capítulo 3 aborda o experimento da dupla fenda no contexto da física quântica.

As maravilhosas equações de Maxwell

Além da pesquisa sobre ótica, o século XIX testemunhou um crescimento maravilhoso da aplicação do magnetismo e da eletricidade para alimentar a sempre acelerada revolução industrial. O trabalho de Michael Faraday (1791–1867) e outros nessa área merece um tratamento muito mais abrangente do que lhe dou aqui. Em apenas algumas décadas, esses pesquisadores transformaram as forças que alimentavam os truques de salão com campânulas e ímãs em uma ciência rigorosa e altamente matemática.

O ESPECTRO ELETROMAGNÉTICO

Os físicos também descobriram que a luz visível era apenas uma parte — e, na verdade, uma parte bem pequena — da luz que existia. William Herschel (1738–1822) descobriu o infravermelho em 1800. Um ano depois, o mesmo em que Thomas Young conduziu seu experimento da fenda dupla, Johann Wilhelm Ritter (1776–1810) descobriu a luz na extremidade de maior energia do espectro, que passou a ser chamada de raio ultravioleta. No fim do século, os físicos se depararam com as ondas de rádio, as micro-ondas, os raios X e os raios gama.

Da energia mais baixa para a mais alta, aqui temos uma lista com os diferentes tipos de radiação eletromagnética:

- Ondas de rádio
- Micro-ondas
- Infravermelho
- Luz visível (vermelho, laranja, amarelo, verde, azul, índigo e violeta)
- Ultravioleta
- Raios X
- Raios gama

Uma grande parte do estudo da física quântica surge ao examinarmos a emissão da energia eletromagnética durante uma transição quântica, assim, foi útil reconhecer que algumas dessas transições resultariam em luz não visível.

Conectando as forças

DICA

De modo significativo, os físicos do século XIX perceberam uma relação profunda entre eletricidade e magnetismo, como sendo manifestações duais da mesma força subjacente: a *força eletromagnética*.

Essa força era carregada por uma *onda eletromagnética*, a mesma onda que carregava a luz. Não apenas a luz visível — que Newton e Huygens estudaram na ótica —, mas também outras formas de luz não visível que estavam sendo descobertas. (Veja o box "O Espectro Eletromagnético".) Uma onda eletromagnética é apresentada na Figura 2-8.

No século XX, os físicos quânticos transformaram a compreensão sobre a luz e o eletromagnetismo. Mas a base para a transformação foi o incrível trabalho feito no século XIX, no qual os físicos aprenderam as profundas relações matemáticas existentes entre fenômenos que parecem ser completamente distintos.

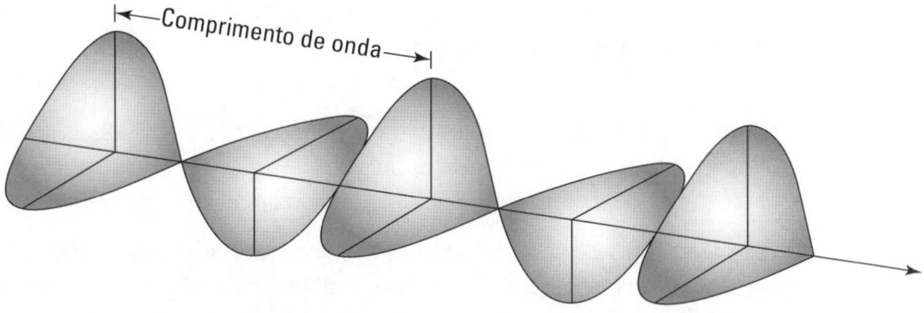

FIGURA 2-8: As forças elétrica e magnética estão em sintonia em uma onda eletromagnética.

Expressando as conexões com matemática

A onda eletromagnética alcançou sua expressão completa em uma série de quatro equações denominadas equações de Maxwell — publicadas em 1865 — em homenagem a James Clerk Maxwell (1831–1879). Na verdade, ele não criou todas as equações sozinho (como você pode perceber, pois várias delas têm nomes de pessoas diferentes), mas ele recebe os créditos por reuni-las em uma compreensão matemática coerente da eletricidade, do magnetismo e da luz na forma de ondas eletromagnéticas.

Ainda que relativamente curtas, essas equações contêm uma quantidade surpreendentemente complexa de informações. Entre as informações que Maxwell extrairia das equações está a constatação de que a velocidade do campo eletromagnético corresponde precisamente à velocidade da luz, levando-o a entender a relação profunda entre esses fenômenos.

Aqui estão dois pontos para ajudá-lo a interpretar as equações de Maxwell:

PAPO DE ESPECIALISTA

» **As letras em negrito** fazem referência ao campo elétrico (**E**) ou ao campo magnético (**B**), que são representados por campos vetoriais. (Veja o box "Gravidade e Eletromagnetismo: Campos Físicos".)

» **O símbolo del ou nabla,** ∇ (que aparece na análise sobre operadores vetoriais do Capítulo 7), pode representar os seguintes três aspectos de um campo vetorial, **F**, quando usado no cálculo vetorial.

- $\nabla \mathbf{F}$: Gradiente de **F**
- $\nabla \cdot \mathbf{F}$: Divergente de **F**
- $\nabla \times \mathbf{F}$: Rotacional de **F**

Você pode representar as equações de Maxwell de diversas maneiras, mas a Tabela 2-1 apresenta um dos formatos mais comuns como equações diferenciais.

GRAVIDADE E ELETROMAGNETISMO: CAMPOS FÍSICOS

Newton definiu a gravidade como uma interação entre massas pontuais. Pierre-Simon Laplace (1749-1827) veio depois de Newton e encontrou outra maneira de ver a gravidade, apresentando a ideia de um *campo gravitacional*.

Esse campo gravitacional representava a gravidade como linhas de força que permeavam todo o espaço em torno de um objeto material, como a Terra. Em cada ponto próximo à Terra, há um campo gravitacional com uma intensidade baseada na massa da Terra e na distância desse ponto em relação ao centro do planeta. Esse campo gravitacional não tem apenas uma magnitude em cada ponto, mas também um sentido (para baixo, nesse caso, no sentido ao centro de gravidade da Terra), significando que é um *campo vetorial*. Se houver outra massa dentro desse campo, então a força gravitacional entre ela e a Terra se baseia em suas duas massas, de uma forma que coincide precisamente com os cálculos de Newton.

A abordagem do campo gravitacional tornou-se particularmente popular durante o século XIX. De fato, os campos se tornaram uma maneira comum de pensar sobre as ideias da física, principalmente porque também eram uma forma natural de trabalhar com forças eletromagnéticas. Em vez de um campo gravitacional, essas forças poderiam ser interpretadas como provenientes de um *campo eletromagnético* que preenchia a área ao redor de qualquer carga ou corrente. Em particular, você pode até ver as linhas de força implícitas nos campos magnéticos em torno de um ímã usando limalha de ferro!

TABELA 2-1 **Equações de Maxwell**

Equação	Como É Chamada
$\nabla \cdot \mathbf{E} = \frac{\rho}{\varepsilon_0}$	Lei de Gauss
$\nabla \cdot \mathbf{B} = 0$	Lei de Gauss para o magnetismo
$\nabla \times \mathbf{E} = -\frac{\partial \mathbf{B}}{\partial t}$	Equação de Maxwell-Faraday ou lei de indução de Faraday
$\nabla \times \mathbf{B} = \mu_0 \left(\mathbf{J} + \varepsilon_0 \frac{\partial \mathbf{E}}{\partial t} \right)$	Equação de Ampère-Maxwell, uma extensão da lei de Ampère

Michelson-Morley e o misterioso éter faltante

Em meados do século XIX, certamente parecia aos físicos que Newton havia de fato perdido o debate sobre a natureza da luz. Até mesmo Newton, aparentemente, não podia ter razão em tudo. As equações de Maxwell pareciam descrever com minúcia o comportamento da luz, bem como da eletricidade e do magnetismo, como ondas eletromagnéticas. Embora as abordagens óticas de Newton ainda fossem úteis para resolver problemas de refração e reflexão da luz, todos que estavam informados sobre o assunto achavam que a luz era, de fato, uma onda.

Procurando o éter

Porém, uma pergunta significativa permaneceu: qual meio causava a ondulação?

A resposta padrão dizia que o meio era o éter, ou o éter luminífero (dependendo do grau de sofisticação que se quisesse demonstrar), mas o problema é que isso basicamente significava apenas "a coisa desconhecida que está transmitindo uma onda de luz". Afinal de contas, a luz podia viajar pelo vácuo, portanto, se o éter era o que estava ondulando, teria então que ser uma substância que permeasse todo o espaço. O fato de os físicos não conseguirem detectá-lo se constituía, no mínimo, como um obstáculo.

LEMBRE-SE

Embora os físicos não soubessem nada quanto ao comportamento do éter, eles conheciam algumas coisas sobre como as ondas se comportavam. Se o meio estiver se movendo, então uma onda que se move através do meio será afetada. Voltando ao exemplo da água, as ondas líquidas que se movem em um rio com correnteza o fazem mais rapidamente no sentido da corrente do que no sentido da borda do rio.

A suposição, contudo, era de que o éter provavelmente não se movia. Provavelmente era um aspecto fundamental do universo. Mas mesmo que o éter não

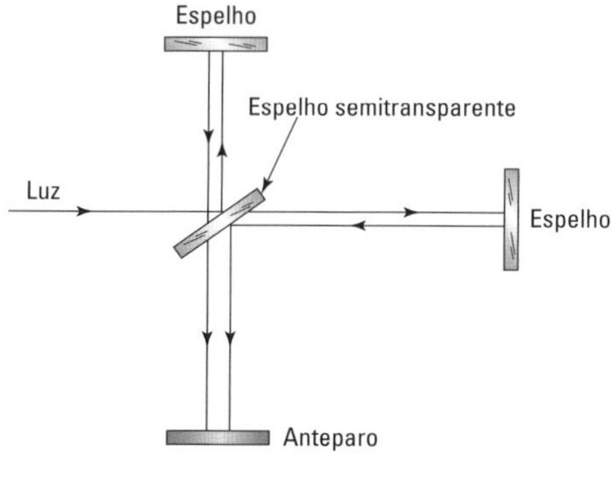

FIGURA 2-9: O interferômetro de Michelson-Morley envia raios de luz por dois caminhos diferentes que se encontram em uma tela.

se movesse, os físicos sabiam que a Terra se movia, o que significava que tudo na Terra estava se movendo em relação ao éter.

Para tentar detectar o movimento do éter com esse conhecimento, os físicos construíram um dispositivo chamado *interferômetro*. Você pode encontrar alguns modelos diferentes desse dispositivo, e a Figura 2-9 mostra uma representação do interferômetro de Michelson-Morley, que retrata adequadamente o descrito nesta seção.

Comparando a luz nos dois caminhos

Então, o que acontece nessa engenhoca? A luz entra no dispositivo e, em seguida, espelhos especiais permitem que parte da luz passe em linha reta e parte seja desviada em uma direção perpendicular e oposta. Os dois feixes de luz atingem outros espelhos e são enviados de volta, ricocheteando no espelho especial, de modo que ambos se dirigem a um anteparo. Os cientistas aplicaram alguns parâmetros e suposições ao fazer experiências com o interferômetro:

» **As distâncias entre os espelhos são idênticas,** assim, os dois feixes de luz percorreram exatamente a mesma distância em cada caminho para atingir o anteparo. Se nada mais estivesse afetando a velocidade da luz, então as ondas de luz *deveriam* estar em fase. Isso quer dizer que você veria um ponto brilhante de luz no anteparo.

» **Os feixes de luz podem ter viajado exatamente a mesma distância,** mas um dos caminhos se moveria com o éter ou contra ele. Nesse caso, a luz que percorresse esse caminho se moveria um pouco mais rápido ou um pouco mais devagar do que a luz que percorresse o outro caminho. Quando os dois caminhos de luz se juntam novamente, a teoria do éter prevê que, como frentes de onda, eles estariam ligeiramente fora de fase um com o outro, resultando em um padrão de interferência de faixas claras e escuras no anteparo.

LEMBRE-SE

Os físicos Albert Michelson (1852-1931) e Edward Morley (1838-1923) realizaram uma série de experimentos na esperança de descobrir o efeito do éter em 1887, mas seus resultados foram desastrosos (ao menos para a teoria do éter). Nenhuma de suas tentativas detectou velocidades diferentes ao longo dos diferentes caminhos da luz. *Era quase como se o éter não existisse de fato!*

Mas as evidências que apoiavam a teoria das ondas eram esmagadoras naquele momento, de modo que a maioria dos físicos (incluindo os próprios Michelson e Morley) simplesmente presumiu que se tratava de um experimento fracassado. Ninguém estava propondo de forma veemente que toda a ideia do éter fosse descartada.

Foi somente em 1905 que um jovem físico chamado Albert Einstein levou a sério a ideia de que a luz sempre se movia a uma velocidade constante no espaço vazio, tornando-a uma das principais suposições de sua nova teoria da relatividade especial. Mas esse é o assunto de outro livro. Abordo algumas das outras observações de Einstein feitas em 1905 no Capítulo 3.

Átomos: Os Pilares da Matéria

Em seu livro *Física em Seis Lições*, o famoso físico Richard Phillips Feynman (1918-1988) descreve uma catástrofe hipotética que destrói todo o conhecimento humano. Nesse cenário, ele pode transmitir apenas uma frase às gerações futuras. Qual deveria ser? Que dica pode ser apresentada para conter o máximo de conhecimento no menor número de palavras? Feynman apresentou a seguinte *hipótese atômica* como sua proposta:

> "Todas as coisas são feitas de átomos — pequenas partículas que se movem em movimento perpétuo, atraindo-se umas às outras quando estão a uma pequena distância entre si, mas se repelem quando comprimidas umas contra as outras."

Saiba mais sobre o caráter curioso de Feynman e suas contribuições para o campo da física nos Capítulos 3, 5 e 16. Na época dessa sua declaração, ele certamente sabia muito sobre a estrutura quântica do átomo.

DICA

O incrível sobre a hipótese atômica de Feynman é que a primeira parte dessa frase, "Todas as coisas são feitas de átomos", é uma das ideias mais antigas da ciência, mas também surpreendentemente recente.

Atomismo antigo

A ideia do átomo remonta aos gregos antigos, principalmente a Demócrito. O argumento básico para a existência de átomos se resumia ao seguinte: é impossível continuar dividindo algo para sempre. Em algum momento, uma pequena porção final de *algo* que não pode ser decomposto de outra forma deve existir. Essa coisa, diziam os antigos atomistas, é o átomo.

A ideia surgiu e desapareceu. Epicuro (341-270 a.C.) e, mais tarde, Lucrécio, eram ambos adeptos da ideia de átomos. Porém, mesmo antes da existência de um método científico completo de investigação de explicações, o problema com essa ideia era que ninguém conseguia chegar ao ponto de alcançar o átomo. Não importa o quanto algo seja pequeno, você sempre pode dividi-lo ainda mais. Platão se manifestou a favor dos átomos, mas Aristóteles se opôs, e Aristóteles tendeu a levar a melhor.

A ideia do átomo reapareceria ocasionalmente ao longo dos milênios seguintes, incluindo variantes da teoria atômica apresentadas por Galileu Galilei, René Descartes e Isaac Newton, mas somente quando os cientistas encontraram evidências a ideia dos átomos foi amplamente adotada.

Os químicos descobrem o átomo (talvez)

A química se desenvolveu ao longo dos anos 1700 e reconheceu que algumas substâncias eram elementos que não podiam ser decompostos ainda mais. Outras substâncias eram combinações feitas a partir de vários elementos. A água, por exemplo, surgiu da combinação da proporção correta de hidrogênio e oxigênio.

O químico britânico John Dalton (1766-1844) compilou o trabalho dos químicos em 1808, observando que as proporções dos elementos para os compostos resultantes eram sempre em números inteiros. Nada nos dados coletados sugeria que seria possível pegar metade de um elemento de oxigênio e combiná-lo com um elemento de hidrogênio para obter uma molécula a partir disso, por exemplo.

Todos os elementos estudados davam a impressão de não poderem ser mais decompostos, então Dalton apresentou a ideia de que, em sua menor forma estrutural, esses elementos eram átomos. Basicamente, Dalton reconheceu que a química consiste em separar os elementos atômicos uns dos outros e juntá-los em diferentes combinações.

Essa afirmação provocou um grande debate entre os químicos durante o século XIX. Embora eles falassem sobre os elementos, nem todos aceitavam a ideia de que realmente não podiam se decompor mais. Hoje em dia, é difícil até mesmo conceber como interpretar a tabela periódica dos elementos sem um profundo entendimento da estrutura atômica, mas inclusive seu criador, Dmitri Mendeleev (1834-1907), expressou descrença sobre a ideia de que os átomos eram objetos físicos reais em vez de apenas ferramentas matemáticas úteis.

LEMBRE-SE

Em 1905, um certo físico alemão de cabelos selvagens que trabalhava em um escritório suíço de patentes sentou-se para escrever sua tese de doutorado, na qual fornecia uma explicação detalhada baseada em átomos para o conhecido, mas inexplicável, fenômeno do movimento browniano, como explica o Capítulo 3. Quando suas previsões foram confirmadas experimentalmente em 1908, a adoção do modelo atômico de fato começou. Se você ainda não adivinhou, o nome do físico alemão era Albert Einstein, que tinha o hábito de levar a sério ideias matemáticas úteis e chegar a grandes percepções.

E o elétron

Uma das últimas descobertas pré-quânticas sobre a natureza fundamental da matéria foi a do elétron em 1897 por J.J. Thomson (1856-1940). É incrível pensar que todas as descobertas sobre eletricidade ao longo do século XIX surgiram sem que os físicos sequer conseguissem detectar a existência de elétrons.

No entanto, os físicos já haviam levantado a hipótese de que os elétrons existiam. De fato, o próprio Benjamin Franklin (1706-1790) apresentou a ideia de que partículas carregadas se moviam dentro de aparelhos elétricos. Você já

ESPECTROSCOPIA: ESTUDANDO OS ELEMENTOS COM A LUZ

O estudo da luz e da matéria começou a coincidir em meados do século XIX com o desenvolvimento da *espectroscopia*, um ramo da ciência relacionado ao estudo do espectro eletromagnético emitido pela matéria. Apesar de os físicos há muito se interessarem sempre que a matéria começasse a emitir luz, as ferramentas da ótica se tornaram refinadas o suficiente em meados do século XIX para que eles se tornassem mais sistemáticos em seu estudo. Esse desenvolvimento de ferramentas, combinado com a maior compreensão do espectro eletromagnético codificado nas equações de Maxwell, fez com que a espectroscopia se tornasse um campo de estudo rigoroso.

Os físicos alemães Robert Bunsen (1811–1899) e Gustav Kirchhoff (1824–1887) foram fundamentais para relacionar esse fato à história da física quântica. Na década de 1860, os dois começaram a publicar trabalhos que sistematicamente estabeleciam a conexão entre determinadas linhas de emissão espectral e os elementos emissores dessas linhas. Simplificando, se você observasse cuidadosamente a luz emitida ao queimar um elemento, poderia determinar qual era o elemento. A análise desses espectros proporcionou grande parte do progresso experimental da física quântica no século seguinte, principalmente na compreensão da estrutura do átomo.

A espectroscopia preparou o terreno não apenas para grande parte da pesquisa quântica que explico no Capítulo 3, mas também por uma transformação em nossa compreensão do céu noturno (e do diurno também). Em menos de uma década, o casal de astrônomos William e Margaret Huggins usaram os métodos de espectroscopia fora do laboratório para observar a luz emitida pelas estrelas. Ao fazer isso, conseguiram mostrar que as estrelas são feitas dos mesmos elementos encontrados na Terra.

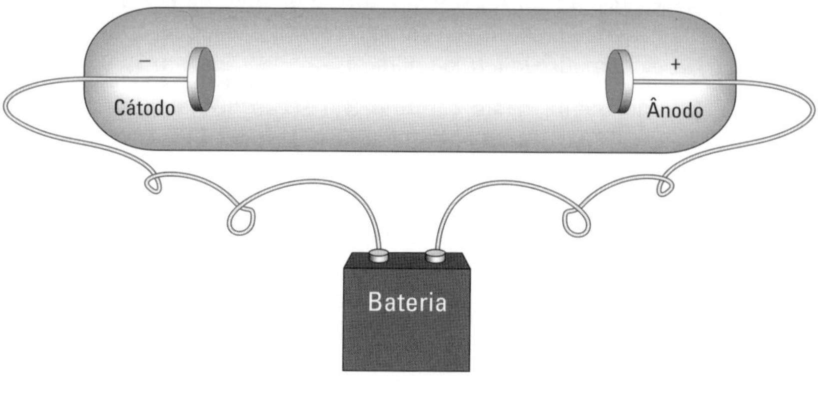

FIGURA 2-10: Os tubos de raios catódicos permitem que partículas carregadas sejam estudadas em um vácuo.

deve ter ouvido a história envolvendo o Sr. Franklin e uma pipa, um exemplo de como ele estava interessado nesse assunto.

Antes da descoberta de Thomson, George Johnstone Stoney usou o termo *elétron* em 1891 para descrever a unidade de carga em experimentos que passavam corrente elétrica por elementos químicos. Entretanto, ainda assim, a tecnologia para detectar de fato essas partículas carregadas não existia até o final do século XIX, com a invenção do tubo de raios catódicos, mostrado na Figura 2-10.

O tubo mostrado na figura contém vácuo, portanto, todo o ar foi bombeado para fora dele. Há uma placa de metal em cada extremidade, e essas placas conectam-se aos dois terminais de uma bateria. A placa de metal carregada positivamente é chamada de *ânodo*. A outra, carregada negativamente, é chamada de *cátodo* (e dá nome ao dispositivo).

Quando a energia é conectada e ligada, o tubo começa a brilhar. O trabalho de Thomson mostrou que o feixe visível resultava de partículas carregadas negativamente fluindo pelo tubo. Thomson também sugeriu que essas partículas faziam parte dos átomos que se soltaram, de alguma forma, da corrente que fluía pelo dispositivo.

Foi assim que os físicos descobriram o elétron, uma partícula mais leve que pode se soltar do átomo, anos antes de confirmarem com certeza a existência dos átomos e, muito menos, a aparência de sua estrutura interna. Descobrir a relação do elétron com o restante da estrutura atômica foi uma das primeiras grandes conquistas da jovem teoria quântica.

Termodinâmica: Outro Tema Quente

Um dos resultados da revolução industrial foi a crescente linha de pesquisa sobre a transformação de energia em trabalho produtivo e, em particular, como essa energia poderia ser produzida e transferida de forma eficiente para onde fosse necessária. A principal forma de energia durante a revolução industrial foi o calor, e o estudo de como o calor se relaciona com outras formas de energia é chamado de *termodinâmica*.

Anteriormente neste capítulo (na seção "Objetos em Movimento: Mecânica Clássica"), analiso a energia dentro da mecânica como um foco no movimento de um objeto específico. No campo da termodinâmica, você não se preocupa com o movimento de partículas ou objetos específicos, mas sim com o estado interno do objeto ou do sistema como um todo. Os cientistas agora sabem que o estado interno de calor ou temperatura é causado pela vibração de partículas dentro do sistema, mas (como discuti na seção anterior) os químicos e físicos nem sabiam que os átomos existiam quando desenvolveram o campo da termodinâmica!

Na década de 1860, os cientistas haviam desenvolvido duas *leis da termodinâmica* centrais que regiam seu pensamento sobre o assunto. E, à medida que o estudo do átomo progrediu (após a descoberta da física quântica), surgiu uma terceira lei:

» **Primeira lei:** A energia não pode ser criada nem destruída.

» **Segunda lei:** Para um processo espontâneo, a entropia (desordem) do universo aumenta.

» **Terceira lei:** A entropia de um sistema em zero absoluto (temperatura) é uma constante bem definida.

O estudo sobre sistemas de aquecimento eficientes levou o governo alemão a solicitar a ajuda de pesquisadores para criar uma tabela de valores termodinâmicos para algo chamado de *corpo negro*. No Capítulo 3, você descobrirá como um físico alemão resolveu o problema do corpo negro e colocou em movimento a primeira ideia central da física quântica. (Não, o nome dele não era Albert Einstein. Era Max Planck. Por favor... Não é possível esperar que Einstein fizesse tudo!)

Jogos da Vida: Incógnitas e Incertezas

A física clássica construiu sua visão do mundo com base na ideia de que tudo era, em última análise, muito bem determinado. Se você conhecesse todas as forças envolvidas em todas as peças, poderia descobrir o resultado de qualquer conjunto de interações. A segunda lei da termodinâmica (mencionada na seção anterior) impôs um limite superior à capacidade de conhecer todas as forças e peças, porque alguma desordem é introduzida em qualquer processo espontâneo. Nunca é possível descobrir perfeitamente todos os resultados. Mas, de modo geral, o mundo clássico ainda era altamente determinístico, ao menos em princípio.

No entanto, mesmo em um universo totalmente determinístico, é impossível determinar todos os tipos de coisas na prática. A matemática oferece maneiras de lidar com a incerteza que aparece mesmo na ciência antes do surgimento da física quântica.

Um lance de dados: Probabilidade clássica

Um exemplo clássico de um evento aleatório com um resultado bem definido é o lançamento de um dado. Tecnicamente, se você soubesse a força, a velocidade e os ângulos exatos com os quais o dado foi lançado e também em quais superfícies ele ricochetearia, seria possível calcular o resultado. Para os leitores que (como eu) são fãs de uma grande variedade de jogos de tabuleiro que usam diferentes formatos de dado, deixe-me estipular que aqui estou me referindo ao dado comum de seis lados, um cubo com lados numerados de 1 a 6 — um D6, como dizem os jogadores de *Dungeons & Dragons*.

Calculando a probabilidade de um resultado para um dado

Mas são tantos os fatores que afetam o lançamento de um D6 que não é possível obter com precisão informações suficientes para prever o resultado. Determinar a probabilidade de qualquer resultado específico significa calcular uma descrição numérica de quão provável é a ocorrência de um evento.

No caso do lançamento de um único dado, se eu quisesse saber a probabilidade de um resultado igual a 1, primeiro teria que descobrir o *espaço amostral*, o conjunto de todos os resultados possíveis. Para um único lançamento de dado, esse espaço amostral consiste em seis valores numéricos de 1 a 6. Você pode escrever o espaço amostral matematicamente como o conjunto {1, 2, 3, 4, 5, 6}. Apenas um desses valores é o resultado de 1 que estou procurando, portanto, a probabilidade resultante é de 1 em 6, ou $\frac{1}{6}$.

LEMBRE-SE

Probabilidade é uma representação fracionária da frequência com a qual, em um determinado conjunto de tentativas, você espera obter o resultado proposto. O menor valor possível é 0 (nenhuma chance) e o maior valor possível é 1 (uma certeza).

Considere estes dois exemplos relacionados a um valor específico em um único lance de dado. Se eu perguntar

- **Qual é a probabilidade de sair um 7?** A resposta é que a probabilidade é 0. É impossível sair um 7 no D6.
- **Qual é a probabilidade de sair um valor menor que 7?** A resposta é que a probabilidade é 1. É garantido que cada lançamento de um único D6 atenda a esse critério.

Permitindo às probabilidades simplificar suas análises

PAPO DE ESPECIALISTA

Lançar um dado é um exemplo trivial, mas representar o espaço amostral e a probabilidade de resultados rapidamente se torna mais complexo para sistemas mais complicados. Considere o lançamento de dois dados. Agora, o espaço amostral é muito mais complexo. Há 6 valores possíveis no primeiro dado e 6 no segundo, significando que você tem um total de 36 elementos no espaço amostral, representando os valores possíveis em dois dados, mostrados na íntegra aqui:

$$\left\{\begin{matrix} (1, 1) & (2, 1) & (3, 1) & (4, 1) & (5, 1) & (6, 1) \\ (1, 2) & (2, 2) & (3, 2) & (4, 2) & (5, 2) & (6, 2) \\ (1, 3) & (2, 3) & (3, 3) & (4, 3) & (5, 3) & (6, 3) \\ (1, 4) & (2, 4) & (3, 4) & (4, 4) & (5, 4) & (6, 4) \\ (1, 5) & (2, 5) & (3, 5) & (4, 5) & (5, 5) & (6, 5) \\ (1, 6) & (2, 6) & (3, 6) & (4, 6) & (5, 6) & (6, 6) \end{matrix}\right\}$$

Se você tentar descobrir a probabilidade de sair 1 em ambos os dados, o único elemento que corresponderia a esse resultado seria (1, 1). Esse é um elemento em 36, portanto, a probabilidade é de 1 em 36, ou $\frac{1}{36}$.

Mas suponha que, em vez disso, você quer encontrar a probabilidade de sair uma soma de exatamente 7 em ambos os dados. Nesse caso, os elementos (1, 6), (2, 5), (3, 4), (4, 3), (5, 2) e (6, 1) se encaixam nesse caso, portanto, a probabilidade de obter um total de 7 é de 6 em 36, ou $\frac{6}{36}$, que pode ser simplificado para $\frac{1}{6}$. Essa é a soma mais comum do lançamento de dois dados.

DICA

Ao trabalhar com as probabilidades clássicas é muito mais fácil utilizar a fração $\frac{1}{6}$ do que lidar com o espaço amostral completo, tendo que voltar para examinar 36 elementos toda vez que quiser analisar algo sobre a situação. Você condensa as informações detalhadas sobre o espaço amostral em probabilidade. Em seguida, pode seguir em frente trabalhando com as probabilidades. Na física quântica, a probabilidade assume um significado fundamentalmente diferente, como você descobrirá no Capítulo 3, mas continua a ter o benefício de condensar detalhes.

Incertezas e desvios

Na seção anterior, falei sobre probabilidade numa situação em que eu saberia que o resultado é bem definido (lançar um dado). Supondo que o dado seja bem construído, não há ambiguidade quanto ao resultado. Posso simplesmente ler o valor exibido na face voltada para cima do cubo de seis lados. Tenho incerteza sobre qual será o valor real antes de lançar o dado, mas absolutamente nenhuma incerteza sobre a medida após ele ser lançado.

LEMBRE-SE

Infelizmente, na ciência, essa certeza do resultado (no caso de lançar um dado) nem sempre acontece. Tanto as probabilidades quanto as incertezas desempenham um papel central na física quântica. Mais de um século de resultados experimentais confirmam que os cálculos de probabilidade da física quântica se sustentam, mesmo de maneiras que podem parecer contraintuitivas. A incerteza fundamental está no centro de um dos princípios fundamentais da física quântica. (Veja uma análise mais detalhada desse princípio no Capítulo 3.)

Considerando as incertezas de mensuração

A falta de precisão e as diferenças na percepção das pessoas são fontes potenciais de incerteza nas medições de um experimento. Felizmente, a física levou em conta essas incertezas. Quando um físico registra uma medição, ele não apenas registra o valor, mas também mantém o controle de sua precisão. Um físico pode medir até o décimo mais próximo de um metro e, ao fazer isso, pode dizer que uma distância é de 1,2 metro. Mas ele não sabe se a medida foi de fato 1,22 metro ou 1,23 metro, porque não mediu com precisão (até o centésimo mais próximo). Todos os cálculos subsequentes têm precisão limitada com base nessa medição de 1,2 metro. Se um físico quiser obter resultados mais precisos no fim, ele deverá fazer medições extremamente precisas em cada etapa do processo.

Mesmo em um experimento muito bem definido, não devemos esperar que duas instâncias do mesmo experimento tenham exatamente o mesmo resultado. Por esse motivo, os físicos geralmente tentam realizar várias iterações de seu experimento, ao mesmo tempo ou uma após a outra, para obter uma série de resultados. Cada resultado tem seu próprio nível de confiança com base nas medições feitas, é claro.

LEMBRE-SE

Você pode tirar a média das mensurações, mas há limites para seu uso, pois você deve, de alguma forma, levar em conta a variação observada nesses experimentos.

Colocando as noções estatísticas na prática

As noções estatísticas de *variância* e *desvio-padrão* entram em cena para ajudar os físicos a levar em conta as diferenças nos resultados experimentais. Você pode calcular a variância, σ^2, como a média do quadrado da dispersão em cada medição. A raiz quadrada da variação, σ, é o desvio-padrão. Por várias razões (conhecidas pelos estatísticos), o desvio-padrão é muito mais usado do que a variância como uma medida de dispersão nos dados.

Para uma variável de resultado em que você sabe a probabilidade de sua ocorrência, encontrar a variância é relativamente fácil. Você conhece a probabilidade de cada resultado possível, portanto, pode descobrir a probabilidade de uma determinada dispersão e usá-la para calcular a variância de todos os resultados possíveis.

Porém, para uma *variável aleatória* (uma variável cuja probabilidade você não conhece), o cálculo da variância fica um pouco mais complexo. Como a probabilidade da variável é desconhecida, você não pode multiplicar por ela. É preciso calcular a variância a partir de uma série de resultados. Nesse caso, para calcular a variância, torna-se necessário considerar o valor esperado da variável. O valor esperado de uma variável desconhecida X pode ser escrito como $\langle X \rangle$. (Explico essa notação no Capítulo 7.)

Para calcular a variância de tal variável desconhecida, X, você pega o valor esperado da variável ao quadrado, $\langle X^2 \rangle$, e subtrai o quadrado do valor de expectativa, $\langle X \rangle^2$, obtendo as equações para variância (σ^2) e desvio-padrão (σ):

$$\sigma^2 = \langle X^2 \rangle - \langle X \rangle^2$$

$$\sigma = \sqrt{\langle X^2 \rangle - \langle X \rangle^2}$$

NESTE CAPÍTULO

» **Descobrindo as origens da física quântica**

» **Fazendo experimentos com ondas e partículas**

» **Analisando os experimentos que definiram a física quântica**

» **Abraçando a incerteza e a probabilidade quânticas**

» **Explicando a energia e a matéria em um mundo quântico**

Capítulo **3**

A Revolução Quântica

As origens estão enraizadas em uma transformação na maneira como os físicos pensam sobre partículas e ondas. Ninguém estava procurando por essa transformação. O século XIX terminou com muitos físicos bastante confiantes de que, por terem aprendido tanto sobre energia e matéria e sua interação durante os séculos anteriores, eles poderiam simplesmente organizar as explicações para alguns experimentos existentes.

Ninguém percebeu que essas explicações — como o experimento da dupla fenda e a radiação de corpo negro — dariam início a uma mudança fundamental nos pontos de vista dos físicos. Durante a primeira metade do século XX, quase tudo o que esses cientistas achavam que sabiam (sobre matéria, energia e como elas interagem) assumiu uma nova perspectiva.

Neste capítulo, abordo as principais descobertas que definiram a física quântica, desde suas origens até o trabalho inovador na década de 1960. Examino os primeiros experimentos que revelaram a natureza quântica da realidade e forneço informações sobre como esses experimentos levaram a uma nova compreensão da probabilidade no nível quântico. Por fim, descrevo como a nova teoria quântica transformou a compreensão física da energia e da matéria.

Sendo Discreto: O Problema com a Radiação de Corpo Negro

A primeira grande ideia que distingue a física quântica da física clássica é a *quantização*, ou a medição de quantidades em unidades discretas, não contínuas. De onde surgiu essa ideia? Não foi apenas porque alguém teve essa ideia um dia e decidiu criar um campo científico inteiro em torno dela. A ideia de energias quantizadas surgiu de um dos primeiros desafios da física clássica: o problema da *radiação de corpo negro*.

Quando você aquece um objeto, mesmo antes de esse objeto brilhar visivelmente, ele irradia luz no *espectro infravermelho* (que é a luz que não podemos ver, com comprimento de onda maior e frequência menor do que a luz visível). Quando aquecidos o suficiente, os elétrons na superfície do objeto são agitados termicamente, e os elétrons, acelerados e desacelerados dessa forma, irradiam luz no espectro visível. Esse efeito é o que acontece quando você vê um objeto quente, como um metal aquecido, brilhar.

No fim do século XIX e início do século XX, a física se preocupava com o espectro da luz emitida por corpos negros. Um *corpo negro* é um pedaço de material que irradia energia (na forma de luz) correspondente à sua temperatura, mas também absorve e reflete a luz de seus arredores. Os físicos gostam de resolver problemas complicados, e o fazem pressupondo casos extremos. Para facilitar as coisas, os físicos se concentraram apenas na emissão de luz em vez de na absorção de luz. Em 1859, o físico alemão Gustav Kirchhoff postulou a existência de um corpo negro que não refletia nada e absorvia toda a luz que incidia sobre ele (daí o termo corpo negro, pois o objeto pareceria perfeitamente negro, já que absorvia toda a luz que incidia sobre ele). Mas quando você aquece um corpo negro, ele irradia de acordo com o aumento da temperatura e emite luz.

LEMBRE-SE

Esse conceito de corpo negro pode parecer puramente abstrato, mas tinha alguma relevância para o crescente setor de energia elétrica. O governo alemão queria estabelecer uma fórmula que mostrasse como o espectro (a intensidade e a frequência) dessa radiação variava com a temperatura. Historicamente, esse experimento não seria tão importante, exceto pelo fato de que sua solução introduziu a ideia do quantum na física!

Bem, era difícil representar um corpo negro físico, afinal, que material absorve 100% da luz e não reflete nada? Mas os físicos foram inteligentes em relação a essa representação e criaram a cavidade oca com uma abertura que você pode ver na Figura 3-1. Se você olhar para esse corpo negro em qualquer lugar, exceto na abertura, a luz será completamente absorvida e você não verá o corpo negro.

Se você iluminar a abertura, toda a luz entra, onde é refletida repetidamente no interior da cavidade, até ser absorvida. (Uma quantidade insignificante de luz escapa pela abertura.) E se você aquecer a cavidade oca, a abertura começa a brilhar porque está irradiando energia luminosa. Então, aí está: uma aproximação muito boa de um corpo negro.

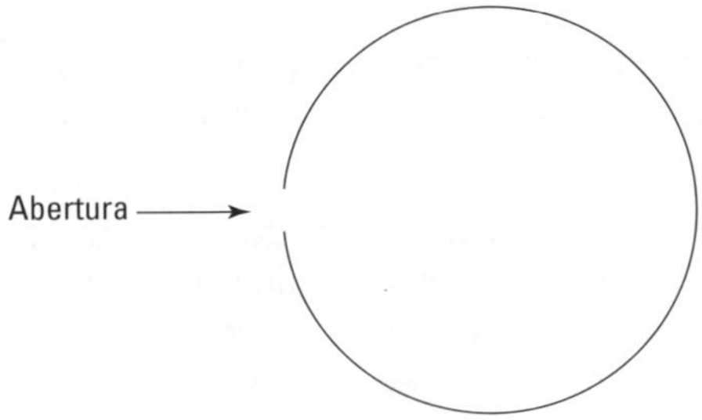

FIGURA 3-1: Um corpo negro.

Depois de terem tido essa ideia, os pesquisadores tentaram ver o que aconteceria, ou seja, qual espectro de luz seria emitido quando o corpo negro fosse aquecido. Você pode ver o espectro de um corpo negro (e as tentativas de modelar esse espectro) na Figura 3-2, para duas temperaturas diferentes, T_1 e T_2. O problema é que ninguém conseguiu encontrar uma explicação teórica para o espectro de luz gerado pelo corpo negro. Todas as soluções (ou explicações) que a física clássica conseguiu encontrar não se ajustaram aos dados. A primeira tentativa, chamada Lei de Wien, se ajustou às altas frequências, mas falhou nas mais baixas, e a segunda tentativa, a Lei de Rayleigh-Jeans, se ajustou às frequências muito baixas, mas falhou nas frequências mais altas. Os pesquisadores precisavam de uma nova abordagem!

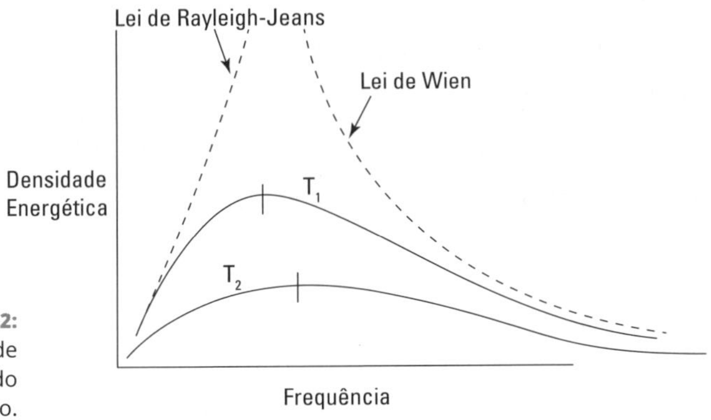

FIGURA 3-2: Espectro de radiação do corpo negro.

Um salto (quântico) intuitivo: Espectro de Max Planck

O problema da radiação de um corpo negro era difícil de resolver e, com ele, surgiram os primórdios da física quântica. Um insight revolucionário viria do físico alemão Max Planck, que estava em uma excelente posição para resolvê-lo. Um de seus mentores havia sido Gustav Kirchhoff, o mesmo cientista que apresentou inicialmente a questão do corpo negro. Quando a universidade precisou de alguém para substituir Kirchhoff, deu o cargo a Max Planck!

Esta foi a sugestão radical de Planck: e se a quantidade de energia que uma onda de luz pode trocar com a matéria não fosse contínua, como na física clássica, mas discreta? Em outras palavras, Planck propôs que a energia da luz emitida pelas paredes da cavidade do corpo negro vinha apenas em múltiplos inteiros, conforme mostrado na equação a seguir, em que *h* é uma constante universal:

$$\mathrm{E} = nh\upsilon, \text{ em que } n = 0,\ 1,\ 2,\ldots$$

Com essa teoria, por mais maluca que parecesse no início dos anos 1900, Planck converteu os inteiros contínuos usados por Rayleigh-Jeans em somas discretas sobre um número infinito de termos. Essa simples mudança deu a Planck a seguinte equação para o espectro de radiação de corpo negro:

$$u(\upsilon,\ T) = \frac{2\pi h\upsilon^5}{c^3\left(e^{h\upsilon/kT} - 1\right)}$$

A seguir, as partes dessa equação:

- » $u(\upsilon, T)$: A distribuição de intensidade do espectro de luz na frequência υ de um corpo negro na temperatura T
- » υ: Frequência do corpo negro
- » T: Temperatura em Kelvin do corpo negro
- » c: Velocidade da luz, $2{,}998 \times 10^8$ m/s
- » k: Constante de Boltzmann, representando $1{,}3807 \times 10^{-23}\ \mathrm{J \cdot K^{-1}}$
- » h: Constante de Planck, uma nova constante com o valor de $6{,}626 \times 10^{-34}\ \mathrm{J \cdot s}$

A equação de Planck acertou — ela descreve exatamente o espectro do corpo negro, tanto em frequências baixas quanto altas (e médias, aliás).

Essa ideia era bastante nova. O que Planck estava dizendo era que os *osciladores* radiantes (os mecanismos que emitem a energia) no corpo negro não podiam assumir qualquer nível de energia, como a física clássica permite; eles podiam assumir apenas energias específicas e quantizadas. De fato, Planck levantou a hipótese de que isso era verdadeiro para qualquer oscilador — que sua energia era um múltiplo inteiro de $h\nu$ (a constante e a frequência universais).

LEMBRE-SE

Assim, a equação de Planck passou a ser conhecida como a regra de quantização de Planck, e h tornou-se a constante de Planck. Dizer que a energia de todos os osciladores era quantizada foi o nascimento da física quântica.

A abordagem de Planck não era óbvia, pois a física clássica permitia que as energias assumissem uma gama completa de valores. Planck aplicou um

NOBEL QUÂNTICO

As principais descobertas da física quântica levaram a uma avalanche de Prêmios Nobel de Física. A lista a seguir não é completa, mas menciona algumas das principais descobertas e percepções que foram reconhecidas pelos Prêmios Nobel. Em particular, os relacionados à física nuclear, e não à teoria quântica propriamente dita, estão em grande parte excluídos (embora não exista realmente uma física nuclear sem a teoria quântica).

- 1918 — Max Planck, pela descoberta dos quanta
- 1921 — Albert Einstein, para explicar o efeito fotoelétrico, por meio de luz quantizada (fótons)
- 1922 — Niels Bohr, por usar a teoria quântica para explicar a estrutura do átomo
- 1923 — Robert Andrews Millikan, pela confirmação experimental da carga de elétrons e do efeito fotoelétrico
- 1926 — Jean Perrin, pela confirmação experimental dos átomos
- 1929 — Louis de Broglie, pela descoberta da natureza ondulatória dos elétrons
- 1932 — Werner Karl Heisenberg, pela criação da mecânica quântica
- 1933 — Erwin Schrödinger e Paul Dirac, por desenvolver e expandir as abordagens matemáticas da mecânica quântica
- 1945 — Wolfgang Pauli, por estabelecer o princípio de exclusão de Pauli que rege o comportamento dos elétrons
- 1954 — Max Born, por determinar que a função de onda quântica representa probabilidades
- 1965 — Sin-Itiro Tomonaga, Julian Schwinger e Richard Feynman, por desenvolverem a eletrodinâmica quântica (a teoria quântica do eletromagnetismo)
- 1969 — Murray Gell-Mann, pela descoberta da teoria quântica das partículas fundamentais e suas interações (cromodinâmica quântica)

truque matemático que se ajustava aos dados, mas para ele tudo se resumia a isso. Ele não fez nenhuma afirmação revolucionária a respeito da estrutura subjacente da luz ou da energia. Ele não ofereceu nenhuma explicação física para o fato de os osciladores só poderem assumir valores discretos de energia. Embora levasse anos para que alguém percebesse as implicações da solução de Planck, a revolução inesperada havia começado — e não havia como interrompê-la.

Vendo a Luz como Partículas

A luz como partículas? A luz não é composta de ondas? A composição fundamental da luz foi por muito tempo um tópico de debate nos séculos anteriores porque as evidências apoiavam ambas as ideias. Mas, no fim do século XVIII, os físicos concordaram amplamente que a interpretação ondulatória da luz se ajustava à maioria dos dados, conforme discuto no Capítulo 2. A realidade, no entanto, estava prestes a causar uma surpresa e mostrar a eles que a luz exibe propriedades tanto de partículas quanto de ondas.

Resolvendo o efeito fotoelétrico

O efeito fotoelétrico foi outro dos resultados experimentais que provocaram uma crise na física clássica no início do século XX. Explicar esse efeito também foi um dos primeiros sucessos de Einstein e forneceu a prova da quantização da luz. Veja o que aconteceu.

Quando a luz incide sobre o metal, há emissão de elétrons, como mostra a Figura 3-3. Os elétrons do metal absorvem a luz que você emite e, se absorverem energia suficiente, poderão se soltar da superfície do metal. De acordo com a física clássica, a luz é apenas uma onda e pode trocar qualquer quantidade de energia com o metal. Quando você incide um feixe de luz sobre uma peça de metal, os elétrons do metal devem absorver a luz e, lentamente, obter energia suficiente para serem emitidos pelo metal. A ideia era que, se mais luz fosse incidida (ou seja, mais energia total) sobre o metal, os elétrons deveriam ser emitidos com uma energia cinética maior. E uma luz muito fraca não deveria ser capaz de emitir elétrons, exceto depois de algumas horas.

LEMBRE-SE

Isso, entretanto, não aconteceu nos primeiros experimentos fotoelétricos. Os elétrons não estavam cooperando com as ideias da física clássica. Em vez disso, os elétrons eram emitidos assim que alguém incidia luz sobre o metal. Na verdade, não importava quão fraca fosse a intensidade da luz incidente (e os pesquisadores tentaram fazer experimentos com uma luz tão fraca que esperavam que se passariam horas antes de ver qualquer elétron ser emitido), os elétrons eram emitidos. Imediatamente.

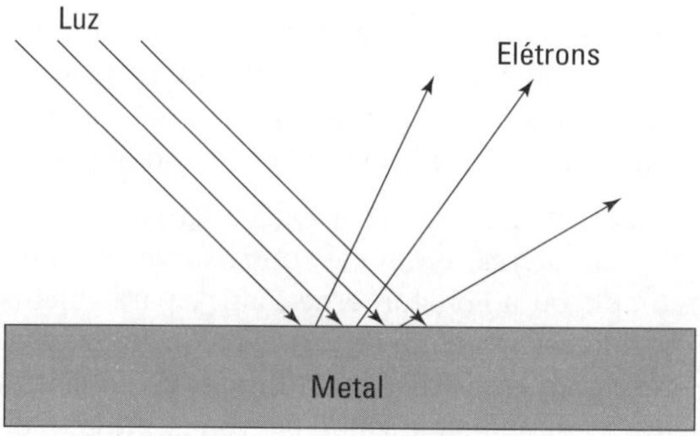

FIGURA 3-3: O efeito fotoelétrico.

Os experimentos com o efeito fotoelétrico mostraram que a energia cinética, K, dos elétrons emitidos dependia apenas da frequência — e não da intensidade — da luz incidente, como se pode ver na Figura 3-4.

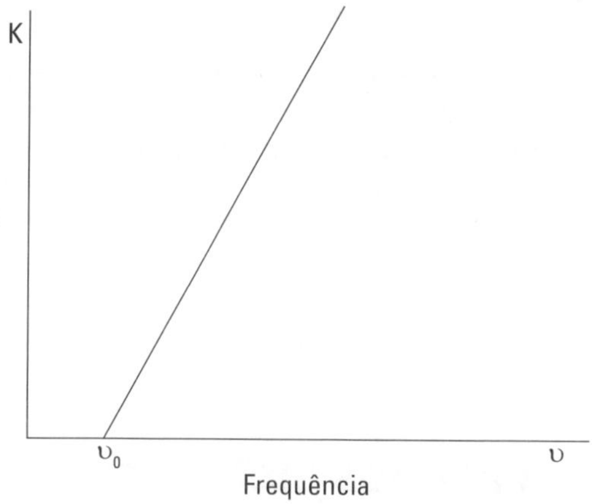

FIGURA 3-4: Energia cinética dos elétrons emitidos versus a frequência da incidência da luz.

Na Figura 3-4, υ_0 é chamada de frequência limiar e, se a luz incidir sobre o metal com uma frequência abaixo desse limiar, nenhum elétron será emitido. Os elétrons emitidos vêm do conjunto de elétrons livres no metal (todos os metais têm um conjunto de elétrons livres), e é necessário fornecer a esses elétrons uma energia equivalente à *função trabalho* do metal, W, para emitir os elétrons da superfície do metal. Em outras palavras, a função trabalho é a energia mínima necessária para que o metal libere os elétrons livres.

Era difícil de explicar os resultados pela forma clássica, então, por volta de 1905, entra em cena Einstein, no início de seu auge. Incentivado pelo sucesso de Planck (consulte a seção "Um salto (quântico) intuitivo: Espectro de Max Planck", anteriormente neste capítulo), Einstein postulou que não apenas os osciladores eram quantizados, mas também a luz — em unidades discretas chamadas *fótons*. (Ele não os chamou assim. O termo *fótons* só seria cunhado dez anos depois e levaria mais de uma década para ser amplamente adotado). A luz, sugeriu ele, agia como partículas e também como ondas.

Portanto, nesse esquema, quando a luz atinge uma superfície metálica, os fótons atingem os elétrons livres, e um elétron absorve completamente cada fóton. Einstein então aplicou a constante de Planck para calcular a energia, $h\upsilon$, de cada fóton. Quando essa energia se torna maior do que a função trabalho do metal (a energia para essa frequência limite, υ_0), o elétron é emitido. A variável K representa a energia cinética do elétron emitido, o que resulta na seguinte equação, que pode ser resolvida para K:

$$h\upsilon = \mathrm{W} + \mathrm{K} \Rightarrow \mathrm{K} = h\upsilon - \mathrm{W} \Rightarrow \mathrm{K} = h\upsilon - h\upsilon_0 \Rightarrow \mathrm{K} = h(\upsilon - \upsilon_0)$$

Como a frequência limite não muda para um objeto e a constante de Planck é, bem, constante, isso mostra que a energia cinética dos elétrons liberados depende totalmente da frequência da luz. E, com certeza, essa abordagem se ajusta aos dados!

LEMBRE-SE

Einstein demonstrou que a luz não é apenas uma onda, mas que também pode ser vista como uma partícula, o fóton. Em outras palavras, a luz é quantizada. Trata-se de uma descoberta importante — tão importante, na verdade, que se tornou a descoberta especificamente citada quando Einstein recebeu o Prêmio Nobel em 1921. (Naquela época, muitos ainda consideravam sua famosa teoria da relatividade um tanto controversa.) Em 1905, explicar a luz como partículas também foi um trabalho inesperado de Einstein, muito embora baseado no trabalho anterior de Planck. Luz quantizada? A luz vem em pacotes discretos de energia? E agora?

Dispersando a luz dos elétrons: O efeito Compton

Para um mundo ainda com dificuldade em compreender a luz como partículas (veja a seção anterior), Arthur Compton (1892-1962) deu o golpe final com o *efeito Compton*. Seu experimento de 1922 envolveu dispersar os fótons dos elétrons, como mostra a Figura 3-5.

ESPALHANDO A NOTÍCIA QUÂNTICA

Nos anos que se seguiram a 1905, Einstein não foi o único que se deparou com a necessidade de incluir o quantum em suas explicações. Agora que os físicos sabiam como procurá-lo, encontravam múltiplos de $h\nu$ em todo canto. Nada no mundo microscópico parecia ser contínuo, mas era tudo de natureza quântica, e isso não podia mais ser ignorado!

O industrial belga Ernest Solvay patrocinou uma conferência em 1911 que reuniu um grupo de 21 dos principais cientistas europeus em Bruxelas para debater o assunto. Entre eles, Max Planck, que afirmou (sobre o quantum) que "nos últimos dez anos, nada na física tem me estimulado, excitado e irritado de forma tão contínua". Planck continuou dizendo que o paradigma existente da física clássica "é obviamente muito restrito para dar conta de todos esses fenômenos físicos que não são diretamente acessíveis aos nossos sentidos grosseiros".

A notícia sobre a física quântica não só se espalhou para o jovem Niels Bohr — que se tornaria um dos principais pensadores teóricos sobre a física quântica —, como também atravessou o oceano e chegou aos Estados Unidos. No entanto, os físicos norte-americanos da época eram, em grande parte, experimentalistas e tinham pouco interesse nessa nova e confusa teoria quântica. De fato, praticamente todas as descobertas teóricas da teoria quântica no primeiro terço do século XX vieram de físicos europeus.

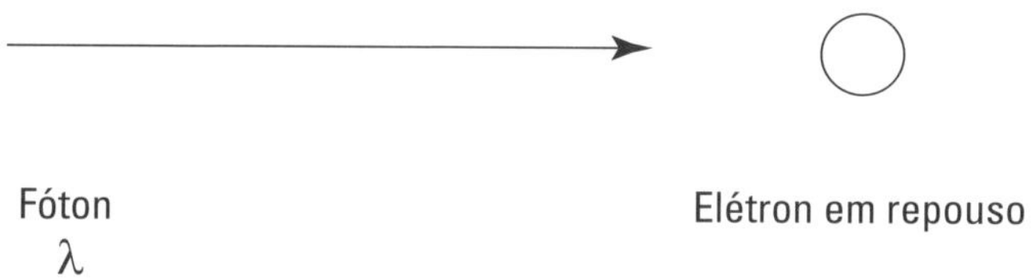

FIGURA 3-5: Luz incidente sobre um elétron em repouso.

Luz incidente (qualquer luz que incida em um objeto) chega com um comprimento de onda de λ e atinge o elétron em repouso. Depois que isso acontece, a luz é dispersada, como retrata a Figura 3-6.

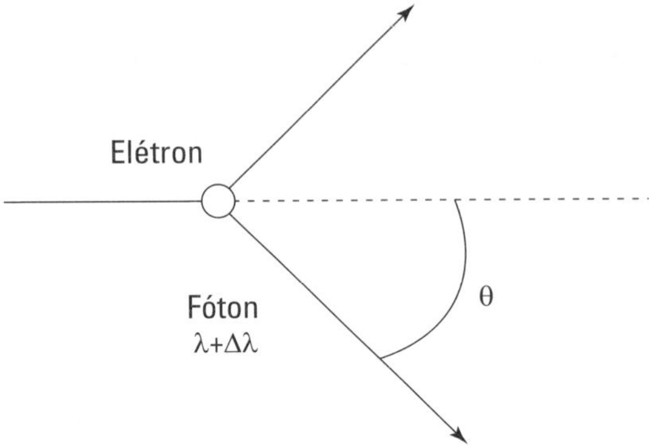

FIGURA 3-6: Fóton dispersando um elétron.

Classicamente, o que deveria ter acontecido é o seguinte: o elétron deveria ter absorvido a luz incidente, oscilado e a emitido — com o mesmo comprimento de onda, mas com uma intensidade dependente da intensidade da luz incidente. Mas isso não aconteceu — na verdade, o comprimento de onda da luz foi alterado por $\Delta\lambda$, chamado de deslocamento do comprimento de onda. A luz espalhada tinha um comprimento de onda de $\lambda + \Delta\lambda$ — em outras palavras, seu comprimento de onda aumentou, o que significa que a luz perdeu energia. E $\Delta\lambda$ depende do ângulo de dispersão, θ, e não da intensidade da luz incidente.

LEMBRE-SE

Compton só conseguiu explicar os resultados de seu experimento supondo que estava realmente lidando com duas partículas — um fóton e um elétron. Ou seja, ele tratou a luz como uma partícula discreta, não como uma onda. E supôs que o fóton e o elétron colidiam elasticamente, ou seja, que tanto a energia total quanto o momento eram conservados.

Partindo do princípio de que tanto a luz quanto o elétron eram partículas, Compton derivou a seguinte fórmula para o deslocamento do comprimento de onda (é um cálculo fácil se você presumir que a luz é representada por um fóton com energia $E = h\upsilon$ e que seu momento é $p = E/c$):

$$\Delta\lambda = \frac{h}{m_e c}(1 - \cos\theta)$$

em que h é a constante de Planck, m_e é a massa de um elétron, c é a velocidade da luz e θ é o ângulo de dispersão da luz. Se quiser praticar trigonometria, você poderá notar que a estrutura dessa equação significa que ela pode ser reescrita de outras formas, como seno em vez de cosseno. Às vezes, você também verá isso escrito em uma forma levemente diferente, com o comprimento de onda Compton do elétron, λ_c, definido como $\lambda_c = h / m_e c$.

Além de receber o Prêmio Nobel de Física de 1927 por esse trabalho, Compton também começou a usar o termo *fóton* para descrever os quanta de luz em 1926. Embora não tenha sido o primeiro a fazer isso, sua adoção dessa terminologia a fez ser amplamente usada entre os físicos e, por fim, se tornar o nome oficial dessas partículas de luz.

Para derivar o deslocamento no comprimento de onda, Compton teve que presumir que, nesse caso, a luz agia como uma partícula, não como uma onda. E assim, a natureza de partícula da luz foi o aspecto predominante.

Modelo Atômico de Bohr

Os físicos adotaram a ideia de átomos no decorrer do século XIX, mas ainda não tinham uma visão clara de como esses objetos minúsculos eram construídos. O elétron foi descoberto em 1897, e os cientistas concluíram que o átomo continha uma carga positiva. Mas a ideia de um núcleo contendo partículas com carga positiva ainda não era amplamente adotada.

DICA

O físico Ernest Rutherford (1871-1937) propôs que os elétrons se moviam ao redor do centro do átomo em órbitas — da mesma forma que os planetas se movem ao redor do Sol. Se você já viu uma imagem tradicional de um átomo com elétrons circulando nesse tipo de órbita, pôde observar o modelo de Rutherford do átomo.

Mas havia problemas óbvios com esse modelo, principalmente o fato de que, como o elétron tinha carga negativa e a do núcleo era positiva, os físicos não conseguiam descobrir como os elétrons se mantinham em órbitas estáveis. Newton havia descoberto como os planetas permaneciam em órbitas ao redor do Sol (por causa da gravidade), mas alguém precisava encontrar uma explicação semelhante para as órbitas dos elétrons ao redor do núcleo atômico.

A mudança das órbitas dos elétrons

Entra em cena o jovem Niels Bohr, logo após concluir sua tese de doutorado em 1911, mostrando que a física clássica não conseguia explicar as propriedades eletromagnéticas dos metais. Ele enfrentou esse novo desafio aplicando a teoria quântica como forma de explicar o comportamento orbital do elétron.

Mais tarde, Bohr afirmou que a ideia de aplicar o quantum não foi um insight exclusivo dele. Afinal, os físicos de toda a Europa estavam falando sobre a nova teoria quântica, e muitos físicos proeminentes defendiam que a teoria seria útil para explicar propriedades microscópicas. Portanto, a ideia de que a teoria quântica poderia ajudar a resolver esse problema do elétron-órbita era natural.

O insight que inspirou Bohr veio das linhas espectrais (que menciono no Capítulo 2). As linhas espectrais representam a energia emitida quando um elétron dentro de um átomo muda sua órbita para uma nova órbita. De fato, uma

O LEGADO DE BOHR

Bohr fundou o Instituto de Física Teórica na Universidade de Copenhague em 1921. Com frequência chamado de Instituto de Copenhague, ele se tornou um dos centros científicos mais influentes da Europa (e, na verdade, do mundo todo) para discussões e pesquisas sobre todos os aspectos da teoria quântica, incluindo o refinamento da física atômica. Em 1965, três anos após a morte de Bohr e no que teria sido seu 80° aniversário, o Instituto de Copenhague foi renomeado para Instituto Niels Bohr.

A partir de seu Instituto, Bohr se tornou um grande defensor da exploração do significado subjacente da teoria quântica e retornou como uma grande influência nas interpretações da física quântica discutidas no Capítulo 6 (e na abordagem das críticas a essas interpretações). Até hoje, a interpretação mais comum da física quântica é chamada de interpretação de Copenhague, pois é a interpretação mais defendida por Bohr e seu Instituto.

equação de 1885 de Johann Balmer identificou um padrão nos comprimentos de onda dessas linhas, relacionando-as a valores inteiros.

Bohr percebeu que um valor contínuo, como um comprimento de onda, relacionado a valores inteiros parecia muito com um comportamento quantizado. Ele conseguiu usar a equação de Balmer para calcular o que estava acontecendo com os elétrons no átomo, incluindo as seguintes atividades:

- **Absorção e emissão de fótons:** Quando um elétron em um átomo é atingido por um fóton, ele absorve a energia do fóton movendo-se para uma órbita mais alta. Quando, mais tarde, ele colapsa para uma órbita mais baixa, o elétron libera um fóton (que causa as linhas espectrais).
- **Obedecer às regras orbitais:** Mas como a energia é quantizada (somente determinadas energias são permitidas) e está relacionada à órbita, somente determinadas órbitas são permitidas. O elétron deve se mover de uma órbita para outra instantaneamente, o que significa outra descontinuidade introduzida pela teoria quântica.

DICA

A mudança de órbitas de elétrons não é o mesmo que mover um satélite de uma órbita ao redor da Terra para outra órbita. A transição do satélite não é instantânea. Na verdade, você move o satélite pelo espaço intermediário. Isso definitivamente *não* é permitido pelo modelo de Bohr, que só funcionaria se o satélite se teletransportasse, saltasse ou pulasse de uma órbita instantaneamente para outra órbita distante, sem nunca atravessar o vasto espaço intermediário. ***Nota:*** Vasto é relativo ao tamanho minúsculo do elétron (ou, metaforicamente, do satélite).

Explicando resultados com o modelo de Bohr

LEMBRE-SE

Por mais estranha que fosse a ideia de Bohr, ela tinha a vantagem de realmente explicar o comportamento observado no simples átomo de hidrogênio. A aplicação desse conceito a estruturas atômicas mais complexas exigiu mais trabalho, mas, com o tempo, Bohr e seus colegas mostraram que essa abordagem funcionava para explicar os resultados experimentais. E, na ciência, a adequação aos resultados experimentais pode ajudá-lo muito a ser aceito, por mais estranha que seja a ideia.

Identidade Dupla: Observando as Partículas como Ondas

Em 1923, o físico Louis de Broglie sugeriu que não apenas as ondas de luz apresentavam aspectos semelhantes aos das partículas, mas também que o inverso era verdadeiro: todas as partículas materiais deveriam apresentar propriedades ondulatórias.

Como funciona essa identidade dupla? Para um fóton, é o momento $p = h\upsilon / c = h / \lambda$, em que υ é a frequência do fóton e λ seu comprimento de onda. E de Broglie definiu o vetor que representa a onda, chamado de *vetor de onda*, como $k = p / \hbar$, em que $\hbar = h / 2\pi$. De Broglie disse que a mesma relação deveria valer para todas as partículas materiais. Ou seja,

$$\lambda = \frac{h}{p}$$

$$k = \frac{p}{\hbar}$$

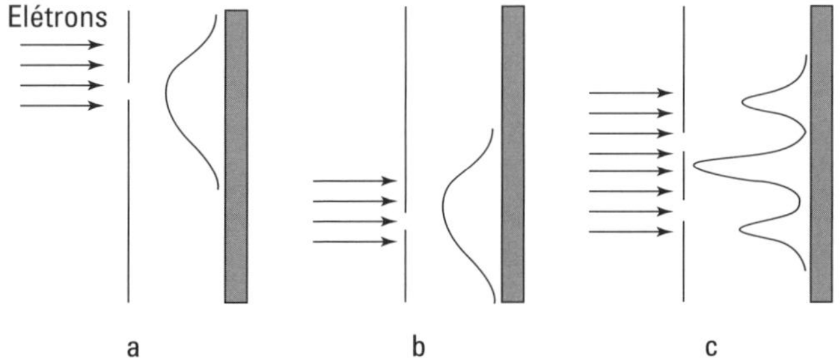

FIGURA 3-7: Um feixe de elétrons passando por duas fendas.

De Broglie apresentou essas sugestões aparentemente incríveis em sua tese de doutorado. Para testá-las, os pesquisadores recorreram a um experimento clássico feito com a luz: o experimento da dupla fenda. Na verdade, esse experimento forneceu algumas das evidências mais contundentes de que a luz se comportava como uma onda (conforme discutido no Capítulo 2). Na Figura 3-7, você pode ver a configuração e os resultados dessa nova variante quântica, que usa um feixe de elétrons em vez de um feixe de luz. Nesse caso, a tela é substituída por um filme que muda de cor quando um elétron incide sobre ele, permitindo medir a intensidade dos elétrons que incidem sobre qualquer parte dele.

Se você tiver uma única fenda, o feixe de elétrons fará exatamente o esperado: ele atinge a tela do outro lado da fenda. Isso pode ser visto na Figura 3-7 (a e b).

Somente quando há duas fendas distintas (como na Figura 3-7c) as coisas ficam interessantes. Você poderia esperar o mesmo resultado que vê com cada fenda individual, somadas, mas não é esse o resultado obtido. Em vez disso, o feixe de elétrons cria um padrão de interferência de bandas intensas e fracas, sinal de que as duas ondas de luz estão se sobrepondo. Assim, o experimento confirma de forma contundente que esse feixe de elétrons exibe um comportamento ondulatório e que não age da maneira esperada para o comportamento das partículas. Essas partículas apresentaram exatamente o mesmo comportamento ondulatório observado com a luz!

O resultado foi a validação do conceito de ondas de matéria de De Broglie. O experimento comprovou a relação de que $\lambda = h / p$, e de Broglie foi comprovadamente um sucesso. Ele merece um doutorado!

LEMBRE-SE

Essa dupla identidade da matéria é provavelmente um dos conceitos mais contraintuitivos e difíceis de entender em toda a física quântica. Na física clássica, as partículas são partículas e as ondas são ondas, e a distinção entre elas é clara. As descobertas de Einstein, Compton, Dirac e de Broglie, descritas neste capítulo, romperam essa simples distinção na era da física quântica. O fato de um objeto se comportar como uma partícula individual ou como uma onda depende, em grande parte, de como o cientista escolhe observá-lo. Essa característica da física quântica é chamada de *dualidade onda-partícula*. No entanto, ao longo do livro, geralmente falo sobre a matéria em termos de ondas — portanto, acostume-se com isso.

Pósitron de Prova? Dirac e a Produção de Pares

Em 1928, o físico Paul Dirac postulou a existência de um antielétron com carga positiva, o *pósitron*. Ele fez isso levando o campo recém-desenvolvido da física quântica a um novo território, combinando a relatividade com a *mecânica quântica* (que lida com a descrição matemática do movimento e da interação de partículas subatômicas) para criar a *mecânica quântica relativística*. Quando fez isso, porém, a equação resultante deu um resultado inesperado e estranho: uma partícula que parecia exatamente como um elétron, mas tinha uma carga elétrica positiva.

A equação fez uma previsão ousada: uma *antipartícula* do elétron! E quatro anos depois, os físicos realmente detectaram o pósitron.

Naquela época, antes dos aceleradores de partículas, os físicos confiavam nos raios cósmicos — partículas e fótons de alta energia (chamados raios gama) que atingiam a Terra vindos do espaço sideral — como sua fonte de partículas. Eles usavam câmaras de nuvens — recipientes preenchidos com vapor de gelo seco, para ver os rastros deixados por essas partículas. As câmaras eram colocadas em campos magnéticos para poder medir o momento das partículas à medida que elas se curvavam nesses campos.

Em 1932, um físico notou um evento surpreendente ocorrido em uma câmara de nuvens. Um par de partículas, com cargas opostas (o que podia ser determinado pela maneira como elas se curvavam no campo magnético), apareceu aparentemente do nada. *Nenhum rastro levou à origem das duas partículas que surgiram*. O aparecimento dessas partículas do nada foi chamado de produção de pares — a conversão de um fóton de alta energia em um elétron e um pósitron, algo que pode acontecer quando o fóton passa perto de um núcleo atômico pesado.

Assim, experimentalmente, os físicos já haviam visto um fóton se transformar em um par de partículas, o que forneceu mais evidências da natureza da luz como partícula. Mais tarde, os pesquisadores também observaram a aniquilação de pares: a conversão de um elétron e um pósitron em luz pura.

A criação e a aniquilação de pares passaram a ser regidas pela recém-introduzida teoria da relatividade de Einstein — em particular, sua fórmula mais famosa, $E = mc^2$, que fornece a energia pura equivalente à massa.

Você Não Pode Saber Tudo (Mas Pode Calcular as Probabilidades)

A probabilidade é sempre uma medida de incerteza, conforme discutido no Capítulo 2. Na física quântica, como mostram vários experimentos, nem mesmo é certo se uma onda e uma partícula são coisas diferentes! A mecânica quântica convive muito bem com um quadro incerto. Essa visão ofendeu muitos físicos eminentes da época, principalmente Albert Einstein, que disse a célebre frase: "Deus não joga dados."

Essa opinião é particularmente irônica porque, em 1916, Einstein escreveu um dos primeiros artigos que aplicou a probabilidade em um contexto quântico. Nesse trabalho, usou a probabilidade como uma forma de interpretar as transições atômicas do modelo de Bohr do átomo de hidrogênio. (Consulte a seção "Modelo Atômico de Bohr", anteriormente neste capítulo.) Porém, anos mais tarde, Einstein contestou o escopo completo de como a probabilidade se manifestava no domínio quântico.

Nesta seção, analiso a ideia de incerteza e como os físicos quânticos trabalham com probabilidades.

Posição versus momento: O princípio da incerteza de Heisenberg

O fato de a matéria exibir propriedades ondulatórias gera mais problemas — as ondas não estão localizadas no espaço e, portanto, os limites que são tratados como claros e bem definidos na física clássica deixam de sê-lo no reino quântico. E saber disso inspirou Werner Heisenberg, em 1927, a criar seu célebre princípio da incerteza.

LEMBRE-SE

É possível descrever completamente os objetos na física clássica por meio de seu momento e posição, sendo que ambos podem ser medidos com exatidão (dentro da faixa de precisão de seu instrumento de medição). Em outras palavras, a física clássica é completamente determinista.

Entendendo a incerteza ao fazer medições

No nível atômico, no entanto, a física quântica apresenta um quadro diferente. Heisenberg percebeu que quanto mais precisamente você tentasse medir a posição de um objeto, menos precisão teria na medição do momento (ou velocidade) do objeto. E vice-versa.

DICA

Considere esta analogia para medir a posição versus o momento: se um carro de corrida estivesse descendo a rua, você poderia concentrar sua atenção em medir o momento no qual ele atingiu um ponto preciso na pista (posição) ou o tempo que levou para percorrer uma determinada distância (seu momento ou velocidade). No entanto, quanto mais foco você tentar colocar em uma dessas medições, menos atenção poderá dar para fazer a outra.

Todavia, a incerteza na física quântica não ocorre apenas porque os cientistas não têm o foco ou as ferramentas necessárias para fazer uma medição precisa. De fato, não há como enfatizar isso o suficiente. O motivo da incerteza na física quântica decorre da dualidade onda-partícula. Não é possível medir com precisão uma onda da mesma forma que podemos medir a característica de um carro em alta velocidade. Não é possível determinar com precisão uma onda, independentemente da qualidade do instrumento de medição.

Quantificando a incerteza

Aqui, segundo o *princípio da incerteza de Heisenberg*, existe uma incerteza inerente na relação entre posição e momento, e não de forma vaga. A incerteza quantifica precisamente a relação. Heisenberg fez os cálculos para sustentar sua afirmação, posteriormente confirmada por experimentos. (No Capítulo 7, explico as etapas para derivar o princípio da incerteza de Heisenberg.) Se Δx é a medida da incerteza na posição da partícula x, então Δp_x é sua medida de incerteza em seu momento na direção x, e ele definiu uma nova constante, $\hbar = h / 2\pi$ (geralmente referida como h-barra ou como a constante de Planck reduzida), para obter a seguinte fórmula:

$$\Delta x \Delta p_x \geq \frac{\hbar}{2}$$

Observe que as duas incertezas (Δx e Δp_x) são multiplicadas e devem ser maiores que uma constante (embora, para ser justo, uma constante muito pequena). Se você estivesse fazendo medições dessas duas características com a maior precisão fisicamente possível e quisesse reduzir uma das incertezas pela metade, só poderia fazer isso dobrando a incerteza do outro valor. Alguma coisa tem que ceder.

LEMBRE-SE

A física quântica, ao contrário da física clássica, é totalmente indeterminista. Nunca é possível saber a posição e o momento exatos de uma partícula em uma determinada ocasião. Você pode fornecer apenas probabilidades para essas medições vinculadas.

Aplicando a incerteza à física de partículas

Outra variante do princípio da incerteza de Heisenberg se aplica no caso da física de partículas e é especificamente útil para falar sobre partículas que decaem em um determinado período de vida. Tal equação tem a forma

$$\Delta E \Delta t \geq \frac{\hbar}{2}$$

em que ΔE é a incerteza na medição da energia, Δt representa a incerteza no tempo de vida da partícula e ħ é a constante de Planck reduzida descrita anteriormente nesta seção.

Essa equação aparece em vários casos na física quântica. Considere um exemplo comum: quando os átomos saem de estados excitados, emitem luz que forma espectros de emissão. A observação dos espectros de emissão atômica desses átomos revela uma série de linhas espectrais, que se relacionam aos estados de energia da transição. A linha é sempre uma dispersão de emissões em uma faixa, representando a variação na energia da mudança de estado.

De acordo com a versão tempo-energia do princípio da incerteza, a multiplicação da incerteza na energia vezes a incerteza no tempo deve ser maior que a metade da constante de Planck reduzida. Se você tiver uma possível Δt muito pequena na variação do tempo (a excitação tem uma vida curtíssima), então terá uma ΔE maior (linhas espectrais mais amplas). E, seguindo a mesma lógica, os estados de excitação com um período de tempo mais longo (Δt maior) terão linhas espectrais mais estreitas (ΔE menor).

Jogando dados quânticos: Uma nova visão da probabilidade

Na física quântica, descreve-se o estado de uma partícula por uma função de onda, $\psi(r, t)$. Essa função descreve a onda de De Broglie de uma partícula, fornecendo sua amplitude como uma função de posição e tempo. (Consulte a seção "Identidade Dupla: Observando as Partículas como Ondas", anteriormente neste capítulo, para saber mais sobre de Broglie).

LEMBRE-SE

A função de onda fornece a amplitude de uma partícula, não a intensidade; se você quiser encontrar a intensidade da função de onda, terá de elevá-la ao quadrado: $|\psi(r, t)|^2$. A intensidade de uma onda é a característica que é igual à probabilidade de a partícula estar naquela posição naquele momento.

REVENDO A INTERFERÊNCIA E A SUPERPOSIÇÃO

PAPO DE ESPECIALISTA

Define-se o comportamento das partículas e de outros objetos na física quântica pela função de onda. Embora você encontre mais detalhes sobre a função de onda ao longo deste livro, um resultado dela — a interferência — aparece em minha análise do experimento de fenda dupla no início deste capítulo. (Consulte a seção "Identidade Dupla: Observando as Partículas como Ondas", anteriormente neste capítulo, e o Capítulo 2 para ver uma discussão sobre interferência de ondas.)

A mesma coisa acontece com a função de onda da matéria no experimento de dupla fenda: para duas ondas de matéria, $\psi_1(r, t)$ e $\psi_2(r, t)$, a diferença de fase entre elas é o que de fato cria a interferência.

Superposição de ondas é o processo de unir as duas ondas em uma única onda combinada — ou, na física quântica, uma função de onda. Se você tiver duas funções de onda, poderá adicionar suas amplitudes, não suas intensidades, para somá-las em uma única função de onda sobreposta:

$$\psi(r, t) = \psi_1(r, t) + \psi_2(r, t)$$

A física quântica pode ficar estranha, em comparação com a física clássica, justamente porque os conceitos que são bem definidos na física clássica, como posição e momento, tornam-se uma inusitada superposição de possíveis estados quânticos.

Duas abordagens às probabilidades de resultado

Esse insight sobre a interpretação adequada da função de onda foi reconhecido por Max Born, que na verdade foi o mentor de Heisenberg. Born reconheceu em 1925 que a física quântica exigia uma nova abordagem radical da mecânica e colocou seu protegido Heisenberg no caminho que levou à criação da iteração original da mecânica quântica. Em pontos cruciais, ele ajudou a orientar Heisenberg por meio de cálculos confusos para chegar à forma correta da mecânica quântica.

Mas tanto na forma matricial da teoria quântica de Heisenberg quanto na abordagem da função de onda desenvolvida por Schrödinger em 1926, Born reconheceu um tema comum: os resultados obtidos representavam probabilidades, não previsões absolutas e determinísticas como as esperadas da física clássica. E Born reconheceu ainda que a maneira de obter essa probabilidade é elevar a função de onda ao quadrado.

Explorando uma função de onda

É assim que a física quântica converte questões de momento e posição em probabilidades: usando uma função de onda, cujo quadrado informa a densidade de probabilidade de uma partícula ocupar uma determinada posição ou ter um determinado momento. Em outras palavras, $|\psi(r, t)|^2 d^3r$ é a probabilidade de a partícula ser encontrada no elemento de volume d^3r, localizada na posição r, no tempo t. (***Nota:*** O d^3r não é uma variável aqui, mas notação de cálculo.)

Além da função de onda de posição-espaço $\psi(r, t)$, você também pode ter uma versão do momento-espaço da função de onda: $\phi(p, t)$.

LEMBRE-SE

Deixando de lado a notação matemática, isso significa que a equação (a função de onda) está diretamente relacionada à probabilidade de um físico ver um resultado específico quando procura esse resultado. Esse é o produto matemático que você obtém da física quântica: uma função de onda que lhe dá uma probabilidade. Na física clássica, a probabilidade é um sinal de incerteza, mas na física quântica, a probabilidade é a coisa sobre a qual você pode ter mais certeza. Para que tudo isso lhe dê respostas concretas, você precisa usar os símbolos e realizar cálculos para integrar a probabilidade sobre a região de interesse. (Abordo os detalhes da notação no Capítulo 7, para aqueles que quiserem se aprofundar nas contas.)

Este livro é, em grande parte, um estudo das funções de onda de vários tipos e estados de partículas, incluindo as funções de onda de

- Partículas livres
- Partículas presas dentro de potenciais
- Partículas idênticas chocando-se uma na outra
- Partículas em oscilação harmônica
- Dispersão de luz a partir das partículas

Usando a física quântica, você pode prever o comportamento de todos os tipos de sistemas físicos... que eu mostro na Parte 3 deste livro.

Uma Nova Visão da Luz: Eletrodinâmica Quântica

Um dos resultados da experimentação da física quântica foi a constatação de que a luz se movia em pacotes de energia pequenos, discretos e quantizados, ou fótons. No entanto, durante todo o século XIX, os físicos adotaram claramente a ideia da luz como uma onda, manifestando-se de forma mais explícita nas ondas eletromagnéticas descritas nas equações de Maxwell. Como essas duas interpretações poderiam ser possíveis?

A busca para resolver essa inconsistência acabou resultando no desenvolvimento da *eletrodinâmica quântica*, ou QED, na sigla em inglês, que é o nome mais curto para a teoria quântica relativística da eletrodinâmica. Essa teoria é a contrapartida quântica da teoria eletromagnética clássica de Maxwell. A eletrodinâmica quântica explica a interação entre a matéria e a luz, e as partículas eletricamente carregadas.

O que causa as ondulações?

No fim do século XIX, os físicos experimentais tentaram confirmar a interpretação ondulatória da luz e das ondas eletromagnéticas detectando o *éter* (o meio que as transportava). Como não puderam fazê-lo diretamente, tentaram de forma indireta, identificando a influência esperada do movimento do éter no caminho da luz. Os pesquisadores mais notáveis nessa área foram Michelson e Morely, cujos experimentos são discutidos em mais detalhes no Capítulo 2. A história resumida: seus esforços não foram bem-sucedidos porque o éter que procuravam não existia de fato!

LEMBRE-SE

Embora a física quântica tenha eliminado a necessidade do éter, ela também ofereceu uma nova explicação para o comportamento ondulatório. Uma das primeiras inovações da física quântica foi a compreensão da dualidade de ondas e partículas. Não só a luz assumia propriedades tanto de ondas quanto de partículas, mas também a matéria. (Veja mais sobre a interpretação ondulatória da matéria na seção "Identidade Dupla: Observando as Partículas como Ondas", anteriormente neste capítulo.)

Mas o que realmente causa a *ondulação* em uma onda eletromagnética? Bem, uma resposta é inerente à base da teoria quântica: a própria função de onda quântica. Como a função de onda representa a probabilidade de um fóton estar em uma determinada posição, quando observamos o experimento de dupla fenda (consulte o Capítulo 2), uma interpretação envolve pensar na função de onda como uma onda que se move por ambas as fendas. Essa onda é então calculada como uma superposição de duas ondas, cada uma passando por uma

REVENDO OS CAMPOS FÍSICOS

Em um box cinza do Capítulo 2, apresento a ideia de que a física clássica evoluiu a partir da perspectiva de Newton de olhar para massas pontuais individuais que sofrem interferências de forças e, em vez disso, passou a considerar para campos mais holísticos. Basicamente, a mesma transição ocorreu na física quântica quando os físicos reinterpretaram as formulações originais da mecânica quântica em uma *teoria quântica de campos* (QFT, da sigla em inglês) mais abrangente.

Conforme mencionado na seção deste capítulo, "Primeiros lampejos da QED", Paul Dirac percebeu em 1927 a necessidade de tal transição ao reconhecer a necessidade da *eletrodinâmica quântica*, uma teoria quântica para o campo eletromagnético. Por fim, a teoria quântica de campos tornou-se mais geral porque os físicos reconheceram a existência de outros tipos de campos quânticos, como os da força nuclear forte e fraca.

Você pode notar um conflito real entre a maneira de pensar que está presente nessas duas abordagens. Feynman (consulte a próxima seção, "O fóton ganha um novo emprego"), por exemplo, entendia a abordagem de campos, mas parecia ser muito mais feliz falando em termos de partículas. Schwinger sempre se frustrou com a abordagem visual de Feynman exatamente por esse motivo; ele achava que ela levava as pessoas a pensar nas partículas em vez de nos campos quânticos.

O campo gravitacional é o único que os físicos nunca conseguiram conciliar exitosamente como uma teoria quântica de campos. E a busca por um campo gravitacional tem sido o Santo Graal da física há um século. Einstein dedicou a última metade de sua vida a tal busca, mas sem sucesso. Para uma análise mais aprofundada da busca pela reconciliação entre a física quântica e a gravidade, recomendo a leitura de *Teoria das Cordas Para Leigos* (Alta Books, 2023).

fenda diferente, e a localização dos fótons se torna um padrão de interferência dessas duas funções de onda. Tal interpretação significa que a probabilidade de os fótons chegarem à tela aumentaria e diminuiria de uma forma que correspondesse ao padrão de interferência das ondas.

A busca pela compreensão da interpretação ondulatória da luz é um dos muitos resultados não intuitivos da física quântica, portanto, se você não está entendendo muito bem a descrição dada aqui, não é o único. Einstein, entre outros, também achava que essa ideia parecia um absurdo, mesmo reconhecendo o sucesso experimental geral da teoria quântica. O significado dessa interpretação e as disputas sobre ela são o foco do Capítulo 6.

Primeiros lampejos da QED

Por fim, surgiu uma desconexão entre as equações de Maxwell e as teorias da física quântica. As equações de Maxwell descreviam a onda eletromagnética como uma forma contínua de energia e, na física quântica, *nada era contínuo*. A energia era sempre quantizada e discreta quando vista em níveis quânticos. Embora a energia pudesse se manifestar de acordo com as equações de Maxwell quando vista em uma escala maior, a descrição física fundamental do que acontecia tinha de se ajustar ao quadro quântico. Após a Segunda Guerra Mundial, os físicos voltaram sua atenção para a reconciliação das diferenças entre as duas abordagens (contínua versus discreta).

Um dos primeiros físicos a enfrentar esse desafio foi Paul Dirac, que menciono na seção "Pósitron de Prova? Dirac e a Produção de Pares", anteriormente neste capítulo. Ele foi um dos primeiros físicos a tentar conciliar a física quântica com a teoria da relatividade de Einstein. Em um artigo de 1927, Dirac cunhou o termo *eletrodinâmica quântica* (QED) para descrever essa relação, pouco depois de a mecânica quântica ter sido originalmente desenvolvida, conforme discutido ao longo deste capítulo.

Aqui está o problema que Dirac reconheceu em 1927: a teoria do campo eletromagnético clássico existente a partir das equações de Maxwell não combinava com a teoria quântica. Devido ao princípio da incerteza, os osciladores harmônicos quânticos (consulte o Capítulo 9) não podem ser completamente estacionários. Eles devem estar sempre em movimento no nível quântico e manter uma quantidade mínima de energia.

LEMBRE-SE

Assim como os físicos tiveram que atualizar a mecânica clássica para a mecânica quântica a fim de explicar o comportamento dos objetos que se movem no reino quântico, eles também precisaram atualizar a teoria eletromagnética clássica para um novo tipo de teoria quântica de campo a fim de explicar o comportamento quântico no campo eletromagnético.

O problema que a física quântica encontrou ao tentar fazer a transição da teoria eletromagnética foi o de obter respostas precisas. Eles poderiam obter aproximações muito boas das respostas usando um método chamado teoria de perturbação, mas, em última análise, a tentativa de tornar os cálculos mais precisos acabava levando a termos divergentes que chegavam ao infinito. Como nada no mundo físico realmente tem energia infinita, esses termos infinitos não poderiam representar resultados físicos. A teoria eletromagnética em um nível quântico precisava de uma maneira de resolver legitimamente os resultados.

O fóton ganha um novo emprego

Um físico que pensou muito sobre esse problema da física quântica e das ondas foi Richard Phillips Feynman. É possível encontrar livros inteiros dedicados a Feynman (vários deles escritos por ele mesmo) e, embora todos os físicos quânticos deste livro tenham tido vidas interessantes, vejo algo particularmente estimulante na vida de Feynman. Se você quiser saber mais sobre ele, recomendo que consulte o Capítulo 16. Por enquanto, nos concentraremos especificamente em seu papel no desenvolvimento da eletrodinâmica quântica.

Visualizando com os diagramas de Feynman

Feynman passou boa parte da década de 1940 ajudando a desenvolver a bomba nuclear como cientista do Projeto Manhattan. (Ao mesmo tempo, aprendeu sozinho a ser um hábil arrombador de cofres. Como eu disse, ele é um personagem interessante.) Antes disso, porém, teve tempo de concluir seu doutorado em 1942 e, em sua tese, apresentou algumas ideias centrais que se tornaram a base da eletrodinâmica quântica.

Uma ideia em sua tese de doutorado ficou conhecida como *diagramas de Feynman*, uma abordagem visual para representar interações quânticas. Nesses diagramas, Feynman representou as partículas usando linhas de vários tipos. Partículas como os elétrons que se movem pelo espaço aparecem como linhas retas. Os fótons são linhas onduladas. Os eixos do gráfico representam o espaço na direção horizontal e o tempo na direção vertical, portanto, são claramente uma abstração e não definem com precisão todo o espaço-tempo; no entanto, os diagramas são ferramentas para pensar sobre as interações das partículas. Exemplos de tais interações aparecem na Figura 3-8.

FIGURA 3-8: (Esquerda) Uma partícula e uma antipartícula se aniquilam, liberando um fóton. (Direita) Um fóton se divide em uma partícula e uma antipartícula, que se aniquilam imediatamente.

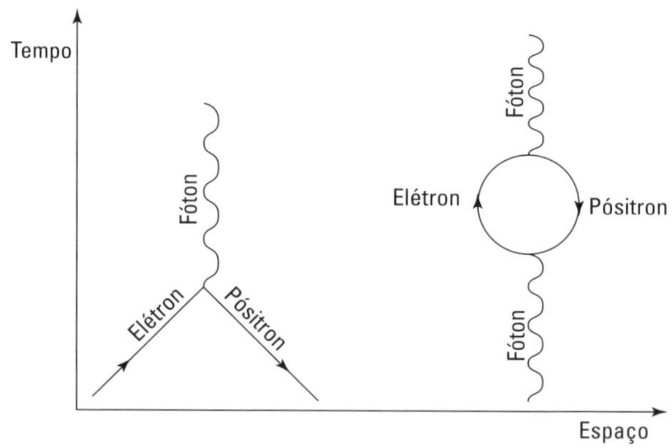

Os diagramas de Feynman na Figura 3-8 estão relacionados à antimatéria, ao elétron e à sua antipartícula, o pósitron, que analisei anteriormente neste capítulo, na seção "Pósitron de Prova? Dirac e a Produção de Pares". Então, o que essas imagens comunicam? As percepções de Feynman, descritas por ele visual e matematicamente, incluem

- **O pósitron pode ser representado como se fosse um elétron se movendo para trás no tempo.** Os elétrons são representados como setas que se movem para a frente na direção do tempo, enquanto as setas nos pósitrons são semelhantes, exceto pelo fato de se moverem na direção oposta.
- **A colisão de pósitrons e elétrons cria fótons.** A imagem à esquerda (Figura 3-8) mostra um elétron e um pósitron se movendo pelo espaço. Quando o elétron e o pósitron colidem, eles deixam de existir e um fóton é formado a partir da energia da aniquilação um do outro. Esse fóton então se move para a frente no tempo. Muito legal, não é?
- **As partículas virtuais podem existir por breves períodos de tempo.** A imagem à direita mostra que, no lugar do fóton, formaram-se um elétron e um pósitron. Essas *partículas virtuais* existem por um mero momento, mas são atraídas uma para a outra, pois são cargas opostas. Elas se colidem e se aniquilam. Agora, novamente, um novo fóton está se movendo para a frente a partir desse ponto.

Anteriormente neste capítulo (na seção "Posição versus momento: O princípio da incerteza de Heisenberg"), mencionei que a incerteza no tempo está relacionada à incerteza na energia pelo princípio da incerteza de Heisenberg. Uma maneira de pensar sobre a criação de partículas virtuais é a seguinte: se o período de tempo for curto o suficiente, as partículas virtuais podem "emprestar" energia do universo para existir. Mas esse raciocínio só funciona se o período de tempo for *incrivelmente* curto.

Vinculando os diagramas de Feynman à eletrodinâmica quântica

Desse modo, como esses diagramas de Feynman se relacionam com o trabalho de desenvolvimento da eletrodinâmica quântica? A Figura 3-9 é a melhor indicação da conexão; ela mostra dois elétrons se aproximando um do outro. Não surpreende que, como ambos têm uma carga negativa, eles se empurram e começam a se mover no sentido oposto. Tudo bem, isso é o esperado. Entretanto, o que é essa linha ondulada no meio? É um fóton.

LEMBRE-SE

Segundo a eletrodinâmica clássica, o transporte da força eletromagnética entre dois objetos quaisquer ocorre na forma de uma onda eletromagnética — e uma onda eletromagnética é um tipo de onda de luz. (Consulte o Capítulo 2 para obter mais informações sobre esse assunto.)

Portanto, se os dois elétrons estão interagindo devido a uma força eletromagnética entre eles, essa força será transportada por um fóton. Na verdade, o que

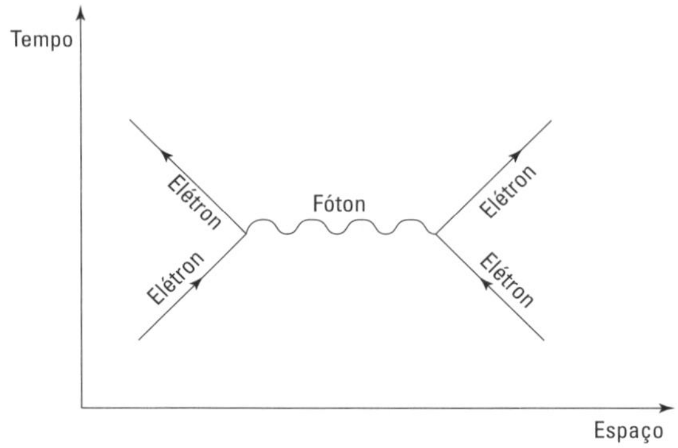

FIGURA 3-9: Um diagrama de Feynman demonstra como duas partículas interagem entre si.

o diagrama de Feynman (e o trabalho matemático mais rigoroso em sua tese de doutorado) previu foi que um fóton surgiria por um breve instante com o propósito expresso de se comunicar entre essas duas partículas. Trata-se de um *fóton virtual*.

DICA

De fato, na eletrodinâmica quântica, diz-se que a força eletromagnética é *mediada* pelo fóton. O fóton é a partícula que comunica as informações sobre o campo eletromagnético — e, portanto, a força eletromagnética — às várias entidades dentro do campo. E é exatamente isso que vemos na Figura 3-9.

Feynman não estava sozinho em seu trabalho nessa área, é claro. Mas a maioria dos físicos abordava o assunto usando operadores de campo, uma abordagem mais tradicional do conceito. Entre os físicos que fariam algumas das descobertas mais inovadoras e relacionadas estavam Julian Schwinger, Sin-Itiro Tomonaga, Freeman John Dyson e Murray Gell-Mann.

Foi Dyson quem demonstrou, em 1949, que essas duas abordagens — o método gráfico de Feynman e o método mais orientado por operadores dos outros pesquisadores — eram equivalentes. Schwinger, Tomonaga e Feynman dividiram o Prêmio Nobel de Física de 1965 por essa pesquisa.

Escancarando as Partes do Átomo

Outra série de revoluções da física ocorre no início do século XX, atinge seu ponto culminante no clímax da Segunda Guerra Mundial e continua a partir de então. Essa série não é um caminho paralelo ao desenvolvimento da física quântica. Tais desenvolvimentos são mais como duas longas trilhas que se movem pela mesma floresta, contornando e cruzando uma com a outra em vários lugares, talvez até se unindo em uma única trilha por um tempo.

A descoberta da teoria quântica tinha a ver com a emissão de energia pelos átomos, e o uso da teoria quântica por Bohr para descrever a estrutura atômica realmente deu impulso à adoção da teoria quântica e da teoria atômica. Os insights quânticos estavam levando à descoberta de novas partículas, incluindo estruturas menores dentro do átomo, como o próton com carga positiva e o nêutron sem carga.

Essa compreensão crescente da estrutura atômica, possibilitada pela teoria quântica, significava que os físicos poderiam começar a explicar propriedades como o decaimento radioativo. No Capítulo 2, menciono que o criador da tabela periódica dos elementos, Dmitri Mendeleev, nem mesmo acreditava na teoria atômica. Agora, as propriedades estruturais profundas dos diferentes elementos atômicos eram claramente compreendidas como uma explicação da estrutura organizacional dessa mesma tabela.

Colidindo as partículas para extrair informações

Muitos dos físicos já discutidos neste capítulo se reuniram como parte do Projeto Manhattan para construir a primeira bomba atômica (ou, no caso de Heisenberg, para trabalhar no equivalente alemão). E, embora esse esforço tenha resultado em morte e destruição, também abriu caminho para a exploração e o conhecimento, com o crescimento dos aceleradores de partículas após a Segunda Guerra Mundial.

Em um acelerador de partículas, como o nome sugere, os físicos usam campos magnéticos potentes e concentrados para acelerar as partículas carregadas. E então, depois que elas se movem rápido o suficiente, eles as fazem colidir com algo. Esse *algo* pode ser outras partículas em movimento rápido ou talvez algum objeto estacionário. E eles observam o que acontece.

Trabalhei em um acelerador de partículas durante um estágio de verão na Indiana University Bloomington. Meu trabalho envolvia a colisão de um feixe de partículas altamente carregadas em um pedaço de filme que mudava de cor quando exposto à radiação e, em seguida, usava essa mudança de cor para calcular a quantidade de radiação. A universidade também usou o acelerador para testar peças de satélites, observando como os circuitos reagiam quando atingidos por partículas carregadas. (Enquanto isso, pedaços de filme calibrado de meus experimentos acompanhavam as peças do satélite no acelerador para poderem ser verificados mais tarde e obter uma medição mais precisa da radiação em diferentes pontos do dispositivo.)

LEMBRE-SE

Nos anos após a Segunda Guerra Mundial, os físicos aprenderam muito colidindo partículas e átomos em alta velocidade. Aprenderam tanto, de fato, que descobriram tipos totalmente novos de forças que não conheciam dentro do átomo.

Mantendo o núcleo atômico unido

Antes de se aprofundar muito nas forças atômicas, lembre-se da utilidade do que você já sabe sobre o átomo. Por exemplo, você sabe que os átomos têm um núcleo carregado positivamente e que o núcleo é circundado por elétrons em movimento. O modelo de Bohr do átomo (consulte a seção "Modelo Atômico de Bohr", anteriormente neste capítulo) explicava por que esses elétrons não colapsavam no núcleo carregado positivamente.

Assim que os físicos começaram a observar mais de perto a estrutura atômica, perceberam que o núcleo atômico continha

- **Prótons:** Partículas positivamente carregadas
- **Nêutrons:** Partículas neutras (sem carga)

A descoberta dessas partículas subatômicas e a coesão do núcleo deixaram claro que algum tipo de força dentro do próprio átomo mantinha o núcleo unido. Os prótons carregados positivamente *deveriam* estar se empurrando uns para longe dos outros. E, por estarem tão próximos entre si, a força desse empurrão deveria ser incrivelmente poderosa. Algo tinha de manter esses prótons e nêutrons unidos, com potência suficiente para superar as forças eletromagnéticas entre os prótons.

De fato, pesquisas mostram que existem duas forças nucleares dentro do átomo.

- **Força nuclear fraca:** Uma interação que une as partículas, cerca de 100 mil vezes mais fraca do que a interação eletromagnética.

  A força nuclear fraca está relacionada ao decaimento de partículas e é mediada por partículas que têm os nomes particularmente desinteressantes de *bósons W* e *bósons Z*.

- **Força nuclear forte:** Uma interação que une prótons e nêutrons, significativamente mais forte do que qualquer outra força conhecida.

  Semelhante à força eletromagnética, a força nuclear forte também é mediada por uma partícula. (Consulte a seção anterior para obter mais informações.) Mas, em vez de um fóton, a partícula que comunica a força nuclear forte é uma partícula mensageira chamada *glúon*. Esses glúons não apenas mantêm os prótons e os nêutrons juntos; eles também trabalham dentro dos prótons e nêutrons para manter unidas suas partes individuais, chamadas de *quarks*!

LEMBRE-SE

A força nuclear forte é realmente a que responde à pergunta sobre o que mantém o núcleo atômico unido. Quando dois prótons estão próximos um do outro, ou de um nêutron, eles se unem por essa força intensa, que supera a força repulsiva do eletromagnetismo.

Com a teoria quântica de campos estabelecida, o trabalho em física quântica durante a segunda metade do século XX concentrou-se no trabalho experimental para descobrir todas as partes. Esse trabalho resultou no Modelo Padrão da Física de Partículas, considerado concluído em 2013 com a descoberta de uma partícula chamada *bóson de Higgs*. Forneço mais detalhes sobre tudo isso no Capítulo 5.

2

Fundamentos: Princípios e Teorias da Física Quântica

NESTA PARTE . . .

Descubra o que a física quântica diz sobre os estados das partículas.

Veja como a física quântica revolucionou nossa compreensão do eletromagnetismo e da matéria.

Investigue as principais interpretações, contradições e debates da física quântica.

NESTE CAPÍTULO

» **Explorando o papel dos números quânticos**

» **Descobrindo como o spin define as partículas**

» **Mergulhando na dualidade onda-partícula**

» **Identificando a natureza da antimatéria**

Capítulo 4

Mecânica Quântica: Estados e Dualidades das Partículas

No campo da física quântica, a tendência é analisar partículas individuais e como elas se comportam. (Você se aprofundará um pouco mais nos sistemas de múltiplas partículas no Capítulo 15.) No centro da análise está a compreensão de que a física quântica define partículas individuais em termos de seus estados de partículas. Suponha que você tenha uma partícula que esteja em um determinado estado em um ponto; examinar mais a partícula significa analisar a probabilidade de que ela esteja em determinados estados em outros pontos.

Neste capítulo, você aprenderá sobre os estados quânticos das partículas. Começo com uma explicação dos números quânticos que os físicos usam para descrever os estados quânticos e algumas maneiras específicas como esses estados se manifestam na física. Em seguida, retomo a ideia, apresentada no Capítulo 3, da dualidade onda-partícula, que é fundamental para a física quântica. Por fim, falo um pouco sobre como a física quântica levou os físicos a prever e depois descobrir a antimatéria.

Quantificando com os Números Quânticos

As partículas na física quântica estão em estados definidos, e tais estados são representados por uma sequência de números. Os números usados pelos físicos quânticos para definir um estado quântico são chamados de *números quânticos*.

Niels Bohr usou essa abordagem pela primeira vez quando desenvolveu o modelo de Bohr do átomo, conforme descrito no Capítulo 3. Ele tentava descrever o estado físico dos elétrons dentro de um átomo de hidrogênio. Sua abordagem inicial incluía apenas um único número quântico, n, que começava em 1 e depois aumentava em valores inteiros, ou seja, $n = 1, 2, 3, \ldots$, para descrever o estado dos elétrons.

O modelo de Bohr, embora explicasse muita coisa, não estava completo. As pesquisas realizadas nos anos seguintes mostraram que a estrutura dos elétrons dentro de um átomo, em termos quânticos, era mais sutil do que Bohr havia pensado originalmente. Essas nuances exigiam dois números quânticos adicionais — ℓ e m — para descrever a estrutura dos elétrons.

Você vê o número quântico n em ação nas equações que aparecem a partir do Capítulo 8, mas os números quânticos ℓ e m só aparecerão novamente no Capítulo 10.

O spinning eterno do elétron

Mais um número quântico que atua nas partículas. Esse número não depende da posição física da partícula dentro do átomo, mas, em vez disso, é uma propriedade mais intrínseca — chamada *spin* — e é denotada pelo número quântico s.

Em resumo, o *spin* representa uma espécie de momento angular intrínseco dentro da partícula. Dedico todo o Capítulo 11 ao spin, portanto, pule para lá se quiser saber como ele foi descoberto, além de mais detalhes sobre como trabalhar com ele. Mas dedico um pouco de tempo neste capítulo para explicar o conceito, pois é fundamental para a física de partículas.

APRESENTANDO OS BITS QUÂNTICOS, OU QUBITS

Os computadores possuem uma estrutura lógica baseada em dígitos binários, ou bits. Esses bits são o elemento central na arquitetura de computadores e são compostos de chaves dentro de um computador que podem estar "ligadas" ou "desligadas", o que é representado numericamente como 1 ou 0.

O spin dos elétrons também cria uma possível situação semelhante, levando algumas pessoas a pensar em um bit quântico, ou *qubit*, que executa uma função semelhante. O qubit, no entanto, não está definitivamente em um estado ou outro, e essa é a mágica da mecânica quântica que torna o qubit interessante.

Na física quântica, uma partícula existe em uma superposição de diferentes estados possíveis até que alguém faça uma medição dela. Assim, enquanto um bit em um computador padrão é um interruptor que está ligado ou desligado, um qubit pode estar (como um elétron) em um estado com 67% de chance de ter um spin para cima (a posição *ligado*) e uma chance de 33% de ter um spin para baixo (a posição e *desligado*). Esse conceito aparece novamente no Capítulo 5, em que discuto a ideia de construir um computador quântico e a ideia de um qubit realmente ocupar o centro do palco!

Imagine uma bola de basquete girando, digamos, no dedo de um jogador de basquete. Essa bola tem um momento angular. O jogador de basquete, ao girar a bola de uma determinada maneira, pode aumentar ou diminuir seu giro [ou spin] e, assim, aumentar ou diminuir o momento angular. Essa é uma maneira clássica de ver o conceito de girar algo.

A física quântica diz que um elétron — ou qualquer partícula fundamental — tem uma relação diferente com o spin. Cada elétron é idêntico a todos os outros elétrons, e eles são essencialmente partículas pontuais. Em outras palavras, não há realmente nenhuma maneira de "girar" um elétron como se faz com uma bola de basquete. Portanto, não é possível aumentar ou diminuir o momento angular dessa forma. O único momento angular que um elétron tem está relacionado ao spin que é intrínseco ao átomo.

DICA

Além disso, o spin do elétron é sempre um valor constante, designado como $1/2$. Mas o sentido do spin pode ser de duas maneiras: spin para cima ou spin para baixo, representado como $s = +1/2$ ou $s = -1/2$. É como uma bola de basquete que gira exatamente em uma rotação por segundo, seja no sentido horário ou anti-horário. Não há como diminuir a velocidade, parar e ir para o outro lado; ou é para um lado nessa velocidade ou para o outro. Essa ideia completamente maluca é o que a física quântica diz a você. (Os detalhes sobre a física quântica do momento angular estão no Capítulo 10 — e o spin está no Capítulo 11 —, caso queira se aprofundar nos experimentos e nos cálculos que levaram a essa conclusão bizarra.)

Férmions e bósons

O motivo que faz do spin uma propriedade tão essencial para a física quântica envolve o número de partículas descobertas pelos físicos. Quando o átomo foi explorado em aceleradores de partículas, tornou-se evidente o fato de que sua estrutura interna era muito mais complexa do que se acreditava até então.

LEMBRE-SE

Enquanto os elétrons dentro de um átomo são partículas autônomas que não podem ser decompostas, os prótons e nêutrons que compõem o núcleo atômico podem, de fato, ser decompostos em partículas ainda menores. E essas partículas menores dos prótons e nêutrons não foram as únicas descobertas. Com o uso de aceleradores de partículas, os físicos descobriram uma grande quantidade de novas partículas, algumas das quais vagam pelo espaço sideral e outras que existem apenas por meras frações de nanossegundos em um laboratório antes de se desintegrarem.

Ficou evidente, no entanto, que essas partículas têm uma estrutura fortemente ligada a seu spin. As partículas que têm um spin meio inteiro, como o elétron, comportam-se de maneira diferente (em aspectos importantes) das partículas com um spin inteiro, como o fóton.

As partículas de spin meio inteiro são chamadas *férmions*. As partículas que têm spin de um número inteiro são chamadas *bósons*. Quando se tem várias partículas, como analiso no Capítulo 15, esses tipos diferentes de partículas se comportam de forma muito distinta. Também falo mais sobre a diferença entre esses tipos de partículas no Capítulo 5.

Revendo a Dualidade Onda-Partícula

Uma das descobertas mais inesperadas da física quântica foi a dualidade onda-partícula. Primeiro, os físicos descobriram que a luz se comporta não apenas como onda, mas também como partícula. Em seguida, descobriram que as partículas, como os elétrons, também se comportam como ondas! Esses comportamentos inesperados não aparecem o tempo todo, mas quando se constrói cuidadosamente um experimento capaz de mostrar o comportamento apropriado — por exemplo, como o experimento de fenda dupla que discuto nos Capítulos 2 e 3.

Origens da dualidade onda-partícula

Foi Louis de Broglie quem descobriu que as partículas de matéria também podiam se comportar como ondas, criando a equação que definiu o *comprimento de onda de De Broglie*, λ, para a onda de matéria:

$$\lambda = \frac{h}{p}$$

Nessa equação, h é a constante de Planck, mas p é o momento da partícula. O momento, p, da partícula é a massa, m, vezes a velocidade, v, e $p = mv$, assim você também pode escrever a equação desta forma

$$\lambda = \frac{h}{mv}$$

Na verdade, essa equação mostra por que a dualidade onda-partícula é uma relação tão difícil de ver. Considere estes pontos em relação à massa, m, que está no denominador da equação:

» **Quando você observa partículas com massas cada vez maiores** — valores maiores de m — o comprimento de onda diminui até ficar tão pequeno que você nunca poderá testemunhar nenhuma propriedade ondulatória da matéria.

» **Quando você observa partículas com massas cada vez menores** — valores menores de m — o comprimento de onda fica maior e, portanto, mais fácil de ver. Mesmo assim, é preciso elaborar cuidadosamente todos os experimentos.

E, de fato, de Broglie introduziu algumas ideias para tais experimentos em sua tese de doutorado de 1924, na qual propôs essa equação e o conceito de ondas de matéria. Suas ideias foram confirmadas experimentalmente em 1927.

Implicações da dualidade onda-partícula

A dualidade onda-partícula é conceitualmente importante na física quântica porque a equação em seu cerne é chamada de *função de onda quântica*, geralmente denotada como ψ (embora às vezes sejam usados outros símbolos). Mesmo quando você fala sobre uma única partícula, em termos de física quântica, você se refere à função de onda que descreve essa única partícula. As Partes 3 e 4 deste livro envolvem uma exploração muito mais profunda da matemática necessária para trabalhar com essa função de onda.

Os aspectos individuais da partícula e da onda se misturam nas funções de onda. Quando configurada e analisada adequadamente, a função de onda pode ser usada para calcular a *probabilidade* de uma partícula estar em um determinado estado ou local em um determinado momento. O cálculo não dá certeza, mas apenas uma probabilidade. É por isso que a incerteza é uma característica tão central da física quântica, conforme descrito nos Capítulos 1 e 3.

Mas quando você faz a medição para descobrir o local da partícula, não está mais falando sobre a função de onda. Agora se refere a uma partícula real, que tem um estado definido real. Você sabe qual o estado da partícula no instante da medição e não precisa mais falar a respeito em termos de mera probabilidade.

No Capítulo 6, você descobrirá como diferentes interpretações da física quântica abordam essa transição de uma função de onda probabilística para um valor concreto.

Descobrindo o que É a Antimatéria

Pouco depois de Werner Heisenberg ter criado as equações originais da mecânica quântica, um fato curioso aconteceu. O físico Paul Dirac começou a trabalhar em uma versão da mecânica quântica que incluiria a teoria da relatividade de Einstein e criou uma equação que representava o elétron. O problema era que a fórmula permitia ao elétron ter uma carga positiva ou negativa, embora o elétron *sempre* tivesse uma carga negativa.

Caso isso fosse o fim da história, Dirac precisaria apenas modificar sua equação para que ela produzisse apenas resultados negativos. Contudo, alguns anos depois, os físicos de fato detectaram a partícula com carga positiva prevista pela equação! (Consulte o Capítulo 3 para saber mais.)

Essa partícula recém-descoberta foi chamada de *pósitron* e era exatamente como o elétron, exceto pelo fato de ter uma carga elétrica positiva. O pósitron era uma antipartícula do elétron e o primeiro exemplo de antimatéria.

LEMBRE-SE

A crescente pesquisa em aceleradores de partículas mostrou que o pósitron não era a única partícula de antimatéria na física. Uma característica fundamental da antimatéria é que, quando ela encontra a matéria comum, as partículas de matéria e antimatéria se aniquilam mutuamente com a liberação de energia na forma de fótons. (Como os fótons não têm carga elétrica, não há antifóton... ou, pensando de outra forma, o antifóton também é apenas um fóton. Ele é sua própria antipartícula.)

NESTE CAPÍTULO

» Vendo como a física quântica explica as forças fundamentais

» Explorando as invenções derivadas da física quântica

» Analisando as possibilidades da computação quântica

Capítulo 5

Eletrodinâmica Quântica e Além

Depois que as ideias básicas da física quântica foram estabelecidas na década de 1920, a Segunda Guerra Mundial causou uma pequena distração na pesquisa relacionada a esse campo. A equipe do Projeto Manhattan obteve um grande (e horrível) sucesso na forma da bomba atômica, e os maiores físicos de uma nova geração — para os quais a física quântica já estava bem estabelecida antes mesmo de chegarem à faculdade — procuraram explorar o reino quântico ainda mais profundamente. Eles se dedicaram a transformar a física quântica em uma teoria que sustentasse sua compreensão de praticamente todos os aspectos do mundo físico.

Neste capítulo, você verá como os físicos de meados do século XX explicaram a estrutura da matéria e da energia (quase inteiramente) em termos de física quântica. Você conhecerá algumas das invenções que resultaram da revolução quântica — que são tão onipresentes atualmente que a maioria das pessoas nem percebe o quanto depende delas. Em seguida, você dará uma olhada em algo que parece ficção científica: a incrível possibilidade da computação quântica.

Teoria Quântica de Campos: Explicando a Matéria e a Energia

Os estudos de física quântica trouxeram conquistas incríveis em meados do século XX e explicaram (no nível mais fundamental) quase tudo sobre matéria e energia. No Capítulo 2, descrevo ideias da física clássica que levaram séculos para serem compreendidas e aperfeiçoadas. Em um período de poucas décadas — começando quando Max Planck propôs pela primeira vez a quantização de propriedades físicas em 1900 (consulte o Capítulo 3 para saber mais sobre essa proposta) —, os físicos usaram a ideia de Planck para explicar a natureza do eletromagnetismo, bem como as forças que mantinham os átomos unidos!

A base dessas ideias revolucionárias foi a *teoria quântica de campos*, uma abordagem da física quântica que usa o conceito de campos. Um *campo* na física é um modelo no qual o espaço é preenchido com uma quantidade física que tem um valor em cada ponto no espaço e no tempo. Se o campo também tiver uma direção e sentido, ele é chamado de *campo vetorial*. (Consulte os Capítulos 2 e 3 para saber mais sobre campos.)

DICA

A teoria quântica de campos define a física quântica em termos de um campo quântico que permeia todo o espaço e tem *energia* (um escalar ou magnitude) e *momento* (um vetor com magnitude, direção e sentido) em todo o espaço e tempo. Ao usar essa definição, é possível visualizar as interações quânticas como relacionadas ao comportamento desse campo em um determinado ponto do espaço.

Não levo você muito a fundo nessa abordagem teórica e, mesmo na matemática das Partes 3 e 4, evito mergulhar diretamente nos cálculos da teoria quântica de campos. Mas, por enquanto, quero que você veja como esse importante conceito aparece na teoria quântica.

Revendo a eletrodinâmica quântica

A *eletrodinâmica quântica*, ou QED, é a teoria quântica que descreve o eletromagnetismo. Abordo a história de seu desenvolvimento no Capítulo 3, mas aqui vou me aprofundar um pouco mais em como o eletromagnetismo funciona de fato.

Um insight das equações de Maxwell (consulte o Capítulo 2) é que a eletricidade e o magnetismo são forças relacionadas e unificadas capazes de se apresentar como uma onda eletromagnética que influencia partículas carregadas. Além disso, as equações descrevem a luz como uma forma de onda eletromagnética.

DICA

O primeiro insight relevante para a eletrodinâmica da física quântica é que a luz é composta de fótons, portanto, como consequência natural desse fato, a onda eletromagnética que rege a eletricidade e o magnetismo também se compõe de fótons. Em outras palavras, os fótons fazem o trabalho de gerar eletricidade e magnetismo, ou força eletromagnética!

Essa constatação é o ponto de partida para a compreensão da eletrodinâmica quântica. Considere um dos casos mais simples de dois elétrons interagindo um com o outro. Uma vez que ambos têm carga negativa, a física clássica diz que eles se repelirão. Mas por que isso acontece? Porque a onda eletromagnética comunica a carga entre eles. Em termos de física quântica, os elétrons geram e trocam fótons. O fóton *intermedeia* a força eletromagnética e serve como a partícula que comunica informações sobre a força entre os elétrons.

Esse insight fundamental é atribuído principalmente a Richard Feynman e faz parte do que o levou a ganhar seu Prêmio Nobel de Física. O Capítulo 3 ilustra duas partículas interagindo por meio de um fóton em um diagrama de Feynman, exatamente como descrito no parágrafo anterior. E não foi apenas o fato de ele ter criado gráficos interessantes. Feynman também apresentou a base matemática subjacente a essa descrição!

A QED é extremamente importante porque descreve o eletromagnetismo — uma força incrivelmente importante — no nível quântico. Os átomos são cercados por camadas de elétrons em diferentes estados quânticos e, quando dois objetos entram em contato, na verdade as camadas externas de elétrons são as estruturas que interagem entre si. Quase todas as interações físicas que ocorrem em nosso dia a dia são, em última análise, explicadas pelo eletromagnetismo!

Analisando as forças nucleares e a cromodinâmica quântica

Com a base da QED estabelecida, os físicos também começaram a explorar a estrutura do átomo. Eles descobriram que duas forças adicionais, além do eletromagnetismo, agiam dentro dele. Essas forças são conhecidas como a força nuclear fraca e a força nuclear forte (que apresento no Capítulo 3), e seus nomes denotam suas forças em relação umas às outras.

Também é possível explicar ambas as forças em termos da teoria quântica de campos. Em vez de serem mediadas por fótons, essas forças são mediadas por outros tipos de partículas, que também são bósons, como o fóton. Mas as partículas de força nuclear são especificamente chamadas de *bósons de calibre* e existem como partículas virtuais que aparecem apenas com o propósito de comunicar forças entre partículas na teoria quântica de campos. (Veja, no box "Uma Teoria de Tudo?", uma discussão sobre como essa mesma ideia pode estar relacionada à força da gravidade.)

LEMBRE-SE

A teoria que descreve a força nuclear forte, na qual as partículas chamadas quarks interagem por meio de bósons de calibre chamados *glúons*, é conhecida como *cromodinâmica quântica*, ou QCD, da sigla em inglês. Esse nome vem de um número quântico, chamado *cor*, que desempenha uma função análoga à carga elétrica.

Os glúons desempenham duas funções principais na cromodinâmica quântica:

- **Manter prótons e nêutrons juntos:** Os prótons dentro de um núcleo trocam fótons virtuais (porque ambos têm carga positiva), e esses fótons virtuais dizem aos prótons para se repelirem eletromagneticamente (de acordo com a QED). Mas eles também estão transferindo glúons virtuais, e esses glúons virtuais estão dizendo a eles para se unirem em um núcleo atômico.

  A força nuclear forte — mediada por esses glúons virtuais — mantém os prótons (e nêutrons) unidos com mais força do que os fótons virtuais tentando repeli-los. A força nuclear forte é muito mais forte do que a força eletromagnética.
- **Manter os quarks unidos para formar prótons e hádrons:** O próton é divisível. Na verdade, ele consiste de três partículas diferentes, chamadas *quarks*, que são mantidas juntas pelos glúons!

DICA

Você nunca encontrará um glúon solto (como o bóson de calibre da força nuclear forte) por aí. Ele existe apenas para manter os quarks unidos em prótons ou nêutrons, ou para manter os prótons ou nêutrons unidos. Essas partículas virtuais têm um trabalho a fazer!

Recorrendo ao bóson de Higgs

Uma última partícula que vale a pena mencionar é o bóson de Higgs. Ele foi previsto como consequência da teoria quântica de campos, como uma partícula necessária para explicar algumas assimetrias no modelo matemático. Para usar uma descrição simplista, a teoria do *bóson de Higgs* explica por que qualquer partícula realmente tem massa.

Para ser um pouco menos simplista, a explicação oferecida por Peter Higgs (e vários outros) foi que o espaço é preenchido com um campo escalar, chamado de campo de Higgs, e por meio da interação com esse campo escalar,

UMA TEORIA DE TUDO?

Embora a física quântica possa explicar muitas das forças fundamentais que mantêm as partículas unidas (ou as afastam), os físicos ainda não encontraram uma maneira de fornecer uma descrição da física quântica da gravidade ou uma teoria da *gravidade quântica*. A gravidade é descrita pela teoria da relatividade de Einstein. Embora ela funcione muito bem quando se trata de objetos grandes — planetas, estrelas e galáxias —, a teoria não combina com a abordagem da física quântica que funciona na escala subatômica.

Ao longo dos anos, os cientistas fizeram muitas tentativas de unificar a gravidade com a física quântica, desde a fixação de Einstein em uma Grande Teoria Unificada até a abordagem mais moderna da teoria das supercordas. Essas tentativas de explicação representam uma busca por uma "teoria de tudo" porque projetam a esperança de que a física quântica e a relatividade, quando combinadas, oferecerão uma descrição fundamental completa da realidade.

Muitos físicos que trabalham nessa área levantaram a hipótese de que uma teoria da gravidade quântica seria semelhante às teorias de outras forças fundamentais, embora lidando com objetos grandes, na escala de rochas, pessoas, planetas e estrelas, em vez de elétrons, quarks e átomos. Uma previsão disso é que a gravidade quântica também seria mediada por um bóson de calibre. Esse bóson de calibre hipotético foi chamado de *gráviton*. Tal gráviton hipotético precisaria ter um spin de 2 e não teria massa (já que viajaria na velocidade da luz).

Nos últimos anos, os cientistas usaram o Grande Colisor de Hádrons para detectar o bóson de Higgs e realizaram observações astronômicas para detectar ondas gravitacionais. Entretanto, esses experimentos ainda não detectaram nenhum gráviton. Assim, os pesquisadores não têm nenhuma evidência experimental da existência do gráviton nem, no momento, uma teoria coerente da gravidade quântica para orientar a busca!

as partículas exibem massa. Uma consequência dessa previsão foi que certas interações resultariam na manifestação de uma partícula — um bóson de spin-0 — que veio a ser chamada de bóson de Higgs. A existência do bóson de Higgs foi confirmada em 14 de março de 2013, com base em pesquisas no Grande Colisor de Hádrons no complexo do CERN em Genebra, Suíça.

Descobrindo como a Física Quântica Mudou o Mundo

Muitos tópicos deste livro podem parecer abstratos, por isso estou feliz por chegar a um ponto em que posso me concentrar em algumas consequências concretas da física quântica. Enquanto escrevo este livro, quase um século se passou desde que Werner Heisenberg se reuniu com alguns amigos para decifrar o código que criaria uma base matemática formal (matrizes) para a mecânica quântica. Nesse meio tempo, as percepções da física quântica levaram a tecnologias que as pessoas usam todos os dias, geralmente sem pensar em como são revolucionárias.

Que haja luz com os lasers

A tecnologia laser tornou-se onipresente em nosso mundo e, definitivamente, não poderia existir sem uma compreensão da física quântica. Como acontece com muitos dos insights e descobertas deste livro, o desenvolvimento dos lasers começou com Albert Einstein.

Considere um átomo em um estado de energia excitado. Esse estado excitado existe porque um elétron foi empurrado para um nível de energia mais alto dentro do átomo. (Você pode ver os estados de energia no átomo de hidrogênio no Capítulo 14.) No entanto, essa energia mais alta não pode durar para sempre. Mais cedo ou mais tarde, o elétron a libera caindo de volta para um estado de energia mais baixo. Quando ele faz isso, a liberação de energia resultante — na forma de um fóton — é uma emissão espontânea. A luz emitida durante esse processo tem fase e sentido aleatórios.

Em 1917, Einstein previu a possibilidade de uma *emissão estimulada*, que ocorre quando um fóton interage com um átomo em um estado de energia excitado e faz com que esse átomo caia em um estado de energia mais baixo. Essa teoria previa que os pesquisadores encontrariam uma maneira de estimular os átomos energizados para liberar luz uniforme em fase e sentido.

Os físicos realizaram experimentos relacionados à teoria da emissão estimulada e obtiveram resultados bem-sucedidos com essas criações.

- **Masers:** No início da década de 1950, os físicos criaram um dispositivo para a "amplificação de micro-ondas por emissão estimulada de radiação", ou *maser*, da sigla em inglês. Como as micro-ondas são invisíveis, esse dispositivo maser não criou o show de luzes que as pessoas esperam agora dos lasers.
- **Lasers:** Em 1958, eles expandiram os princípios do maser para criar um maser óptico, que habilmente renomearam como *laser* (sigla em inglês para "amplificação da luz por emissão estimulada de radiação").

LEMBRE-SE

Os lasers, uma descoberta verdadeiramente versátil baseada nos princípios da física quântica, são usados em muitos setores, desde a tecnologia da informação até a cirurgia. O segredo para que um laser seja tão útil — mais do que apenas uma luz bonita — está na distinção entre emissão espontânea (com fase e sentido aleatórios) e emissão estimulada (com fase e sentido uniformes). Toda a luz em um laser está em fase, o que significa que é possível rastrear e quantificar cuidadosamente as alterações nessa luz. Você nunca poderia usar emissões aleatórias de luz para ler um código de barras em um supermercado, mas quando a luz está toda em fase, o laser pode ler o código de barras com precisão.

Controlando o fluxo com semicondutores e transistores

A crescente compreensão da matéria trazida pela física quântica e a exploração do átomo levou à capacidade de criar materiais totalmente novos não prontamente disponíveis na natureza. O aumento do uso da eletricidade está diretamente ligado à nossa crescente compreensão da ciência dos materiais. A eletricidade flui facilmente por um *condutor*, um material como o fio de cobre que transmite imediatamente a corrente elétrica. Outros materiais, como a madeira, são maus condutores e interrompem completamente o fluxo de eletricidade.

Mas a física quântica deu aos pesquisadores acesso a materiais que não existem apenas na natureza (como o cobre e a madeira). Em vez disso, esses materiais lhes permitiram construir dispositivos que fornecem um nível detalhado de controle do fluxo de elétrons em circuitos elétricos. Esses dispositivos incluem

- **Semicondutores,** que atuam como bons condutores em algumas situações, mas também podem ser modificados para inibir o fluxo de elétrons. As propriedades físicas especiais de um semicondutor permitem ligar e desligar o fluxo de eletricidade por meio de uma junção ou interruptor e, assim, ter mais controle sobre o fluxo elétrico.
- **Transistores,** que aplicam o princípio da semicondução a dispositivos eletrônicos minúsculos. Em um transistor, o fluxo de eletricidade para um conjunto de terminais libera elétrons para fluir na outra direção. O transistor responde à entrada elétrica e age de acordo para direcionar o fluxo de corrente. O primeiro transistor foi construído em 1947, e os físicos que o construíram receberam o Prêmio Nobel de Física de 1956.

Aproveitando o poder da energia nuclear

A física quântica levou à criação da bomba nuclear no programa do Projeto Manhattan e, por fim, deu início à era nuclear. Apesar de a bomba nuclear ter sido uma manifestação devastadora dessa era, por outro lado trouxe uma compreensão crescente das possibilidades que a humanidade tinha para extrair energia das interações nucleares.

Energia pela fissão nuclear

Os cientistas criaram reatores de energia nuclear bem-sucedidos baseados principalmente na *fissão nuclear*, que envolve pegar moléculas instáveis (geralmente com um grande número de prótons no núcleo) e extrair energia quando essas partículas decaem ou são ativamente divididas. Esse processo é elaborado e requer o refinamento de material radioativo para ser usado como combustível no reator nuclear.

O uso de reatores de fissão nuclear tem prós e contras.

- **Redução da dependência de combustíveis fósseis:** À medida que as partículas desse material nuclear se decompõem, elas liberam energia na forma de calor. Esse calor, por sua vez, faz com que a água se transforme em vapor, criando a força necessária para girar enormes turbinas. Portanto, em essência, um reator nuclear é apenas uma grande turbina a vapor, na qual se utiliza o decaimento nuclear como combustível em vez de queimar combustível fóssil.
- **Produção de resíduos radioativos:** À medida que os materiais de fissão nuclear se decompõem, as barras de combustível radioativas deixam de gerar quantidades úteis de energia, mas ainda energéticas o suficiente para produzir resíduos radioativos que precisam ser cuidadosamente descartados.

Existe uma forma mais limpa de energia nuclear? Talvez.

Energia pela fusão nuclear

Uma meta para o futuro da energia nuclear é a *fusão nuclear*, que ocorre quando você pega dois elementos mais leves e funde os átomos em um único átomo maior. Esse processo acontece dentro das estrelas, por exemplo, e por esse motivo é conhecido por ser eficaz na criação de calor e luz — ao menos nas estrelas.

As estrelas podem sustentar muito bem a fusão nuclear porque têm massas tão grandes que a gravidade fornece a energia para fundir esses átomos. Na Terra, os seres humanos precisam fornecer a energia para provocar a fusão nuclear dos átomos. O problema é que, em geral, se utiliza mais energia para fundir os átomos do que a obtida na reação final. Esse resultado faz com que a fonte de energia não seja bem-sucedida.

Em relação à necessidade de mais energia para iniciar uma reação de fusão do que a reação produz, eu disse "em geral" porque o Departamento de Energia dos EUA anunciou em dezembro de 2022 que os pesquisadores do Laboratório Nacional Lawrence Livermore, na Califórnia, obtiveram um ganho líquido de energia durante uma reação de fusão. E esse experimento foi replicado no verão de 2023. Caso esses experimentos se confirmem, a fusão nuclear poderá se tornar uma forma viável de geração de energia muito em breve.

LEMBRE-SE

A grande vantagem da fusão em relação à fissão está no produto residual. Quando você usa a fusão para combinar átomos, o resultado final é um átomo mais pesado, mas não radioativo. Se você combinar átomos de hidrogênio, por exemplo, obterá hélio. Em vez de descartar resíduos radioativos, você estaria descartando hélio — uma tarefa muito menos arriscada para o meio ambiente.

Energia solar

No Capítulo 3, exploro algumas das primeiras descobertas da física quântica. Uma delas foi a explicação de Einstein sobre o efeito fotoelétrico, em que a energia da luz causava a liberação de elétrons de determinados materiais. Hoje, esse conceito é a base das revoluções na criação de painéis solares para extrair energia de uma fonte renovável: a luz solar.

É claro que as pessoas não precisaram da física quântica para descobrir como transformar a energia solar em energia utilizável. Afinal, o uso da luz solar como energia é anterior à humanidade! As plantas crescem a partir dessa luz. Nossa forma mais antiga de combustível, a madeira para queima, cresceu a partir da luz solar. As plantas antigas e os animais antigos que se alimentavam delas acabaram morrendo, foram enterrados e, ao longo dos séculos, transformaram-se em carvão e outros combustíveis fósseis, que os humanos usam como formas de energia para alimentar nossa sociedade.

Mas a compreensão quântica da matéria e da energia permitiu que a humanidade projetasse e construísse painéis solares, que pulam essas etapas (crescer, viver, comer, morrer e assim por diante) e transformam a energia solar diretamente em eletricidade. À medida que os fótons do sol colidem com os materiais em um painel solar, eles liberam elétrons para criar um fluxo de corrente elétrica através dos circuitos conectados.

Olhando para o Futuro: Computadores Quânticos

Como a física quântica diz que o mundo é fundamentalmente incerto, não serei tolo a ponto de prever o futuro com certeza. Mas a física quântica levou a grandes revoluções tecnológicas no último século, e ficarei um pouco surpreso se ela parar de contribuir. Portanto, vamos dar uma olhada rápida nos computadores quânticos, uma das novas fronteiras que as pessoas que trabalham com física e engenharia estão explorando.

Calculando com estados de superposição

Um *computador quântico* é projetado de modo que, em vez de interruptores regulares que estão ligados ou desligados, representando os bits de informação na lógica do computador, você tem qubits (que apresento brevemente no Capítulo 4). Esses qubits representam elétrons ou possivelmente fótons que estão emaranhados em uma superposição quântica, significando que são representados de forma probabilística. Em vez de estar ligado ou desligado com certeza, um bit quântico pode estar em uma superposição que lhe dá 10% de probabilidade de estar ligado e 90% de probabilidade de estar desligado.

Então, como isso ajuda a calcular as coisas? Em um computador quântico, o sistema pode calcular em uma superposição de estados possíveis, o que significa que ele pode realizar vários cálculos ao mesmo tempo. Você poderia realizar cálculos exponencialmente mais rápidos com um computador quântico do que com um computador clássico!

Manutenção e evolução de computadores quânticos

O grande problema da computação quântica reside na necessidade de manter o sistema emaranhado em uma superposição quântica de estados de tal maneira que os estados não colapsem em um único estado cedo demais. Trata-se de um processo delicado porque qualquer interação direta com átomos ou até mesmo com partículas não intencionais pode quebrar o emaranhamento necessário. Ainda assim, nos últimos anos, os pesquisadores demonstraram sucesso com sistemas quânticos emaranhados capazes de realizar operações lógicas básicas, de modo que o princípio está conceitualmente confirmado. Mas eles ainda estão pesquisando maneiras eficazes de ampliar esses sistemas de computação quântica para que sejam realmente úteis.

As possibilidades da computação quântica podem ser incríveis e de longo alcance, mas aqui apresento uma aplicação frequentemente discutida: a decodificação de criptografias. A criptografia moderna depende em grande parte de números extremamente grandes que são o produto de dois números primos extremamente grandes. Os computadores modernos são completamente incapazes de derivar os fatores desses números extremamente grandes (encontrar os dois números primos) e, portanto, a criptografia se mantém. Mas um computador quântico seria capaz de computar os possíveis fatores com muito menos etapas e, assim, poderia quebrar a criptografia comum atual. Felizmente, em 2022, o Instituto Nacional de Padrões e Tecnologia (NIST) do Departamento de Comércio dos EUA selecionou várias ferramentas que se tornarão parte do padrão de criptografia pós-quântica, ora em processo de finalização.

NESTE CAPÍTULO

» Explicando por que interpretar a física quântica é opcional

» Descrevendo o efeito do observador

» Explorando as principais interpretações da física quântica

» Analisando críticas célebres da física quântica

» Provando a física quântica com experimentos importantes

Capítulo 6

Gatos Quânticos e Ação Fantasmagórica: Interpretações da Física Quântica

Se você já entrou em uma discussão sobre física quântica em uma festa ou se é fã da série *The Big Bang Theory*, então este capítulo provavelmente é o que você estava esperando. E embora a física quântica funcione na previsão e determinação do comportamento das partículas, ainda há um debate fascinante sobre por que e como ela funciona.

Os primeiros pesquisadores da física quântica se depararam com um problema: os experimentos que eles tentaram não pareciam funcionar como qualquer outra forma de experimento. Normalmente (ou seja, na física clássica), quando se executa um experimento, o momento de verificar os resultados não importa particularmente. Se você verificou os resultados enquanto o experimento estava em andamento ou em uma data posterior, obteria os mesmos resultados. Mas, de repente, em certas configurações de física quântica, fazer medições em momentos diferentes resultaria em todos os tipos de resultados e comportamentos diferentes. O que estava acontecendo?

Neste capítulo, analiso a diferença entre as medições e suas respectivas interpretações no mundo da física quântica. Primeiro, passo algum tempo lembrando que os debates sobre interpretação ou resultados não alteram de fato os resultados da física quântica. Em segundo lugar, explico as interpretações dominantes sobre o que acontece ao se fazer uma medição de um sistema mecânico quântico. Em terceiro lugar, abordo alguns dos debates mais acalorados em torno da física quântica, incluindo o experimento mental do gato de Schrödinger e um paradoxo proposto por Einstein. Por fim, analiso os experimentos que ajudaram a solidificar a crença de que os físicos quânticos estão certos em adotar a física quântica, mesmo à luz desses paradoxos.

Questionando o que Precisa de Interpretação

Antes de mergulhar nas interpretações da física quântica, quero averiguar algumas questões que são centrais a elas. Essa abordagem me dá uma boa oportunidade de reiterar alguns dos aspectos mais incomuns da física quântica.

Interpretando probabilidade e medição

Como mencionei no Capítulo 2, a probabilidade na física clássica representa nossa ignorância quanto ao resultado de um sistema porque não podemos medir todos os fatores. Se eu lançar um dado de 6 lados, posso dizer que tenho uma probabilidade de 1/6 de que o dado saia com um 6 virado para cima; o resultado é uma probabilidade porque não posso calcular todos os fatores físicos que afetam o lançamento.

DICA

O papel da probabilidade na física quântica é mais fundamental do que seu papel na física clássica. Na física quântica, a função de onda, ψ, representa a probabilidade de uma partícula existir em um determinado estado ou local em um determinado momento. Essa probabilidade não é apenas uma consequência do fato de o físico não ter informações suficientes, mas, em vez disso, parece ser uma consequência da estrutura física quântica subjacente. De certa forma, a partícula não tem um estado definido *até que, de repente, ela assume um estado definido*.

As interpretações que descrevo neste capítulo tentam explicar o significado dessa probabilidade quântica e como ela se vincula ao ato de medir o resultado.

Interpretando o efeito do observador

Um dos principais fatores que as interpretações da física quântica tentam resolver é o *efeito do observador*, o fato de que, na física quântica, a função de fazer uma medição — fazer uma observação — tem um impacto significativo no resultado do experimento.

LEMBRE-SE

Um ótimo exemplo do efeito do observador ocorre no experimento de dupla fenda, descrito de forma clássica no Capítulo 2 e, em seguida, sob a luz da mecânica quântica no Capítulo 3. Um feixe de luz (ou um fluxo de partículas) colide com uma barreira que tem duas fendas. Quando você não rastreia por qual fenda a luz ou as partículas (ou partículas de luz) passam pela barreira, obterá um padrão de interferência baseado em ondas no outro lado (a tela que o feixe de luz atinge). Se você fizer uma medição para rastrear por qual fenda as partículas passam, obterá um padrão diferente, que não apresenta interferência de onda. Nas próximas seções, verei como cada interpretação explica esse comportamento estranho.

É aqui que o efeito do observador fica ainda mais estranho: se você colocar um detector de partículas de luz na fenda do experimento de dupla fenda, mas não o ligar, ainda assim obterá o padrão de interferência. Essa situação significa não ser possível atribuir totalmente o efeito do observador à interação física da partícula ou fóton com o detector, pois o detector ainda está lá e não capta nada. Porém, no instante em que você liga o detector, uma medição está sendo feita e o padrão de interferência desaparece. (Consulte o box "Observadores conscientes não são necessários", para saber mais sobre esse fenômeno.)

OBSERVADORES CONSCIENTES NÃO SÃO NECESSÁRIOS

PAPO DE ESPECIALISTA

Há uma tendência comum, principalmente entre os não físicos, de dizer que o efeito do observador requer um observador *consciente*. Mas não há evidências de que esse seja o caso. O principal fator é a interação que extrai os dados. Se um sistema clássico interage com o sistema quântico, isso parece ser suficiente para causar o efeito de padrão de não interferência. Mesmo que você nunca examine os dados do detector para descobrir por qual fenda uma partícula passou, o simples fato de que algo interagiu com a partícula para obter as informações parece ser suficiente para destruir o padrão de interferência! O conhecimento consciente dessas informações não é necessário.

Além disso, às vezes as pessoas discutem o uso do efeito do observador como prova da existência de Deus. O argumento geralmente é mais ou menos assim:

(continua)

(continuação)

- O efeito do observador requer um observador.
- O universo existia antes de qualquer observador (exceto, possivelmente, Deus).
- Deus seria um observador de todas as coisas.
- Portanto, Deus deve existir, caso contrário, a função de onda nunca teria entrado em colapso.

Como argumento lógico, que dirá científico, essa linha de pensamento falha em alguns aspectos. Para começar, o primeiro ponto do argumento representa uma compreensão errônea do que a física quântica diz sobre o efeito do observador. A função de onda teria entrado em colapso logo após o surgimento do universo — assim que as partículas começaram a interagir com várias outras partículas. (Consulte a seção "Esboçando Três Interpretações da Física Quântica", mais adiante neste capítulo, para obter informações sobre funções de onda.)

No entanto, o mais importante é que, mesmo considerando válido o primeiro ponto do argumento, o terceiro ponto cria uma contradição. O efeito do observador diz que quando uma observação é feita, o evento A acontece, e quando não há observação, o evento B acontece. Mas se o terceiro ponto for verdadeiro, então *sempre* haverá uma observação sendo feita. Os físicos *sempre* veriam o evento A e nunca veriam o evento B. O mero fato de o efeito do observador existir sugere que (se existir uma divindade) a divindade não está observando os eventos da mecânica quântica ou que essa observação não conta como uma observação física.

Revisitando o emaranhamento

Outro elemento importante nas interpretações da física quântica e suas críticas é a ideia de emaranhamento, que apresentei pela primeira vez no Capítulo 1. Essa ideia diz que quando partes de um sistema interagem, elas se envolvem, ou se emaranham, de maneira importante. Seus estados são interligados, de modo que compreender o estado de uma parte do sistema significa ter informações sobre outras partes do sistema.

À primeira vista, tal situação não parece tão incomum. No Capítulo 1, apresento um exemplo com moedas perfeitamente fácil de entender em termos clássicos. Mas ao considerarmos como a probabilidade se aplica na física quântica (com estados que não são apenas probabilidades até que as medições sejam feitas), temos um problema. A discussão das críticas à teoria quântica (na seção "Debates Duradouros, Rixas e Outros Contra-argumentos", mais adiante neste capítulo) concentra-se precisamente no problema da probabilidade de duas maneiras diferentes, mas importantes — o problema do gato de Schrödinger aponta o absurdo do emaranhamento de objetos macroscópicos e o paradoxo de EPR concentra-se na dificuldade de como o emaranhamento poderia ser comunicado.

Descobrindo que a Interpretação Mais Comum É Dar de Ombros

Antes de começar a discutir questões profundas sobre as interpretações da física quântica, preciso reiterar um ponto importante: para a maioria dos físicos que trabalham com física quântica, as questões de interpretação não têm relevância em seu trabalho diário na área.

Alguns físicos quânticos chegaram a ponto de dizer que as interpretações não passam de uma distração ao trabalho real de fazer física quântica. As Partes 3 e 4 se aprofundam na matemática das equações da mecânica quântica e mostram como aplicá-las de maneiras específicas.

Apenas fique atento a estes dois pontos:

- Nenhum dos físicos que discordam sobre a compreensão conceitual da mecânica quântica realmente discorda sobre como resolver as equações.
- Os resultados das equações fornecem valores que correspondem ao número crescente de experimentos validadores da mecânica quântica.

LEMBRE-SE

Em uma aula típica de mecânica quântica, aborda-se brevemente as questões conceituais e as possíveis interpretações e, em seguida, se avança para as complexidades matemáticas. Se você está estudando para obter um diploma em física, o que importa na física quântica é como você resolve as equações. O debate sobre a natureza subjacente da realidade, embora interessante, é uma consideração secundária.

Esboçando Três Interpretações da Física Quântica

Neste capítulo, concentro-me em três interpretações principais da física quântica. Essas interpretações físicas foram elaboradas com o entendimento de que as equações da mecânica quântica funcionam e representam comportamentos físicos reais. Os físicos que formularam essas interpretações o fizeram para descobrir explicações para os comportamentos físicos observados da matéria e da energia, respondendo a esta pergunta fundamental:

> O que acontece fisicamente quando uma medição de mecânica quântica é feita e o sistema passa de uma onda de probabilidades para um resultado definido?

LEMBRE-SE

Um sistema mecânico quântico é representado em um ponto como uma função de onda probabilística (ψ), e então — ao se fazer uma medição —, essa função de onda probabilística *parece se tornar* um valor específico e definido. Esse entendimento funciona muito bem para resolver as equações e explicar os experimentos, mas a falta de satisfação com ele como explicação conceitual é a razão pela qual o debate sobre o significado da física quântica ainda persiste um século após seu desenvolvimento.

A popular: Interpretação de Copenhague

A *interpretação de Copenhague* tem esse nome porque foi a mais defendida por Niels Bohr e seu Instituto de Copenhague. É também a primeira interpretação solidamente estabelecida da física quântica. Sob tal ótica, no momento de uma medição, a função de onda *colapsa* em um valor definido. O ato de fazer a medição causa esse colapso.

Considere o caso do efeito do observador no experimento de fenda dupla (consulte a seção "Interpretação do efeito do observador", anteriormente neste capítulo, para obter uma descrição). As afirmações a seguir resumem como a interpretação de Copenhague vê o que acontece durante o experimento.

- **Quando você faz uma medição em uma fenda:** A função de onda colapsa na fenda *antes* de sofrer qualquer interferência. Uma partícula definida se move da fenda para a tela. Nenhum padrão de interferência aparece.
- **Quando você faz uma medição na tela:** A função de onda passa pelas duas fendas, resultando em duas funções de onda. As duas funções de onda interferem uma na outra e depois colapsam na tela, mostrando o padrão dessa interferência.

O problema com essa abordagem é que ela de fato apenas descreve o colapso da função de onda como um evento que acontece, sem uma descrição física real do que está acontecendo. Por que o ato de medir provoca o colapso da função de onda? Os físicos não sabem. Isso apenas acontece, diz a interpretação de Copenhague. Para aqueles que se apegam a essa interpretação, isso é o suficiente.

A divertida: Interpretação de muitos mundos

Na *interpretação de muitos mundos*, existe um número incontável de universos, e cada um deles representa um ramo possível da probabilidade quântica. Todos os resultados possíveis do evento ocorrem quando uma medição acontece, mas eles ocorrem em diferentes versões do universo (ou diferentes "mundos"). Você só vê um desses resultados, porque o "você" que olha para o resultado da medição está em apenas um dos mundos. Em algum lugar — em uma versão diferente do universo — uma versão diferente de você vê os outros resultados possíveis.

CUIDADO

Sem dúvida, isso parece coisa de ficção científica, em parte porque muita ficção científica tem se baseado nessa premissa. As histórias geralmente envolvem alguém que entra em contato com um dos outros mundos, o qual representa um dos outros ramos de probabilidade. Mas não se deixe enganar. Dentro da interpretação de muitos mundos da física quântica, esse cenário de ficção científica é completamente impossível. A interpretação pressupõe que, uma vez que a ramificação ocorra, os mundos divididos nunca se reunirão ou interagirão de forma alguma. Eles continuarão a mudar e evoluir de forma totalmente independente um do outro.

O físico norte-americano Hugh Everett III propôs a interpretação de muitos mundos em 1957. O objetivo era levar a sério os múltiplos resultados da função de onda. Em um sentido muito real, nessa interpretação, a função de onda nunca colapsa. A função de onda de todo o universo continua evoluindo e crescendo de forma sobreposta a mais estados e a mais estados possíveis do universo, sempre que há um evento quântico. Os observadores não veem os múltiplos resultados porque veem o resultado de apenas um estado do universo — aquele em que se encontram no momento. O resultado da observação do resultado definitivo dá a impressão de que um colapso da função de onda está ocorrendo.

O benefício dessa interpretação é que ela elimina a necessidade de explicar o colapso da função de onda, mas sua falha é provavelmente bastante óbvia: torna-se necessário presumir a existência de inúmeros outros mundos que são completamente inacessíveis para nós. Esse é um preço muito alto a se pagar.

A responsável: Variáveis ocultas

Outra abordagem para explicar a mecânica quântica que tem um pouco de seguidores é conhecida como a *interpretação das variáveis ocultas*. Às vezes também a chamam de *interpretação de Broglie-Bohm*, em homenagem a um conceito originalmente apresentado por Louis de Broglie e depois ampliado por David Bohm. A maioria dos físicos gostaria que essa interpretação fosse verdadeira, mas provavelmente não é.

A interpretação das variáveis ocultas resolve os problemas de probabilidade e incerteza na física quântica dizendo que, assim como na física clássica, esses problemas são apenas uma medida da ignorância da humanidade. Essa interpretação diz que alguma força orienta os processos quânticos, mas os físicos e pesquisadores simplesmente não têm conhecimento sobre como detectá-la ou explicá-la totalmente. No conceito original de De Broglie, ele chamou essa força de *onda-piloto*, apesar de o trabalho posterior de Bohm ter se referido a ela como um *potencial quântico*.

DICA

Para ser consistente com os resultados dos experimentos da física quântica, esse potencial quântico proposto precisa ser *não local*. Ou seja, ele deve ter informações sobre todas as outras partículas com as quais uma partícula específica está emaranhada — o que inclui qualquer partícula com a qual ela já tenha interagido —, e essas informações devem estar disponíveis instantaneamente.

A vantagem dessa interpretação é que ela restaura a consistência lógica e o determinismo do universo quântico porque a probabilidade e a incerteza desaparecem. A falha é que a abordagem apenas afirma que a consistência lógica e o determinismo existem e se manifestam na forma de um *potencial quântico hipotético completamente não detectado*. Além de o potencial não ser detectado, ele também precisaria representar tudo a respeito do universo para funcionar. Nesse ponto, basicamente se tem uma função de onda representativa do universo inteiro. E, devido a essa complexidade inconcebível, a abordagem não é adotada por muitos físicos.

Debates Duradouros, Rixas e Outros Contra-argumentos

A maioria dos debates sobre a física quântica concentra-se na interpretação de Copenhague (analisada na seção "A popular: Interpretação de Copenhague", anteriormente neste capítulo), porque essa tem sido historicamente a interpretação mais amplamente aceita. Nessa interpretação, a função de onda probabilística colapsa ao ser feita uma medição e passa de uma descrição geral da probabilidade de as partículas estarem em estados diferentes para um resultado distinto de uma partícula em um estado específico. As críticas mais famosas a essa abordagem vieram de dois dos físicos mais importantes do século XX: Erwin Schrödinger e Albert Einstein. Ambos propuseram experimentos mentais com o objetivo de provar o absurdo da interpretação de Copenhague.

Falando sobre o gato (morto?) na sala

Erwin Schrödinger propôs o clássico experimento mental do gato de Schrödinger em 1935. ***Nota:*** nenhum gato de verdade foi ferido na realização desse experimento mental!

A interpretação de Copenhague indica que a função de onda colapsa em um estado final quando é feita uma medição. Portanto, se você tivesse um isótopo radioativo com 50% de chance de decair na próxima hora e ele estivesse dentro de uma caixa lacrada, você diria que a função de onda do isótopo existia em um estado de superposição de ambos, decaído e não decaído, até que uma medição fosse feita.

DICA

Isto é fundamental: *não* se trata apenas de um físico não saber se o isótopo decaiu, mas sim que, de acordo com a interpretação de Copenhague, o estado do isótopo é genuinamente indeterminado até que a caixa seja aberta e a medição seja feita. O isótopo é considerado em uma superposição de probabilidades quânticas — em que ele sofre decaimento e não decaimento ao mesmo tempo — até que a caixa seja aberta e ocorra o colapso da função de onda.

Schrödinger achava que isso era um completo absurdo e propôs um cenário para provar sua ideia. Suponha que você tenha exatamente a mesma caixa, mas agora ela contém um dispositivo conectado a um contador Geiger. Quando o isótopo radioativo decai, ele aciona o contador Geiger, que, por sua vez, aciona o dispositivo na caixa para quebrar um frasco de gás venenoso. Ah, sim, e também há um gato na caixa, portanto, se o isótopo decair, o gato morrerá instantaneamente. (Só para reforçar, Schrödinger propôs isso apenas como um experimento mental.)

De acordo com a interpretação de Copenhague da física quântica, até o momento da abertura da caixa, o isótopo está em um estado de superposição de decaimento e não decaimento, significando que o gato está em um estado no qual sua função de onda existe em uma superposição de vivo e morto. Mas quando a caixa é aberta, faz-se uma medição (você pode ver dentro dela), e a função de onda colapsa em um estado em que o gato está vivo ou morto.

Em um sentido físico, a explicação sobre o experimento observa que uma medição ocorre no momento em que o isótopo decai. O contador Geiger, o dispositivo, o frasco de gás venenoso e o gato reagem instantaneamente de forma apropriada com base nessa medição. Como alternativa, se o isótopo não decair, o contador Geiger também saberá disso, permanecerá inativo e o gato continuará vivo. Portanto, o experimento mental é absurdo precisamente porque o sistema quântico está interagindo com um sistema clássico dentro da caixa, de modo que o colapso realmente acontece nesse caso bem antes de a caixa ser aberta.

Embora o experimento mental do gato de Schrödinger tenha falhado em mostrar que a interpretação de Copenhague era absurda, ele se tornou uma forma útil de:

- **Destacar as inconsistências lógicas do mundo quântico** ao expandi-lo para o mundo macroscópico.
- **Sugerir a existência de um limite para a lógica quântica.** Em algum lugar entre o decaimento da partícula e a morte do gato, as intuições humanas lhe dizem que deve existir um limite onde a lógica quântica falha. Infelizmente, os físicos não conseguem definir com precisão onde está esse limite.

As outras interpretações da física quântica lidam com esse experimento mental de modo diferente da interpretação de Copenhague:

» **Na interpretação de muitos mundos,** o universo se divide em vários universos. Em alguns desses universos, o gato estará vivo e, em outros, morto. Simplesmente não se sabe em que tipo de universo ele está até fazer a medição.

» **Na interpretação das variáveis ocultas,** alguma força quântica não detectada guia o colapso da função de onda e determina se o gato vive ou morre. Mas os observadores do experimento não sabem qual é a força e não podem medi-la, e a probabilidade é apenas o resultado dessa ignorância.

Os fantasmas de Einstein

Um aspecto conceitualmente preocupante da função de onda da mecânica quântica é a ideia de duas partículas ficarem *emaranhadas*. Basicamente, sempre que ocorrer uma interação que determine ou altere o estado de uma partícula, existe a possibilidade de as partículas envolvidas ficarem emaranhadas. Esse recurso da física quântica levou a uma das críticas mais formais de Einstein à mecânica quântica.

Einstein — juntamente com Boris Podolsky e Nathan Rosen — formulou sua crítica em 1935 (o mesmo ano em que surgiu o experimento mental do gato de Schrödinger). A crítica ficou conhecida como paradoxo de Einstein-Podolsky-Rosen, ou *paradoxo de EPR*, embora tenha sido escrita principalmente por Podolsky. Uma versão mais direta e popular do paradoxo de EPR foi proposta por David Bohm (da interpretação de variáveis ocultas) em 1951, portanto, essa é a versão que descrevo nesta seção.

Definindo premissas e relacionando teorias

Suponha que você tenha um experimento que emite um par de elétrons e pósitrons. Essas duas partículas são criadas de forma a ficarem emaranhadas uma com a outra. Se você medir uma delas e identificá-la como um elétron, saberá instantaneamente que a partícula oposta é um pósitron e vice-versa. As partículas nesse experimento mental seguem os seguintes passos:

1. **O elétron e o pósitron são criados e voam em direções diferentes, em direção aos detectores (A e B) instalados a uma grande distância.**
2. **Quando uma partícula atinge seu respectivo detector, ela é medida (identificada) como um elétron ou um pósitron.**

   Cada detector tem 50% de chance de encontrar um elétron e também 50% de chance de encontrar um pósitron.

3. **Como postula a interpretação de Copenhague, assim que um detector mede (identifica) sua partícula, a função de onda colapsa em um estado consistente.**

   Se o detector A mede um elétron, então o detector B sempre medirá um pósitron.

LEMBRE-SE

A parte contraditória do paradoxo de EPR está na conciliação das etapas 2 e 3 da lista de etapas anterior: como a informação passa do estado identificado da partícula no detector A para o detector B com rapidez suficiente para causar um colapso instantâneo?

Esse problema de conciliar um colapso instantâneo vem da teoria da relatividade de Einstein, que tem uma consequência importante: a velocidade da luz parece ser a mais rápida em que qualquer coisa possa se mover. Como, no cenário do paradoxo de EPR, a mensagem quântica passa instantaneamente da partícula no detector A para a partícula no detector B? Parece que essa configuração resulta em algum tipo de informação sendo trocada entre as partículas em uma velocidade maior que a velocidade da luz. Einstein se referiu a esse tipo de comportamento como "ação fantasmagórica à distância", e esse era um dos aspectos da física quântica que sempre o incomodava.

Buscando uma interpretação completa

O objetivo do paradoxo de EPR não era refutar a física quântica. Ela claramente funciona, e nada no experimento mental implica que não funcione. A crítica sugere, entretanto, que as interpretações da física quântica parecem ser uma descrição *incompleta* da realidade. Einstein (e muitos outros) buscava uma descrição completa da realidade. (Consulte o Capítulo 5 para saber mais sobre essa busca.)

Como você verá na próxima seção, os experimentos confirmaram que a física quântica está certa sobre o que acontece nesse cenário do paradoxo de EPR. A medição de uma dessas partículas tem impacto imediato sobre a outra partícula. Essas duas partículas emaranhadas estão definitivamente exibindo uma relação não local uma com a outra.

CUIDADO

Experimentos que mostram um impacto imediato entre as partículas medidas não implicam necessariamente que qualquer sinal esteja sendo enviado entre as duas partículas. Afinal, as partículas estão emaranhadas, o que significa que a função de onda que as descreve está em dois estados. Ou é "elétron no detector A, pósitron no detector B" ou "pósitron no detector A, elétron no detector B". Uma medição feita em qualquer um dos detectores basta para colapsar a função de onda no estado correto. Pensar que a informação deve ser comunicada através do espaço é um equívoco, de acordo com o entendimento atual da interpretação de Copenhague.

Explorando os Experimentos Emaranhados

Enquanto os debates sobre a física quântica continuavam, os físicos exploravam maneiras de testar as diferentes interpretações. As perguntas sobre o emaranhamento nos exemplos do gato de Schrödinger e do paradoxo de EPR foram concebidas como experimentos mentais, mas os físicos também queriam uma maneira de testar o emaranhamento no mundo real.

A desigualdade de Bell

Em 1964, o físico irlandês John Bell tirou um ano de folga de suas pesquisas normais. O que ele fez? Descobriu como testar o paradoxo de EPR. O que mais alguém poderia fazer em suas férias?

Bell iniciou sua pesquisa com os seguintes pensamentos e suposições:

» Bell considerou o que significaria se a interpretação de Copenhague estivesse errada e, em vez disso, algum tipo de variável oculta guiasse o resultado das medições.

» Para preservar a relatividade, Bell presumiu que o entendimento de Einstein sobre a velocidade da luz era válido. Portanto, quaisquer variáveis ocultas teriam de se comunicar a uma velocidade menor que a da luz e não apresentariam não localidade (consulte a seção "A responsável: Variáveis ocultas", anteriormente neste capítulo, para obter informações sobre a não localidade). Elas seriam *variáveis ocultas locais*.

» Bell propôs fazer um experimento com duas partículas emaranhadas com spins opostos. Uma das partículas tinha spin para cima e a outra tinha spin para baixo. Uma configuração experimental chamada ímãs de Stern-Gerlach pode detectar esse spin (conforme descrito no Capítulo 11).

Bell demonstrou que, para determinadas configurações desses dois conjuntos de ímãs, a interpretação probabilística de Copenhague e a interpretação da variável oculta local produziam resultados diferentes. A relação matemática que descreveu o resultado esperado com variáveis ocultas locais é chamada de *desigualdade de Bell*. Na abordagem de probabilidade padrão que corresponde à interpretação de Copenhague, os resultados *violariam* a desigualdade de Bell.

A melhor parte de um resultado como esse é que ele dá aos físicos experimentais algo para fazer. Aqui você tem um conceito realmente fundamental que por fim tem uma maneira de ser testado! Afinal, Bell já fez toda a matemática difícil. Quando os físicos poderiam colocar esses conceitos à prova?

O grande experimento de Alain Aspect

O físico francês Alain Aspect finalmente testou a desigualdade de Bell em 1981, aproveitando os esforços de 1972 do físico norte-americano John Clauser. Os experimentos de Clauser mostraram uma violação da desigualdade de Bell, mas seu equipamento e sua configuração experimental não eram tão refinados a ponto de serem conclusivos. Os físicos conseguiram identificar erros devido às possíveis falhas no experimento de 1972. Foi necessária mais uma década de progresso tecnológico e experimental para criar um experimento que convencesse a todos.

Uma das preocupações era que as variáveis ocultas locais estivessem de alguma forma vinculadas à configuração experimental específica. Em outras palavras, as partículas, em essência, "sabiam" (por meio das variáveis ocultas locais) para onde iam e podiam se orientar de acordo. Aspect criou alguns truques inteligentes para evitar esse problema, de modo que o caminho e os detectores pudessem ser alterados no meio do experimento.

LEMBRE-SE

Quando Aspect realizou e publicou os resultados de seus experimentos, o resultado se revelou bastante conclusivo: a desigualdade de Bell foi violada. Não havia espaço na física quântica para variáveis ocultas locais. A interpretação probabilística da física quântica havia resistido a seu teste experimental mais direto.

Quarenta anos após Aspect haver publicado seus resultados, Aspect e Clauser receberam o Prêmio Nobel de Física de 2022 por sua pesquisa (junto com o físico austríaco Anton Zeilinger, cuja pesquisa inovadora com partículas emaranhadas se constitui em um elemento fundamental da pesquisa sobre computadores quânticos discutida no Capítulo 5). John Bell, que também contribuiu para esse trabalho, morreu de hemorragia cerebral em 1990, e o Prêmio Nobel não é concedido postumamente. Ainda assim, o reconhecimento que Aspect e Clauser receberam por essa incrível conquista experimental também significa o reconhecimento da importância da contribuição de Bell para a compreensão fundamental da física quântica.

3

Números: Matemática Básica da Física Quântica

NESTA PARTE . . .

Familiarize-se com a formulação de equações de física quântica para funções de onda.

Encontre funções de onda para partículas em diferentes poços de energia.

Descubra funções de onda para osciladores harmônicos quânticos.

Aplique a física quântica ao momento angular.

Aprofunde-se na matemática do spin quântico de partículas.

NESTE CAPÍTULO

» Criando vetores de espaço

» Usando a notação de Dirac para vetores de estado

» Trabalhando com bras e kets

» Entendendo a mecânica matricial

» Abordando a mecânica de ondas

Capítulo 7

Entrando na Matriz: Bem-vindo aos Vetores de Estado

A física quântica não consiste apenas em brincar com seu acelerador de partículas e tentar não destruir o universo. Às vezes, você pode fazer coisas um pouco mais comuns, como apagar e acender luzes, fazer um pouco de cálculo ou jogar dados. Se estiver realmente explorando aspectos da física com seus dados, o diretor do laboratório não ficará bravo com você. É possível reunir os valores de probabilidade em um vetor (matriz de coluna única) no *espaço de Hilbert* (um tipo de espaço vetorial de dimensão infinita com algumas propriedades especialmente valiosas na física quântica).

Grande parte deste capítulo se baseia no entendimento estabelecido por qualquer pessoa que tenha feito um curso de álgebra linear e se sinta confortável com vetores, embora possa ser uma abordagem de vetores muito diferente da que você já viu antes. Caso não esteja à vontade com vetores, talvez seja necessário fazer uma pausa rápida para dar uma olhada no livro *Álgebra Linear Para Leigos* antes de mergulhar neste capítulo.

Este capítulo lhe mostra como lidar com probabilidades na física quântica, começando pela visualização dos vários estados possíveis que uma partícula pode ocupar como um vetor — um vetor de estados de probabilidade. A partir daí, eu o ajudarei a se familiarizar com algumas notações matemáticas comuns na física quântica, incluindo bras, kets, matrizes e funções de onda. Ao longo do caminho, você também trabalhará com alguns operadores importantes.

Criando Seus Próprios Vetores no Espaço de Hilbert

Suponha que você tenha feito um experimento com o lançamento de um par de dados na tentativa de calcular a *probabilidade relativa* (o grau de confiança que se pode ter na ocorrência de um determinado resultado) de que os dados mostrem vários valores. (Talvez queira dar uma olhada no Capítulo 2, em que abordo a probabilidade clássica.) Você chega a uma lista que indica a probabilidade relativa de rolar um 2, 3, 4 e assim por diante, até 12. Uma tabela com essas probabilidades relativas tem a seguinte aparência.

Soma dos dados	Probabilidade relativa (número de maneiras de sair um determinado total)
2	1
3	2
4	3
5	4
6	5
7	6
8	5
9	4
10	3
11	2
12	1

Segundo a tabela, você tem duas vezes mais probabilidade de tirar um 3 do que um 2, quatro vezes mais probabilidade de tirar um 5 do que um 2 e assim por diante. Você pode reunir essas probabilidades relativas em um vetor (se estiver pensando em um "vetor" tradicional da física, pense em termos de uma coluna de componentes do vetor, não em magnitude, direção e sentido) para controlá-las facilmente. Você denota o vetor da seguinte forma:

$$\begin{bmatrix} 1 \\ 2 \\ 3 \\ 4 \\ 5 \\ 6 \\ 5 \\ 4 \\ 3 \\ 2 \\ 1 \end{bmatrix}$$

Certo, agora você está se aproximando da forma como a física quântica funciona. Você tem um vetor de probabilidades de os dados ocuparem vários estados (ou seja, terem determinados valores). No entanto, a física quântica não lida diretamente com probabilidades, mas sim com amplitudes de probabilidade, que são as raízes quadradas das probabilidades. Para encontrar a probabilidade real de que uma partícula (neste caso, o dado) esteja em um determinado estado, você adiciona funções de onda — que serão representadas por esses vetores — e depois as eleva ao quadrado (veja a análise no Capítulo 3). Em seguida, você tira a raiz quadrada de todas essas entradas para obter as amplitudes de probabilidade:

$$\begin{bmatrix} \sqrt{1} \\ \sqrt{2} \\ \sqrt{3} \\ \sqrt{4} \\ \sqrt{5} \\ \sqrt{6} \\ \sqrt{5} \\ \sqrt{4} \\ \sqrt{3} \\ \sqrt{2} \\ \sqrt{1} \end{bmatrix}$$

O vetor de raízes quadradas representa melhor a probabilidade total, e a soma dos quadrados de todas essas entradas deve resultar em uma probabilidade total de 1 (porque ao menos um desses resultados ocorrerá). Da maneira como está agora, a soma dos quadrados desses números é 36, portanto, você deve dividir cada entrada por $36^{1/2}$, ou 6, e o vetor agora tem a seguinte aparência

$$\begin{bmatrix} \sqrt{1/36} \\ \sqrt{2/36} \\ \sqrt{3/36} \\ \sqrt{4/36} \\ \sqrt{5/36} \\ \sqrt{6/36} \\ \sqrt{5/36} \\ \sqrt{4/36} \\ \sqrt{3/36} \\ \sqrt{2/36} \\ \sqrt{1/36} \end{bmatrix}$$

Assim, agora você pode obter a amplitude da probabilidade de tirar qualquer combinação de 2 a 12 lendo o vetor; a amplitude da probabilidade de tirar um 2 é $\frac{1}{6}$, de tirar um 3 é $\frac{\sqrt{2}}{6}$, e assim por diante.

Facilitando a Vida com a Notação de Dirac

Esse novo vetor de estado (consulte a seção anterior) pode ser considerado como um vetor no espaço dos dados — todos os estados possíveis que um par de dados pode assumir, que é um espaço de 11 dimensões.

Mas na maioria dos problemas de física quântica, os vetores podem ser infinitamente grandes — por exemplo, uma partícula em movimento pode estar em um número infinito de estados. Lidar com grandes conjuntos de estados não é fácil usando a notação vetorial, portanto, em vez de escrever explicitamente todo o vetor a cada vez, a física quântica geralmente usa a notação desenvolvida pelo físico Paul Dirac — *a notação de Dirac* ou *notação bra-ket*.

Falarei a respeito do significado desses termos daqui a pouco, mas neste momento você deve estar pensando: "Como eu pronuncio isso?" Para acabar com o suspense, posso dizer que você pronuncia exatamente como está escrito. O "bra" rima com "rá". O "ket" rima com "pet". Então, se você disser "bra-ket" e obtiver algo que soa mais ou menos como "raquete" com um "b" no início, você está bem próximo. (O Google me diz que existem cerca de 112 pronúncias de *Dirac* no inglês britânico, portanto, esse suspense deve permanecer.)

Abreviando os vetores de estado em kets

A notação de Dirac abrevia o vetor de estado como um ket, o nome de um vetor que usa esta notação: $|\psi\rangle$. Desse modo, no exemplo dos dados da seção anterior, é possível escrever o vetor de estado como um ket da seguinte forma:

$$|\psi\rangle = \begin{bmatrix} 1/6 \\ \sqrt{2}/6 \\ \sqrt{3}/6 \\ 2/6 \\ \sqrt{5}/6 \\ \sqrt{6}/6 \\ \sqrt{5}/6 \\ 2/6 \\ \sqrt{3}/6 \\ \sqrt{2}/6 \\ 1/6 \end{bmatrix}$$

Aqui, os componentes do vetor de estado são representados por números em um espaço de dados de 11 dimensões. No entanto, mais comumente, cada componente representa uma função de posição, x, e tempo, t. Mas esse vetor não representa nada tão elaborado (ainda). Passos de bebê. Passos quânticos de bebê.

Escrevendo o conjugado hermitiano como um bra

Para cada ket, há um bra correspondente. (Os termos vêm de bra-ket [que têm o som da palavra *bracket*, colchete em inglês], que explico na seção "Dançando

O BÁSICO SOBRE VETORES

PAPO DE ESPECIALISTA

Pense um pouco sobre vetores em três dimensões. Esses vetores têm três coordenadas, que correspondem a eixos tridimensionais: *x*, *y* e *z*. Cada um desses três eixos pode ser tratado como seu próprio vetor, um vetor *x*, um vetor *y* e um vetor *z*. Não se pode escrever um vetor *x* como uma *combinação linear* de vetores *y* e *z*. Os três vetores de eixo são *linearmente independentes* um do outro.

Da mesma forma, um conjunto de vetores no espaço de Hilbert é *linearmente independente* se não for possível escrever nenhum dos vetores como uma combinação linear dos outros. Esses vetores linearmente independentes podem ser tratados como eixos independentes e usados para formar uma base válida no espaço de Hilbert. Ou seja, pode-se escrever qualquer vetor de estado como uma combinação linear desses vetores de base, da mesma forma que é possível escrever um vetor tridimensional como uma combinação linear de um vetor *x*, um vetor *y* e um vetor *z*.

Uma das vantagens da notação bra-ket é que ela evita a necessidade de determinar uma base completa, conforme descrito na seção "Cobrindo todas as suas bases: Bras e kets como vetores de estado sem base", mais adiante no capítulo.

com os Operadores", mais adiante no capítulo). Um bra é o conjugado hermitiano do ket correspondente. Para encontrá-lo, pegue o ket original, transponha-o e, em seguida, pegue o conjugado complexo. O *conjugado complexo* inverte o sinal que liga as partes reais e imaginárias de um número complexo. Porém, no caso do ket para o espaço dos dados, os valores são todos números reais, portanto, o bra correspondente é este vetor de linha:

$$\langle\psi| = \left[\frac{1}{6}\ \frac{\sqrt{2}}{6}\ \frac{\sqrt{3}}{6}\ \frac{2}{6}\ \frac{\sqrt{5}}{6}\ \frac{\sqrt{6}}{6}\ \frac{\sqrt{5}}{6}\ \frac{2}{6}\ \frac{\sqrt{3}}{6}\ \frac{\sqrt{2}}{6}\ \frac{1}{6}\right]$$

LEMBRE-SE

Observe que, se qualquer um dos elementos do ket for um número complexo, você deverá usar seu conjugado complexo ao criar o bra associado. Por exemplo, caso seu número complexo no ket for $a+bi$ (em que bi é um número imaginário), seu conjugado complexo se inverte para o operador oposto, de modo que, no bra, ele é $a-bi$, e vice-versa.

Multiplicando bras e kets: Uma probabilidade de 1

Você pode usar um bra e um ket e combiná-los, $\langle\psi|\psi\rangle$, o que significa obter o produto deles, da seguinte forma:

$$\langle\psi|\psi\rangle = \begin{bmatrix} \frac{1}{6} & \frac{\sqrt{2}}{6} & \frac{\sqrt{3}}{6} & \frac{2}{6} & \frac{\sqrt{5}}{6} & \frac{\sqrt{6}}{6} & \frac{\sqrt{5}}{6} & \frac{2}{6} & \frac{\sqrt{3}}{6} & \frac{\sqrt{2}}{6} & \frac{1}{6} \end{bmatrix} \begin{bmatrix} 1/6 \\ \sqrt{2}/6 \\ \sqrt{3}/6 \\ 2/6 \\ \sqrt{5}/6 \\ \sqrt{6}/6 \\ \sqrt{5}/6 \\ 2/6 \\ \sqrt{3}/6 \\ \sqrt{2}/6 \\ 1/6 \end{bmatrix}$$

Esse cálculo é apenas uma multiplicação de matriz, e o resultado é o mesmo que obter a soma dos quadrados dos elementos:

$$\langle\psi|\psi\rangle = \left[\frac{1}{36}+\frac{2}{36}+\frac{3}{36}+\frac{4}{36}+\frac{5}{36}+\frac{6}{36}+\frac{5}{36}+\frac{4}{36}+\frac{3}{36}+\frac{2}{36}+\frac{1}{36}\right]=1$$

LEMBRE-SE

Esse cálculo é o resultado esperado porque a probabilidade total deve ser igual a 1. Portanto, em geral, o produto do bra e do ket correspondentes é igual a 1:

$$\langle\psi|\psi\rangle = 1$$

Se essa relação for válida e produzir um valor de 1, o vetor está normalizado.

Cobrindo todas as suas bases: Bras e kets como vetores de estado sem base

O motivo da notação, $|\psi\rangle$, tão popular na física quântica, é que ela permite trabalhar com vetores de estado de uma forma *independente da base*. Em outras palavras, você não fica preso à base de posição, à base de momento ou à base de energia. Algo útil, pois a maior parte do trabalho em física quântica ocorre em cálculos abstratos, e não seria legal ter que arrastar todos os componentes dos vetores de estado por esses cálculos. Muitas vezes, não é possível porque podem existir infinitos estados possíveis no problema com o qual você está lidando.

Por exemplo, suponha que você esteja representando seus estados

- **Usando vetores de posição em um espaço de Hilbert tridimensional.** Nesse caso, você tem eixos *x*, *y* e *z*, formando uma base de posição para seu espaço. Isso é bom, mas nem todos os cálculos precisam ser feitos usando essa base de posição. Como a posição é a maneira padrão de falar sobre um espaço tridimensional, você não precisa de um nome especial para isso, mas ele seria chamado de *espaço de posição* caso queira ser específico.
- **Usando vetores de momento em um espaço tridimensional,** com três eixos no espaço de Hilbert, p_x, p_y e p_z. Para acomodar essa base de momento, você teria que mudar todos seus vetores de posição para vetores de momento, ajustando cada componente e acompanhando o que acontece com cada um em todos os seus cálculos. O espaço tridimensional definido com vetores de momento usando a base de momento é chamado de *espaço de momento* (para diferenciá-lo do espaço de posição).

DICA

Portanto, a notação bra-ket de Dirac vem nos socorrer aqui; você a usa para realizar todos os cálculos e, em seguida, inserir os vários componentes dos vetores de estado no fim, conforme necessário. Ou seja, você pode realizar seus cálculos em termos puramente simbólicos, sem estar vinculado a uma base.

E quando você precisa lidar com os componentes de um ket, como quando deseja obter respostas físicas, também é possível converter kets em uma base diferente. Em geral, quando você tem um vetor $|\psi\rangle$, pode expressá-lo como uma soma sobre *N* vetores da base, $|\phi_i\rangle$, assim:

$$|\psi\rangle = \sum_{i=1}^{N} |\phi_i\rangle\langle\phi_i|\psi\rangle$$

em que *N* é a dimensão do espaço de Hilbert e *i* um número inteiro que rotula os vetores da base.

Compreendendo algumas relações usando kets

A notação ket torna a matemática mais fácil do que na forma de matriz porque se pode tirar proveito de algumas relações matemáticas. Por exemplo, aqui está a chamada *desigualdade de Schwarz* para vetores de estado:

$$|\langle\psi|\phi\rangle|^2 \leq \langle\psi|\psi\rangle\langle\phi|\phi\rangle$$

Essa desigualdade diz que o quadrado do *módulo* (que é basicamente o equivalente ao valor absoluto, mas quando falamos de vetores) do produto de dois vetores de estado é menor ou igual ao produto de seus módulos individuais. Isso acaba sendo outra maneira de escrever a desigualdade vetorial:

$$|\mathrm{A}\cdot\mathrm{B}|^2 \leq |\mathrm{A}|^2|\mathrm{B}|^2$$

LEMBRE-SE

Então, por que a desigualdade de Schwarz é tão útil? Você pode usá-la para derivar o princípio da incerteza de Heisenberg (apresentado no Capítulo 3). E esse princípio é um dos conceitos centrais da física quântica porque quantifica a relação entre posição e momento. Eu faço sua derivação na seção "Começando do Zero e Terminando com Heisenberg", mais adiante neste capítulo.

Outras relações de ket também podem simplificar seus cálculos. Por exemplo, dois kets, $|\psi\rangle$ e $|\phi\rangle$, serão ortogonais se

$$\langle\psi|\phi\rangle = 0$$

DICA

Os vetores tridimensionais são *ortogonais* se forem perpendiculares entre si. Isso também significa que eles são *linearmente independentes*. Pode-se estender esses conceitos de ortogonalidade e independência linear para dimensões maiores, mas a metáfora da perpendicularidade o ajuda a pensar sobre as relações entre esses vetores.

E dois kets são considerados *ortonormais* se ambos forem ortogonais entre si e se cada um deles também for *normalizado* (produz um valor de 1). Em outras palavras, eles devem atender às seguintes condições:

- $\langle\psi|\phi\rangle = 0$
- $\langle\psi|\psi\rangle = 1$
- $\langle\phi|\phi\rangle = 1$

Nota: Tenha em mente essas relações que usam kets quando trabalhar com operadores. Consulte a próxima seção.

Dançando com os Operadores

E quanto a todos os cálculos que você deveria ser capaz de fazer com kets? Obter o produto de um bra e um ket, $\langle\psi|\phi\rangle$, é bom até o momento, mas suponha que você queira extrair algumas quantidades físicas dos cálculos que pode medir. É aí que entram os operadores.

Hello, operator: Como os operadores funcionam

A seguir, a definição geral de um operador (neste caso, A) na física quântica: um operador é uma regra matemática que, ao operar em um ket, $|\psi\rangle$, transforma esse ket em um novo ket, $|\psi'\rangle$, no mesmo espaço. (Esse novo ket poderia ser apenas o ket antigo multiplicado por um *escalar*, que é uma quantidade com apenas magnitude e não direção, nem sentido.) Assim, tendo em mãos um operador A, ele transforma kets e bras da seguinte forma:

$$A|\psi\rangle = |\psi'\rangle$$

$$\langle\psi|A^\dagger = \langle\psi'|$$

LEMBRE-SE

Aqui estão vários exemplos dos tipos de operadores observados nos cálculos de mecânica quântica:

- **Hamiltoniano (H):** Aplicar o operador hamiltoniano (que é diferente para cada situação física), nos dá E, a energia da partícula representada pelo ket. Esse E é uma quantidade escalar:

  $$H|\psi\rangle = E|\psi\rangle$$

- **Unidade ou identidade (I):** O operador de unidade ou identidade deixa os kets inalterados:

  $$I|\psi\rangle = |\psi\rangle$$

- **Gradiente (∇):** O operador de gradiente (apresentado no Capítulo 2) emprega *derivadas* (a taxa variável de mudança de uma função com relação às diferentes variáveis de posição) e funciona assim:

  $$\nabla|\psi\rangle = \frac{\partial}{\partial x}|\psi\rangle \boldsymbol{i} + \frac{\partial}{\partial y}|\psi\rangle \boldsymbol{j} + \frac{\partial}{\partial z}|\psi\rangle \boldsymbol{k}$$

- **Momento Linear (P):** O operador de momento linear tem a seguinte aparência na mecânica quântica e é usado para encontrar o momento linear:

  $$P|\psi\rangle = -i\hbar\nabla|\psi\rangle$$

» **Laplaciano (∇^2):** Você usa o operador laplaciano, muito parecido com um gradiente de segunda ordem, para criar o operador hamiltoniano de busca de energia:

$$\nabla^2|\psi\rangle = \nabla \cdot \nabla|\psi\rangle = \frac{\partial^2}{\partial x^2}|\psi\rangle + \frac{\partial^2}{\partial y^2}|\psi\rangle + \frac{\partial^2}{\partial z^2}|\psi\rangle$$

CUIDADO

Em geral, a multiplicação de operadores não é independente da ordem (ou seja, não segue a propriedade comutativa, como acontece na aritmética), portanto, para os operadores A e B, $AB \neq BA$.

Por essa eu já esperava: Encontrando valores esperados

Como tudo na física quântica se faz em termos de probabilidades, fazer previsões se torna muito importante. E o valor esperado se constitui na previsão mais importante. O *valor esperado* de um operador é o valor médio que você mediria se realizasse a medição várias vezes. Por exemplo, o valor esperado do operador hamiltoniano (consulte a seção anterior) é a energia média do sistema sendo estudado.

LEMBRE-SE

O valor esperado é uma média ponderada das probabilidades de o sistema estar em seus vários estados possíveis. Veja como encontrar o valor esperado de um operador A:

$$\text{Valor esperado} = \langle\psi|A|\psi\rangle$$

Observe que, podendo expressar $\langle\psi|$ como um vetor linha e $|\psi\rangle$ como um vetor coluna, você pode expressar o operador A como uma matriz quadrada.

Por exemplo, suponha estar trabalhando com um par de dados e as probabilidades de todas as somas possíveis (consulte a seção "Criando seus Próprios Vetores no Espaço de Hilbert", anteriormente neste capítulo). Nesse exemplo de dados, o valor esperado é uma soma de termos, e cada termo um valor que os dados exibem quando lançados, multiplicado pela probabilidade de que esse valor apareça.

O bra e o ket cuidarão das probabilidades, então cabe ao operador que você criar para isso — vamos chamá-lo *operador Rolar* (de rolar os dados), R — armazenar os valores dos dados (2 a 12) para cada probabilidade. Portanto, o operador R tem a seguinte aparência:

$$R = \begin{bmatrix} 2 & 0 & 0 & 0 & 0 & 0 & 0 & 0 & 0 & 0 & 0 \\ 0 & 3 & 0 & 0 & 0 & 0 & 0 & 0 & 0 & 0 & 0 \\ 0 & 0 & 4 & 0 & 0 & 0 & 0 & 0 & 0 & 0 & 0 \\ 0 & 0 & 0 & 5 & 0 & 0 & 0 & 0 & 0 & 0 & 0 \\ 0 & 0 & 0 & 0 & 6 & 0 & 0 & 0 & 0 & 0 & 0 \\ 0 & 0 & 0 & 0 & 0 & 7 & 0 & 0 & 0 & 0 & 0 \\ 0 & 0 & 0 & 0 & 0 & 0 & 8 & 0 & 0 & 0 & 0 \\ 0 & 0 & 0 & 0 & 0 & 0 & 0 & 9 & 0 & 0 & 0 \\ 0 & 0 & 0 & 0 & 0 & 0 & 0 & 0 & 10 & 0 & 0 \\ 0 & 0 & 0 & 0 & 0 & 0 & 0 & 0 & 0 & 11 & 0 \\ 0 & 0 & 0 & 0 & 0 & 0 & 0 & 0 & 0 & 0 & 12 \end{bmatrix}$$

Portanto, para encontrar o valor esperado de R, você precisa calcular $\langle\psi|R|\psi\rangle$. Ao explicar isso em termos de componentes, obtemos o seguinte:

$$\langle\psi|R|\psi\rangle = \begin{bmatrix} \frac{1}{6} & \frac{\sqrt{2}}{6} & \frac{\sqrt{3}}{6} & \frac{2}{6} & \frac{\sqrt{5}}{6} & \frac{\sqrt{6}}{6} & \frac{\sqrt{5}}{6} & \frac{2}{6} & \frac{\sqrt{3}}{6} & \frac{\sqrt{2}}{6} & \frac{1}{6} \end{bmatrix}$$
$$\begin{bmatrix} 2 & 0 & 0 & 0 & 0 & 0 & 0 & 0 & 0 & 0 & 0 \\ 0 & 3 & 0 & 0 & 0 & 0 & 0 & 0 & 0 & 0 & 0 \\ 0 & 0 & 4 & 0 & 0 & 0 & 0 & 0 & 0 & 0 & 0 \\ 0 & 0 & 0 & 5 & 0 & 0 & 0 & 0 & 0 & 0 & 0 \\ 0 & 0 & 0 & 0 & 6 & 0 & 0 & 0 & 0 & 0 & 0 \\ 0 & 0 & 0 & 0 & 0 & 7 & 0 & 0 & 0 & 0 & 0 \\ 0 & 0 & 0 & 0 & 0 & 0 & 8 & 0 & 0 & 0 & 0 \\ 0 & 0 & 0 & 0 & 0 & 0 & 0 & 9 & 0 & 0 & 0 \\ 0 & 0 & 0 & 0 & 0 & 0 & 0 & 0 & 10 & 0 & 0 \\ 0 & 0 & 0 & 0 & 0 & 0 & 0 & 0 & 0 & 11 & 0 \\ 0 & 0 & 0 & 0 & 0 & 0 & 0 & 0 & 0 & 0 & 12 \end{bmatrix} \begin{bmatrix} 1/6 \\ \sqrt{2}/6 \\ \sqrt{3}/6 \\ 2/6 \\ \sqrt{5}/6 \\ \sqrt{6}/6 \\ \sqrt{5}/6 \\ 2/6 \\ \sqrt{3}/6 \\ \sqrt{2}/6 \\ 1/6 \end{bmatrix}$$

Fazendo os cálculos, obtemos

$$\langle\psi|R|\psi\rangle = 7$$

Dessa forma, o valor esperado de um lançamento de dados é 7. Felizmente, isso corresponde aos meios mais convencionais de calcular o valor esperado para lançar dois dados em uma aula de probabilidade. (Ofereço uma abordagem mais clássica no Capítulo 2.) Qualquer pessoa que tenha jogado *Craps* ou *Catan* sabe a frustração que esse valor esperado em dois dados pode gerar.

Agora você pode ver de onde vêm os termos bra e ket — eles colocam "colchetes" [*bracket*, em inglês] ao redor de um operador para fornecer valores esperados. De fato, o valor esperado é uma coisa tão corriqueira de encontrar que é muito comum vermos $\langle\psi|R|\psi\rangle$ abreviado como $\langle R\rangle$, assim, para este exemplo,

$$\langle R\rangle = 7$$

Analisando os operadores lineares

Um operador A é considerado *linear* se atender à seguinte condição:

$$A(c_1|\psi\rangle + c_2|\phi\rangle) = c_1 A|\psi\rangle + c_2 A|\phi\rangle$$

O que essa equação realmente significa? Se um operador A atua sobre a soma linear de dois kets (o lado esquerdo da equação), isso equivale a uma soma linear desses mesmos kets atuando individualmente por A (o lado direito da equação). Em outras palavras, um operador linear não faz algo estranho que entrelaça os dois kets de uma forma complicada. Ele permite que você separe as duas partes e as examine de forma individual ou, alternativamente, as combine.

Proponho que a expressão $|\phi\rangle\langle\chi|$ é de fato um operador linear. E você pode seguir estes passos — que envolvem descobrir um pouco mais sobre o que acontece quando você pega os produtos de bras e kets — para provar isso:

1. **Pegue o produto de bra, $\langle\chi|$, e de ket, $c|\psi\rangle$, em que c é um número complexo.**

   Como resultado, a seguinte equação:

   $$\langle\chi|c|\psi\rangle = c\langle\chi|\psi\rangle$$

2. **Pegue o produto de bra, $\langle\chi|$, com a soma dos dois kets, $|\psi_1\rangle + |\psi_2\rangle$.**

   Como resultado, a seguinte equação:

   $$\langle\chi|(|\psi_1\rangle + |\psi_2\rangle) = \langle\chi|\psi_1\rangle + \langle\chi|\psi_2\rangle$$

3. **Para testar se $|\phi\rangle\langle\chi|$ é um operador linear, aplique-o a uma combinação linear de bras, onde c_1 e c_2 são números complexos, assim:**

   $$|\phi\rangle\langle\chi|(c_1|\psi_1\rangle + c_2|\psi_2\rangle) = |\phi\rangle\langle\chi|c_1|\psi_1\rangle + |\phi\rangle\langle\chi|c_2|\psi_2\rangle$$

4. **Usando a equação do resultado do Passo 1, $\langle\chi|c|\psi\rangle = c\langle\chi|\psi\rangle$, você pode por fim escrever a equação como**

   $$|\phi\rangle\langle\chi|(c_1|\psi_1\rangle + c_2|\psi_2\rangle) = c_1|\phi\rangle\langle\chi|\psi_1\rangle + c_2|\phi\rangle\langle\chi|\psi_2\rangle$$

Agora, se você observar a condição que define um operador linear, A, no início desta seção, talvez não reconheça imediatamente que sua equação final corresponde a ela. Mas se substituir esse A na equação anterior por $|\phi\rangle\langle\chi|$, certamente obterá exatamente essa equação mais rapidamente!

Tornando-se hermitiano com operadores e adjuntos hermitianos

O *adjunto hermitiano* — também chamado de adjunto ou conjugado hermitiano — de um operador A é denotado por $A^\dagger$.Para encontrá-lo, siga estes passos:

1. **Substitua as constantes complexas por seus conjugados complexos.**

   O *adjunto hermitiano* de um número complexo é o conjugado complexo desse número, denotado como

   $$a^\dagger = a^*$$

2. **Substitua os kets por seus bras correspondentes e substitua os bras por seus kets correspondentes.**

   CUIDADO

   É preciso trocar os bras e os kets ao encontrar o adjunto hermitiano de um operador. Ao contrário de encontrar o adjunto hermitiano de um número complexo, encontrar o adjunto hermitiano de um *operador* não é o mesmo que encontrar matematicamente seu conjugado complexo.

3. **Substitua os operadores por seus operadores hermitianos.**

   Na mecânica quântica, os operadores que são iguais a seus adjuntos hermitianos são chamados de operadores hermitianos. Em outras palavras, um operador é hermitiano se

   $$A^\dagger = A$$

   Os operadores hermitianos aparecem em todo o livro e têm propriedades especiais. Por exemplo, a matriz que os representa pode ser diagonalizada, ou seja, escrita de forma que os únicos elementos não nulos apareçam ao longo da diagonal da matriz. Além disso, é garantido que o valor esperado de um operador hermitiano seja um número real, não complexo (consulte a seção "Por essa eu já esperava: Encontrando valores esperados", anteriormente neste capítulo).

4. **Escreva sua equação final.**

$$(\langle\psi|A|\phi\rangle)^* = \langle\phi|A^\dagger|\psi\rangle$$

LEMBRE-SE

A seguir, algumas relações úteis dos adjuntos hermitianos:

» $(aA)^\dagger = a^* A^\dagger$

» $(A^\dagger)^\dagger = A$

» $(A + B)^\dagger = A^\dagger + B^\dagger$

» $(AB)^\dagger = B^\dagger A^\dagger$

» $(AB|\psi\rangle)^\dagger = \langle\psi|B^\dagger A^\dagger$

Para a Frente e para Trás: Encontrando o Comutador

LEMBRE-SE

A medida de quão diferentes são os resultados quando você aplica o operador A e depois B, em comparação com B e depois A, é chamada de *comutador* de operadores. Na mecânica quântica, o comutador indica se você pode medir duas características observáveis ao mesmo tempo ou se as duas características têm algum tipo de dependência uma da outra em termos de medição. Veja como você define o comutador dos operadores A e B:

$$[A, B] = AB - BA$$

Comutando

Dois operadores comutam um com o outro se seu comutador for igual a zero. E quando isso acontece, as duas características observáveis representadas pelos operadores podem ser medidas ao mesmo tempo. Ou seja, os operadores são comutados quando não faz diferença a ordem em que você os aplica:

$$[A, B] = 0$$

Observe, em particular, que qualquer operador comuta consigo mesmo:

$$[A, A] = 0$$

E quando os operadores comutam, é fácil mostrar que o comutador de A, B é o negativo do comutador de B, A:

$$[A, B] = -[B, A]$$

Também é verdade que os comutadores são lineares:

$$[A, B + C + D + \ldots] = [A, B] + [A, C] + [A, D] + \ldots$$

E o adjunto hermitiano de um comutador funciona da seguinte maneira:

$$[A, B]^\dagger = \left[B^\dagger, A^\dagger\right]$$

Você também pode encontrar o *anticomutador* — denotado como {A, B} — que é a soma, e não a diferença, dos operadores aplicados:

$$\{A, B\} = AB + BA$$

Encontrando os operadores anti-hermitianos

O que você pode dizer sobre o adjunto hermitiano do comutador de dois operadores hermitianos? Veja como descobrir. Primeiro, escreva o adjunto. Em seguida, aplique a definição de comutadores (consulte a seção anterior). E como você descobriu (na seção "Tornando-se hermitiano com operadores e adjuntos hermitianos", anteriormente neste capítulo) que $(AB)^\dagger = B^\dagger A^\dagger$ e $A = A^\dagger$ para operadores hermitianos, você pode trabalhar com a seguinte sequência:

$$[A,B]^\dagger = (AB - BA)^\dagger = B^\dagger A^\dagger - A^\dagger B^\dagger$$

Mas $BA - AB$ é apenas $-[A, B]$, assim, você tem a equação,

$$[A, B]^\dagger = -[A, B]$$

LEMBRE-SE

A e B aqui são operadores hermitianos. Quando você pega o adjunto hermitiano de uma expressão e obtém a mesma coisa de volta com um sinal negativo na frente, a expressão é chamada de anti-hermitiana, portanto, o comutador de dois operadores hermitianos é anti-hermitiano. (E, a propósito, o valor esperado de um operador anti-hermitiano certamente será completamente imaginário.)

Começando do Zero e Terminando com Heisenberg

Se você leu as últimas seções, agora está armado com todas essas novas ferramentas: operadores hermitianos e comutadores. E como colocar esse conhecimento em prática? Você pode criar o princípio da incerteza de Heisenberg começando praticamente do zero. (Explico por que esse princípio da incerteza é importante na seção "Compreendendo algumas relações usando kets", anteriormente neste capítulo.)

Aqui está um cálculo que o leva de algumas definições básicas até o princípio da incerteza de Heisenberg. Este tipo de cálculo mostra ser muito mais fácil usar a notação bra e ket sem base do que a versão completa da matriz de vetores de estado. (Heisenberg derivou seu princípio da incerteza em 1927, mas a notação de Dirac não seria criada até 1939, assim, o princípio foi originalmente derivado usando a abordagem matricial muito mais complicada, que Heisenberg também inventou.)

Talvez você saiba como calcular a incerteza em uma medição com base em trabalhos anteriores de estatística. Isso é feito subtraindo o valor esperado ao quadrado do valor esperado da quantidade ao quadrado. Para os operadores hermitianos A e B, isso nos dá

$$\Delta A = \left(\langle A^2 \rangle - \langle A \rangle^2\right)^{1/2}$$

$$\Delta B = \left(\langle B^2 \rangle - \langle B \rangle^2\right)^{1/2}$$

Agora, considere os operadores ΔA e ΔB (não as incertezas), e suponha que a aplicação desses operadores lhe forneça valores de medição como estes:

$$\Delta A = A - \langle A \rangle$$
$$\Delta B = B - \langle B \rangle$$

Como qualquer operador, eles podem resultar em novos kets:

$$\Delta A|\psi\rangle = |\chi\rangle$$
$$\Delta B|\psi\rangle = |\phi\rangle$$

Aqui está o segredo: a desigualdade de Schwarz (da seção "Compreendendo algumas relações com o uso de kets", anteriormente neste capítulo) fornece

$$\langle \chi|\chi\rangle\langle\phi|\phi\rangle \geq |\langle\chi|\phi\rangle|^2$$

DICA

Você pode ver que o sinal de desigualdade, ≥, que desempenha um papel importante no princípio da incerteza de Heisenberg, já entrou no cálculo.

Dado que $\Delta A^\dagger = \Delta A$ (a definição de um operador hermitiano), você pode ver que

$$\langle \chi | \chi \rangle = \langle \psi | \Delta A^\dagger \Delta A | \psi \rangle = \langle \psi | \Delta A^2 | \psi \rangle$$

Ou seja, $\langle \chi | \chi \rangle = \langle \Delta A^2 \rangle$. Por meio de um raciocínio semelhante, $\langle \phi | \phi \rangle = \langle \Delta B^2 \rangle$. Com isso, você pode reescrever a desigualdade de Schwarz da seguinte maneira:

$$\langle \Delta A^2 \rangle \langle \Delta B^2 \rangle \geq |\langle \Delta A \Delta B \rangle|^2$$

Agora, aplicando um pouco de matemática e os fatos conhecidos sobre os hermitianos, é possível obter a equação na seguinte forma:

$$\langle \Delta A^2 \rangle \langle \Delta B^2 \rangle \geq \frac{1}{4} |\langle [A, B] \rangle|^2$$

Essa equação combinada pode levá-lo à relação de incerteza de Heisenberg (conforme introduzida no Capítulo 3), que tem o seguinte aspecto:

$$\Delta x \Delta p_x \geq \frac{\hbar}{2}$$

$$\langle \Delta A^2 \rangle = \Delta A^2$$

Agora você pode voltar para a equação combinada anterior — aquela que deseja refletir a relação de incerteza de Heisenberg — e aplicar a relação que calculou usando o valor esperado (para A e B). Substituindo isso e, em seguida, tirando a raiz quadrada, você obtém

$$\langle \Delta A^2 \rangle \langle \Delta B^2 \rangle \geq \frac{1}{4} |\langle [A, B] \rangle|^2$$

$$\Delta A^2 \Delta B^2 \geq \frac{1}{4} |\langle [A, B] \rangle|^2$$

$$\Delta A \Delta B \geq \frac{1}{2} \langle [A, B] \rangle$$

Ora, ora, ora... Então, o produto de duas incertezas é maior ou igual à metade do valor absoluto do comutador de seus respectivos operadores? Uau. Essa é a relação de incerteza de Heisenberg? Bem, dê uma olhada. Na mecânica quântica, o operador do momento (mencionado anteriormente na seção "Dançando com os Operadores") tem a seguinte aparência:

$$P = -i\hbar\nabla$$

E o operador para o momento na direção x é

$$P_x = -i\hbar\frac{\partial}{\partial x}$$

Então, qual é o comutador do operador X (que retorna apenas a posição x de uma partícula) e P_x? Você sabe que $[X, P_x] = i\hbar$, portanto, a partir de $\Delta A\Delta B \geq \frac{1}{2}|\langle[A, B]\rangle|$, você obtém a equação a seguir (lembre-se, essas são as incertezas em x e p_x, não os operadores):

$$\Delta x \Delta p_x \geq \frac{\hbar}{2}$$

Bingo! Essa é a relação de incerteza de Heisenberg. Na verdade, não restringi o mundo físico com matemática pura... mas mostrei, a partir de algumas suposições básicas, não ser possível *medir* o mundo físico com precisão perfeita.

Autovetores e Autovalores: São Naturalmente Autásticos!

Na seção anterior, você descobriu que a aplicação de um operador a um ket pode resultar em um novo ket. Por exemplo, ao aplicar o operador A, você pode obter o seguinte resultado:

$$A|\psi\rangle = |\chi\rangle$$

LEMBRE-SE

Para facilitar o trabalho com vetores, você pode trabalhar com autovetores e autovalores (também chamados de *eigenvectors* e *eigenvalues*). Eles são um conceito central na álgebra linear e permitem aplicar operadores sem alterar o vetor de estado. Também ajudam a determinar as soluções para equações diferenciais. Um vetor $|\psi\rangle$ é um autovetor do operador A se, para alguma constante complexa a,

$$A|\psi\rangle = a|\psi\rangle$$

Observe o que acontece aqui: aplicando A a um de seus autovetores, obtemos o mesmo vetor de volta, multiplicado por um número, *a*. Esse número é chamado de autovalor desse autovetor. Embora *a* possa ser uma constante complexa, os autovalores dos operadores hermitianos são números reais e seus autovetores são ortogonais (ou seja, $\langle\psi|\phi\rangle = 0$). Para obter mais informações, consulte a seção "Compreendendo alguns relacionamentos usando kets", anteriormente neste capítulo.

A apresentação de um problema em termos de autovetores e autovalores pode facilitar muito a vida, pois a aplicação do operador a seus autovetores apenas devolve o mesmo autovetor, multiplicado por seu autovalor — não há nenhuma mudança incômoda de estado e, desse modo, não é preciso lidar com um vetor de estado diferente.

Dê uma olhada nesta ideia, usando o operador R do lançamento de dados, expressa em forma de matriz (consulte a seção "Por essa eu já esperava: Encontrando valores esperados", anteriormente neste capítulo, para saber mais sobre essa matriz):

$$R = \begin{bmatrix} 2 & 0 & 0 & 0 & 0 & 0 & 0 & 0 & 0 & 0 & 0 \\ 0 & 3 & 0 & 0 & 0 & 0 & 0 & 0 & 0 & 0 & 0 \\ 0 & 0 & 4 & 0 & 0 & 0 & 0 & 0 & 0 & 0 & 0 \\ 0 & 0 & 0 & 5 & 0 & 0 & 0 & 0 & 0 & 0 & 0 \\ 0 & 0 & 0 & 0 & 6 & 0 & 0 & 0 & 0 & 0 & 0 \\ 0 & 0 & 0 & 0 & 0 & 7 & 0 & 0 & 0 & 0 & 0 \\ 0 & 0 & 0 & 0 & 0 & 0 & 8 & 0 & 0 & 0 & 0 \\ 0 & 0 & 0 & 0 & 0 & 0 & 0 & 9 & 0 & 0 & 0 \\ 0 & 0 & 0 & 0 & 0 & 0 & 0 & 0 & 10 & 0 & 0 \\ 0 & 0 & 0 & 0 & 0 & 0 & 0 & 0 & 0 & 11 & 0 \\ 0 & 0 & 0 & 0 & 0 & 0 & 0 & 0 & 0 & 0 & 12 \end{bmatrix}$$

O operador R trabalha em um espaço de 11 dimensões e é hermitiano, portanto, o operador terá 11 autovetores ortogonais e 11 autovalores correspondentes.

Como R é uma matriz diagonal, fica fácil encontrar os autovetores. Você pode usar vetores unitários nas 11 direções diferentes como autovetores. Veja como alguns dos autovetores — o primeiro (ξ_1), o segundo (ξ_2) e o décimo primeiro (ξ_{11}) — ficariam:

$$\xi_1 = \begin{bmatrix} 1 \\ 0 \\ 0 \\ 0 \\ 0 \\ 0 \\ 0 \\ 0 \\ 0 \\ 0 \\ 0 \end{bmatrix} \quad \xi_2 = \begin{bmatrix} 0 \\ 1 \\ 0 \\ 0 \\ 0 \\ 0 \\ 0 \\ 0 \\ 0 \\ 0 \\ 0 \end{bmatrix} \quad \xi_{11} = \begin{bmatrix} 0 \\ 0 \\ 0 \\ 0 \\ 0 \\ 0 \\ 0 \\ 0 \\ 0 \\ 0 \\ 1 \end{bmatrix}$$

Cada autovetor tem valores zero, exceto em um local. Isso significa que você não pode escrever nenhum desses vetores como uma combinação linear dos outros vetores. Eles são linearmente independentes uns dos outros e, nesse caso, também são ortogonais. Eles definem a base desse espaço de dados de 11 dimensões.

E os autovalores? São os números obtidos quando se aplica o operador R a um autovetor. Como os autovetores são apenas vetores unitários em todas as 11 dimensões, os autovalores são os números na diagonal da matriz R: 2, 3, 4 e assim por diante, até 12.

Entendendo como eles funcionam

LEMBRE-SE

Os autovetores de um operador hermitiano definem um conjunto completo de vetores ortonormais, ou seja, uma base completa para o espaço de estado. (Consulte a seção "Compreendendo algumas relações usando kets", anteriormente neste capítulo, para obter informações sobre vetores ortonormais.) Quando visualizado nessa "autobase", construída a partir dos autovetores, o operador no formato de matriz é diagonal e os elementos ao longo da diagonal da matriz são os autovalores.

Você pode começar com uma matriz inicial que é uma grande bagunça. Lembre-se de que os elementos em um operador também podem ser funções, não apenas números. Até agora, neste capítulo, os exemplos são bastante simples porque têm apenas elementos numéricos na matriz, mas mesmo com números a matriz pode ficar feia... ou, como os professores de matemática gostam de dizer, "deselegante".

Ao trocar uma dessas matrizes feias pela base de autovetores do operador, você diagonaliza a matriz em algo mais parecido com o que você viu, o que é muito mais fácil de trabalhar. Se quiser se aprofundar mais na matemática do cálculo de autovalores ou autovetores, você também pode consultar *Álgebra Linear Para Leigos*.

Se houver dois ou mais dos autovalores iguais, dizemos que esse autovalor é degenerado. Assim, por exemplo, se três autovalores forem iguais a 6, então o autovalor 6 é triplamente degenerado.

Outra coisa interessante: se dois operadores hermitianos, A e B, forem comutados e se A não tiver nenhum autovalor degenerado, então cada autovetor de A também será um autovetor de B. (Consulte a seção "Para a Frente e para Trás: Encontrando o Comutador", anteriormente neste capítulo, para saber mais sobre comutação.)

Encontrando autovetores e autovalores

Então, dado um operador em forma de matriz, como encontrar seus autovetores e autovalores? Aqui está a equação que precisamos:

$$\mathrm{A}|\psi\rangle = a|\psi\rangle$$

E você pode reescrevê-la da seguinte forma:

$$(\mathrm{A} - a\mathrm{I})|\psi\rangle = 0$$

O "I" representa a *matriz de identidade*, com 1s ao longo de sua diagonal e zeros nos outros lugares:

$$\mathrm{I} = \begin{bmatrix} 1 & 0 & 0 & 0 & 0 & 0 & 0 & 0 & 0 & \cdots \\ 0 & 1 & 0 & 0 & 0 & 0 & 0 & 0 & 0 & \cdots \\ 0 & 0 & 1 & 0 & 0 & 0 & 0 & 0 & 0 & \cdots \\ 0 & 0 & 0 & 1 & 0 & 0 & 0 & 0 & 0 & \cdots \\ 0 & 0 & 0 & 0 & 1 & 0 & 0 & 0 & 0 & \cdots \\ 0 & 0 & 0 & 0 & 0 & 1 & 0 & 0 & 0 & \cdots \\ & & & & & \vdots & & & & \cdots \end{bmatrix}$$

LEMBRE-SE

A solução para $(\mathrm{A} - a\mathrm{I})|\psi\rangle = 0$ existe apenas se o *determinante* (um valor escalar calculado a partir dos elementos de uma matriz) da matriz $\mathrm{A} - a\mathrm{I}$ for 0:

$$\det(\mathrm{A} - a\mathrm{I}) = 0$$

Encontrando autovalores

Quaisquer valores de a que satisfaçam a equação $\det(A - aI) = 0$ são autovalores da equação original. Tente encontrar os autovalores e os autovetores da seguinte matriz:

$$A = \begin{bmatrix} -1 & -1 \\ 2 & -4 \end{bmatrix}$$

Primeiro, converta a matriz para o formato $A - aI$, que tem apenas 1s nas posições diagonais e zeros em todos os outros lugares. Como você está subtraindo aI, estará subtraindo a dos elementos da matriz diagonal de A:

$$A - aI = \begin{bmatrix} -1-a & -1 \\ 2 & -4-a \end{bmatrix}$$

Em seguida, encontre o determinante:

$$\det(A - aI) = (-1-a)(-4-a) + 2$$

$$\det(A - aI) = a^2 + 5a + 6$$

E você pode fatorar essa equação assim:

$$\det(A - aI) = a^2 + 5a + 6 = (a+2)(a+3)$$

Você sabe que $\det(A - aI) = 0$, portanto, os autovalores de A são as raízes dessa equação; a saber, $a_1 = -2$ e $a_2 = -3$.

Encontrando autovetores

Que tal encontrar os autovetores? Para encontrar o autovetor correspondente a a_1 (veja a seção anterior), substitua a_1 — o primeiro autovalor, -2 — na matriz na forma de $A - aI$:

$$A - aI = \begin{bmatrix} -1-a & -1 \\ 2 & -4-a \end{bmatrix} = \begin{bmatrix} 1 & -1 \\ 2 & -2 \end{bmatrix}$$

Assim, você tem o valor de $A - aI$ que pode usar:

$$(A - aI)|\psi\rangle = 0 \quad \Rightarrow \quad \begin{bmatrix} 1 & -1 \\ 2 & -2 \end{bmatrix} \begin{bmatrix} \psi_1 \\ \psi_2 \end{bmatrix} = \begin{bmatrix} 0 \\ 0 \end{bmatrix}$$

Como cada linha dessa equação matricial deve ser verdadeira, você sabe que $\psi_1 = \psi_2$. Ambos os elementos do autovetor serão os mesmos. Os valores mais fáceis de usar são 1 para cada elemento (você sempre pode multiplicá-lo por um valor mais tarde ao usá-lo como base), resultado no seguinte autovetor para o primeiro autovalor:

$$\begin{bmatrix} 1 \\ 1 \end{bmatrix}$$

E o autovetor correspondente a a_2? Ao inserir a_2, −3, na matriz na forma de $\text{A} - a\text{I}$, você obtém o seguinte:

$$\text{A} - a\text{I} = \begin{bmatrix} 2 & -1 \\ 2 & -1 \end{bmatrix}$$

$$(\text{A} - a\text{I})|\psi\rangle = 0 \Rightarrow \begin{bmatrix} 2 & -1 \\ 2 & -1 \end{bmatrix} \begin{bmatrix} \psi_1 \\ \psi_2 \end{bmatrix} = \begin{bmatrix} 0 \\ 0 \end{bmatrix}$$

Isso nos dá as equações

$$2\psi_1 - \psi_2 = 0$$

$$\psi_1 = \psi_2 \div 2$$

Você pode resolvê-las para mostrar que o segundo elemento sempre será o dobro do primeiro, significando que o autovetor correspondente a a_2 é

$$\begin{bmatrix} 1 \\ 2 \end{bmatrix}$$

Vem Aí a Inversão: Simplificando com Operadores Unitários

A aplicação do *inverso* de um operador desfaz o trabalho feito pelo operador (e por isso ele é chamado de inverso), portanto, quando um inverso opera sobre si mesmo, se torna a matriz de identidade:

$$\text{A}^{-1}\text{A} = \text{A}\text{A}^{-1} = \text{I}$$

Às vezes, encontrar o inverso de um operador é útil, por exemplo, quando você deseja resolver equações como $\text{A}x = y$. Fica fácil resolvê-la para encontrar *x* se puder encontrar o inverso de A: $x = \text{A}^{-1}y$.

No entanto, encontrar o inverso de uma matriz grande geralmente não é fácil, de modo que os cálculos de física quântica às vezes se limitam a trabalhar com operadores unitários, U, em que o inverso do operador é igual a seu adjunto, $U^{-1} = U^{\dagger}$. (Para encontrar o adjunto de um operador, A, você encontra a transposição trocando as linhas e colunas, A^{T}. Em seguida, obtenha o conjugado complexo, $A^{T*} = A^{\dagger}$.) Isso lhe dará esta equação:

$$U^{\dagger}U = UU^{\dagger} = 1$$

O produto de dois operadores unitários, U e V, também é unitário, porque

$$(UV)(UV)^{\dagger} = (UV)\left(V^{\dagger}U^{\dagger}\right) = U\left(VV^{\dagger}\right)U^{\dagger} = UU^{\dagger} = I$$

Quando você usa operadores unitários, os kets e os bras se transformam da seguinte maneira:

- $|\psi'\rangle = U|\psi\rangle$
- $\langle\psi'| = \langle\psi|U^{\dagger}$

E você pode transformar outros operadores usando operadores unitários como este:

$$A' = UAU^{\dagger}$$

Observe que as equações anteriores também significam o seguinte:

- $|\psi\rangle = U^{\dagger}|\psi'\rangle$
- $\langle\psi| = \langle\psi'|U$
- $A = U^{\dagger}A'U$

LEMBRE-SE

Aqui estão algumas propriedades das transformações unitárias:

- Se um operador for hermitiano, então sua versão transformada unitária, $A' = UAU^{\dagger}$, também será hermitiana.
- Os autovalores de A e sua versão transformada unitária, $A' = UAU^{\dagger}$, são iguais.
- Os comutadores que são iguais a números complexos não são alterados por transformações unitárias: $[A', B'] = [A, B]$.

Comparando Representações Contínuas e Matriciais

Werner Heisenberg desenvolveu a visão da física quântica orientada por matrizes utilizadas até agora neste capítulo. A representação matricial, às vezes chamada de mecânica matricial, resolve muitos problemas, mas às vezes há necessidade de ir além dela, como você descobrirá nesta seção.

LEMBRE-SE

A técnica da matriz de Heisenberg é melhor usada para sistemas físicos com estados de energia bem definidos, como osciladores harmônicos. Sob a ótica de Schrödinger, a mecânica ondulatória, usamos funções de onda, principalmente na base de posição, para reduzir as questões da física quântica a uma equação diferencial.

Um dos objetivos centrais dos problemas de mecânica quântica é calcular os níveis de energia de um sistema. O operador de energia é chamado de hamiltoniano, H, e encontrar os níveis de energia de um sistema se resume a encontrar os autovalores relacionados à situação:

$$H|\psi\rangle = E|\psi\rangle$$

Aqui, E é um autovalor do operador H. Essa mesma equação pode ser escrita como uma matriz:

$$\begin{bmatrix} H_{11}-E & H_{12} & H_{13} & H_{14} & \cdots \\ H_{21} & H_{22}-E & H_{23} & H_{24} & \cdots \\ H_{31} & H_{32} & H_{33}-E & H_{34} & \cdots \\ H_{41} & H_{42} & H_{43} & H_{44}-E & \cdots \\ & & \vdots & & \end{bmatrix} \begin{bmatrix} \psi_1 \\ \psi_2 \\ \psi_3 \\ \psi_4 \\ \vdots \end{bmatrix} = 0$$

Os níveis de energia permitidos do sistema físico são os autovalores E, os quais satisfazem essa equação. Se você tiver uma base discreta de autovetores — se o número de estados de energia for finito —, poderá definir o determinante igual a zero para encontrar esses autovalores.

Mas, e se o número de estados de energia for infinito? Nesse caso, você não pode mais usar uma base discreta para seus operadores, bras e kets — será necessário usar uma base contínua.

Tornando-se contínuo com o cálculo

Representar a mecânica quântica em uma base contínua é uma invenção do físico Erwin Schrödinger. Na base contínua, as somas se tornam integrais. Por exemplo, considere a seguinte relação, em que I é a matriz de identidade:

$$\sum_{n=1}^{\infty} |\phi_n\rangle\langle\phi_n| = \mathrm{I}$$

Como uma integral, ela se transforma em:

$$\int d\phi |\phi\rangle\langle\phi| = \mathrm{I}$$

E cada ket $|\psi\rangle$ pode ser expandido em uma base de outros kets, $|\phi_n\rangle$, assim:

$$|\psi\rangle = \int d\phi |\phi\rangle\langle\phi|\psi\rangle$$

Fazendo a onda

Dê uma olhada no operador de posição, R, em uma base contínua. A aplicação desse operador lhe dá ***r***, o vetor de posição:

$$\mathrm{R}|\psi\rangle = \boldsymbol{r}|\psi\rangle$$

Nessa equação, a aplicação do operador de posição a um vetor de estado retorna os locais, *r*, em que uma partícula pode ser encontrada. Você pode expandir qualquer ket na base de posição da seguinte forma:

$$|\psi\rangle = \int d^3r |r\rangle\langle r|\psi\rangle$$

Que se torna

$$|\psi\rangle = \int d^3r \psi(r)|r\rangle$$

LEMBRE-SE

Há uma coisa muito importante para entender: $\psi(r) = \langle r|\psi\rangle$ é a função de onda do vetor de estado $|\psi\rangle$ — a representação do ket na base da posição. Ou, em termos comuns, apenas uma função em que a quantidade $|\psi(r)|^2 d^3r$ representa a probabilidade de a partícula ser encontrada na região d^3r em *r*.

A função de onda é a base da chamada mecânica de ondas, em oposição à mecânica de matrizes. O importante a perceber é que, quando falamos em representar sistemas físicos na mecânica ondulatória, não usamos bras e kets sem base da mecânica matricial; em vez disso, geralmente usamos a função de onda — ou seja, bras e kets na base de posição.

Portanto, deixamos $|\psi\rangle$ e vamos para $\langle r|\psi\rangle$, que é igual a $\psi(r)$. Essa função de onda é o objeto matemático central de interesse na física quântica, e apenas um ket na base de posição. Assim, na mecânica de ondas, $H|\psi\rangle = E|\psi\rangle$ se torna o seguinte:

$$\langle r|H|\psi\rangle = \langle r|E|\psi\rangle$$

Você pode expressar isso deste modo:

$$\langle r|H|\psi\rangle = E\langle r|\psi\rangle$$

Mas o que é $\langle r|H|\psi\rangle$? O mesmo que $H\psi(r)$. O operador hamiltoniano, H, é a energia total do sistema, cinética ($p^2/2m$) mais potencial ($V(r)$), assim, obtemos a seguinte equação:

$$H = \frac{p^2}{2m} + V(r)$$

Mas o operador de momento é

$$P|\psi\rangle = -i\hbar\frac{\partial}{\partial x}|\psi\rangle\boldsymbol{i} - i\hbar\frac{\partial}{\partial y}|\psi\rangle\boldsymbol{j} - i\hbar\frac{\partial}{\partial z}|\psi\rangle\boldsymbol{k}$$

Portanto, substituindo o operador de momento por p, obtemos

$$H = \frac{-\hbar^2}{2m}\left(\frac{\partial^2}{\partial x^2} + \frac{\partial^2}{\partial y^2} + \frac{\partial^2}{\partial z^2}\right) + V(r)$$

Usando o operador laplaciano, você obtém a seguinte equação:

$$\nabla^2|\psi\rangle = \frac{\partial^2}{\partial x^2}|\psi\rangle + \frac{\partial^2}{\partial y^2}|\psi\rangle + \frac{\partial^2}{\partial z^2}|\psi\rangle$$

Você pode reescrever essa equação da seguinte forma (chamada de *equação de Schrödinger*):

$$H\psi(r) = \frac{-\hbar^2}{2m}\nabla^2\psi(r) + V(r)\psi(r) = E\psi(r)$$

Portanto, na visão da mecânica de ondas da física quântica, agora você está trabalhando com uma equação diferencial em vez de várias matrizes de elementos. Tudo isso veio do trabalho com a base de posição, $\psi(r) = \langle r|\psi\rangle$, em vez de apenas $|\psi\rangle$.

A física quântica no restante do livro trata, em grande parte, da solução dessa equação diferencial para uma variedade de potenciais, V(r). Ou seja, seu foco é encontrar a função de onda que satisfaz a equação de Schrödinger para vários sistemas físicos. Quando você resolve a equação de Schrödinger para $\psi(r)$, pode encontrar os estados de energia permitidos para um sistema físico, bem como a probabilidade de o sistema se encontrar em um determinado estado de posição.

Observe que, além das funções de onda na base de posição, você também pode fornecer uma função de onda na base do momento, $\psi(p)$, ou em qualquer outra base.

NESTE CAPÍTULO

» Definindo os poços quadrados

» Entendendo os poços potenciais

» Trabalhando com poços quadrados infinitos

» Determinando os níveis de energia

» Prendendo partículas com barreiras potenciais

» Lidando com partículas livres

Capítulo 8

Caindo nos Poços de Energia

Em uma série clássica de televisão, a cadela chamada Lassie sempre vinha para o resgate. Geralmente, havia uma cena em que ela latia e as pessoas tinham que tentar interpretar seus latidos. "Qual é o problema, Lassie? O Timmy caiu no poço?"

Felizmente, Timmy já saiu do poço, porém, podemos encontrar elétrons presos em poços. Ou seja, *poços de energia potencial*. E, infelizmente para os elétrons (mas felizmente para Timmy, eu suponho), esses tipos de poços prendem os elétrons de uma forma que eles não podem sair simplesmente agarrando-se a uma corda.

Neste capítulo, você verá a física quântica em ação resolvendo problemas de poços de energia em uma dimensão. Na física quântica, como a energia é quantizada, somente determinados estados de energia são permitidos. Você analisará as partículas presas em poços de potencial e resolverá os *estados de energia permitidos* usando a física quântica. Na física clássica, as partículas presas não ficam restritas a nenhum espectro de energia específico, mas quando o mundo se torna microscópico, a física quântica assume o controle.

Se você não leu o capítulo anterior, então não viu minha apresentação de como derivar a equação de Schrödinger para uma função de onda, a equação-chave que utilizo neste capítulo. Portanto, aconselho-o a encontrar esse conteúdo no Capítulo 7. Usando a equação de Schrödinger, você pode resolver a função de onda, $\psi(x)$, e os níveis totais de energia, E, para as partículas em seus poços de energia:

$$\frac{-\hbar^2}{2m}\nabla^2\psi(r)+V(r)\psi(r)=E\psi(r)$$

Nota: Além da equação de Schrödinger (encontrada no Capítulo 7), este capítulo faz referência às funções trigonométricas básicas (como seno e cosseno), às equações diferenciais de segunda ordem e às integrais do cálculo. A familiaridade com essas funções matemáticas e com os cálculos relacionados lhe dá uma boa base para o desenvolvimento das equações deste capítulo. Não entrarei em detalhes, por exemplo, sobre como encontrar soluções para equações diferenciais de segunda ordem. Isso está fora do escopo deste livro. (Embora exista o *Differential Equations For Dummies*, para quem estiver interessado.)

Observando um Poço Quadrado

Então, o que é um poço de energia potencial? Pense no poço em termos de gravidade. Suponha que você tenha uma uva e a deixe cair em uma tigela grande, como uma tigela de bolo com lados íngremes. A uva naturalmente vai parar no fundo da tigela. Ela pode se mover um pouco dentro dela (enquanto você estiver andando com a tigela), mas não saltará de lá. Mesmo se você sacudir a tigela para que a uva comece a rolar, é improvável que ela saia. Para rolar para fora da tigela, a uva precisaria superar a energia potencial gravitacional representada pelas laterais da tigela. A uva precisa, de alguma forma, obter muita energia para sair dessa situação.

Da mesma forma, ao considerar os poços de potencial neste capítulo, levamos em conta as partículas presas entre "paredes" íngremes de energia potencial. A partícula tem que se movimentar dentro do poço e não pode sair — ao menos não nos casos abordados neste capítulo.

Para simplificar o exemplo, apresento uma partícula em uma única dimensão (ao contrário do exemplo tridimensional da uva em uma tigela), de modo que a partícula só pode se mover linearmente para a esquerda ou para a direita. E eu trapaceio um pouco, concentrando-me inicialmente em um tipo conveniente de poço de energia. Um *poço quadrado* é um potencial (ou seja, um poço de energia potencial) que forma um quadrado, como mostrado na Figura 8-1.

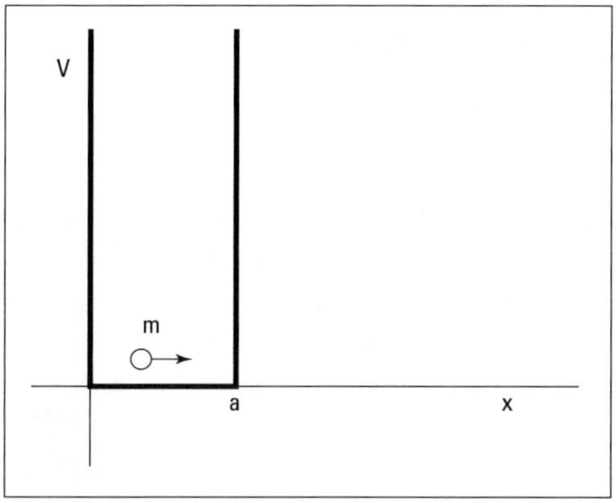

FIGURA 8-1: Um poço quadrado.

Outra conveniência para simplificar o exemplo é que presumo que a energia potencial não pode ser superada. A energia infinita pode não ser uma realidade ainda, mas, para nosso propósito, é uma aproximação útil para modelar uma energia realmente grande em relação à energia da partícula aprisionada. O poço de energia tem uma distância horizontal, que chamo de a. Uma coisa interessante na física é que você pode definir seu experimento em coordenadas que tornem a matemática mais conveniente, portanto, presumo que a parede mais à esquerda do poço de energia esteja em $x = 0$.

Para um poço de energia quadrado de qualquer tamanho, a, o potencial, ou $V(x)$, vai ao infinito em $x = 0$ e $x > a$ (onde x é a distância), desta forma:

» $V(x) = \infty$, onde $x < 0$ ou $x > a$

» $V(x) = 0$, onde $0 \leq x \leq a$

Será que a partícula simplesmente rola para a frente e para trás na parte inferior do poço quadrado, nessa região de 0 para a onde $V(x) = 0$? Não exatamente. Lembre-se de que, na física quântica, a energia assume valores quantizados discretos. A partícula está em um estado ligado e sua função de onda depende de sua energia. Você pode encontrar uma discussão sobre os valores quantizados discretos e as funções de onda no Capítulo 4.

Mais adiante neste capítulo (na seção "Prendendo Partículas em Poços Quadrados de Potencial Infinito"), você descobrirá como derivar a função de onda e os estados de energia das partículas em um poço quadrado. Por enquanto, basta apenas entender o conceito do que acontece nos poços de potencial.

Prendendo Partículas em Poços de Potencial

Quando falamos em prender uma partícula em poços de potencial, uma característica importante a ser considerada é a quantidade de energia que a partícula tem. Como a partícula em questão não tem meios de obter mais energia de fora dela mesma, a energia total da partícula, E, é igual à soma de sua energia cinética e energia potencial (V), conforme mostrado nesta equação:

$$\frac{p^2}{2m} + \mathrm{V} = \mathrm{E}$$

Dê uma olhada no poço de potencial na Figura 8-2. Observe a depressão, ou poço, no caminho do potencial (desenhado como uma linha preta em negrito), o que significa que as partículas podem ficar presas na depressão se não tiverem energia suficiente para escapar. Essa figura se parece muito mais com o exemplo da uva em uma tigela (da seção anterior), em vez das paredes infinitamente íngremes do poço quadrado (consulte a Figura 8-1)

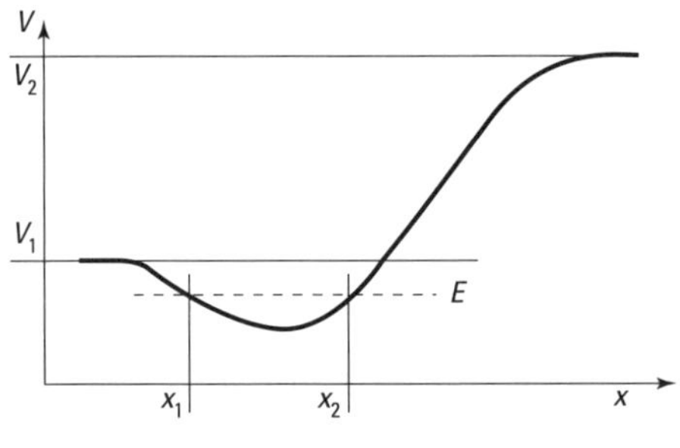

FIGURA 8-2: Um poço de potencial.

Nesta seção, você verá os vários estados possíveis que uma partícula com energia E pode assumir no poço de potencial representado na Figura 8-2. Em termos de mecânica quântica, esses estados são de dois tipos: ligado e não ligado. Esta seção oferece uma visão geral desses estados.

Ligando partículas em poços de potencial

Os estados ligados ocorrem quando a partícula não está livre para viajar até o infinito. Em outras palavras, a partícula está confinada ao poço de potencial. Uma partícula que viaja no poço de potencial mostrado na Figura 8-2 está ligada se sua energia, E, for menor que V_1 (o que também o torna menor que V_2). Nesse caso, a partícula se move entre x_1 e x_2. Uma partícula presa em tal poço é representada por uma função de onda, e você pode resolver a equação de Schrödinger para as funções de onda permitidas e os estados de energia permitidos. A equação de Schrödinger é uma *equação diferencial de segunda ordem*, o que significa que ela requer duas condições de contorno para resolver o problema completamente.

LEMBRE-SE

Os estados ligados são discretos, ou seja, eles formam uma série de níveis de energia discretos, em oposição a um espectro contínuo de energias. A equação de Schrödinger fornece esses estados. Além disso, em problemas unidimensionais, não há dois níveis de energia iguais. Ou, para usar o termo técnico, os níveis de energia de um estado ligado não são *degenerados*.

Escapando dos poços de potencial

Se a energia de uma partícula, E, for maior que o potencial V_1 (consulte a Figura 8-2), a partícula pode escapar do poço de potencial. Há dois casos possíveis: $V_1 < E < V_2$ e $E > V_2$. Esta seção os analisa separadamente.

Caso 1: Energia entre os dois potenciais ($V_1 < E < V_2$)

Se $V_1 < E < V_2$, a partícula no poço de potencial tem energia suficiente para superar a barreira à esquerda, mas não a da direita. Ela está livre para se mover até o infinito negativo, assim, sua região x permitida está entre $-\infty$ e x_1.

Nesse caso, os valores de energia permitidos são contínuos, não discretos, porque a partícula não está completamente ligada. Os autovalores de energia não são degenerados, ou seja, não há duas soluções de energia iguais. (Consulte o Capítulo 7 para saber mais sobre autovalores).

A equação de Schrödinger é uma equação diferencial de segunda ordem, portanto, tem duas soluções linearmente independentes; entretanto, nesse caso, apenas uma dessas soluções não *diverge* (não vai para o infinito). Caso uma solução vá para o infinito, ela não poderá representar uma solução física real para o problema, pois infinitos não existem na realidade física. Parte do trabalho realizado na física quântica é aplicar condições de limite que ajudam a restringir a equação para que ela seja finita.

Sendo assim, a equação de onda oscila para $x < x_2$ e decai rapidamente para $x > x_2$.

Caso 2: Energia maior que o potencial mais alto ($E > V_2$)

Se $E > V_2$, a partícula não está ligada e se encontra livre para viajar do infinito negativo para o infinito positivo.

O espectro de energia é contínuo, e a função de onda acaba sendo uma soma de uma função que se move para a direita e outra que se move para a esquerda. Os níveis de energia do espectro permitido são, então, *duplamente degenerados* (vão para o infinito em ambos os sentidos).

Essa é toda a visão geral necessária — é hora de começar a resolver a equação de Schrödinger para vários potenciais diferentes, começando pelo mais fácil de todos: poços potenciais de quadrado infinito.

Prendendo Partículas em Poços Potenciais de Quadrado Infinito

Os poços potenciais de quadrado infinito, nos quais as paredes vão até o infinito, são os favoritos nos problemas de física quântica por serem relativamente fáceis de resolver. (A ênfase está em *relativamente*.) E, em muitos casos, usar um poço de potencial infinito basta para obter uma boa primeira aproximação da solução. Você pode explorar a visão da física quântica a respeito desses problemas nesta seção.

Encontrando a equação da função de onda

A maioria dos cálculos em física quântica se resume à capacidade de formular e interpretar a versão correta da função de onda quântica. Nesta seção, o guiarei pelos passos para determinar a função de onda para essa situação (partículas em poços potenciais de quadrado infinito). Perto do fim dos passos, você também descobrirá os níveis de energia permitidos que a equação resultante define para essa situação.

1. **Determine suas coordenadas para escrever a equação de Schrödinger.**

   Consulte o poço potencial de quadrado infinito que aparece na Figura 8-1. Lembre-se de que o potencial do poço quadrado, $V(x)$, se comporta de acordo com as seguintes igualdades, com base na posição x:

   - $V(x) = \infty$, onde $x < 0$ ou $x > a$
   - $V(x) = 0$, onde $0 \leq x \leq a$

   Para começar a analisar essa situação, você precisa decompor um pouco a equação de Schrödinger. Comece com a equação em três dimensões, mas, neste caso, nosso foco está em apenas uma dimensão, portanto, em vez da posição *r*, mude-a para a posição *x*. O operador laplaciano ∇^2 (consulte o Capítulo 7) se comporta como um diferencial de segunda ordem em *x*, resultando na seguinte transformação:

$$\frac{-\hbar^2}{2m}\nabla^2\psi(r)+V(r)\psi(r)=E\psi(r)$$

$$\frac{-\hbar^2}{2m}\frac{d^2}{dx^2}\psi(x)+V(x)\psi(x)=E\psi(x)$$

Se quiser obter mais detalhes sobre as diferentes opções de coordenadas, eu me aprofundo nas coordenadas cartesianas no Capítulo 12 e nas coordenadas esféricas no Capítulo 13.

LEMBRE-SE

Observe esse E na equação de Schrödinger. Como essa energia está em uma situação quântica, ela só pode assumir valores discretos. Os estados de energia permitidos serão todas as soluções para E que funcionam nessa equação. Perto do fim desse processo, quando você tiver o suficiente da função de onda, poderá calcular esses níveis de energia permitidos.

2. **Aplique restrições específicas e simplifique, se possível.**

   Agora você tem a equação de Schrödinger com as variáveis que deseja (mesmo que ainda não saiba por que deseja que seja assim). Resolva as partes mais fáceis primeiro.

   Para uma partícula presa, V(*x*) = 0 dentro do poço, e o termo inteiro no meio se torna 0 (pois você está multiplicando por zero). A equação se torna muito mais simples:

$$\frac{-\hbar^2}{2m}\frac{d^2}{dx^2}\psi(x)=E\psi(x)$$

3. **Reestruture a equação de Schrödinger em uma forma solucionável.**

   Como a equação ainda tem muitos termos constantes, os físicos geralmente gostam de juntá-los, quando possível, para organizar as coisas.

DICA

Em geral, é bom que a equação seja igual a zero. Em seguida, faz-se necessário verificar se há grupos de constantes nessa nova equação passíveis de serem combinados em uma única constante. O conhecimento de equações diferenciais é útil aqui, pois nos informa a quais formas de equações é possível encontrar respostas.

Esta parte do cálculo é apenas álgebra básica (mesmo que você encontre diferenciais no meio da equação), portanto, basta fazer as modificações para a equação ter uma aparência um pouco diferente:

$$\frac{-\hbar^2}{2m}\frac{d^2}{dx^2}\psi(x) = \text{E}\psi(x)$$

$$\left(\frac{2m}{-\hbar^2}\right)\frac{-\hbar^2}{2m}\frac{d^2}{dx^2}\psi(x) = \left(\frac{2m}{-\hbar^2}\right)\text{E}\psi(x)$$

$$\frac{d^2}{dx^2}\psi(x) = \frac{2mE}{-\hbar^2}\psi(x)$$

$$\frac{d^2}{dx^2}\psi(x) + \frac{2mE}{\hbar^2}\psi(x) = 0$$

$$\frac{d^2}{dx^2}\psi(x) + k^2\psi(x) = 0$$

onde $k^2 = \frac{2m\text{E}}{\hbar^2}$.

Essa nova variável, *k*, denomina-se *número de onda*. E *k* está relacionado ao objetivo de encontrar E, portanto, quando você encontra uma solução que inclui *k*, pode trabalhar a partir daí para encontrar E.

4. **Resolva a equação diferencial para ψ.**

Agora, então, você tem uma equação diferencial de segunda ordem para resolver a função de onda de uma partícula presa em um poço quadrado infinito.

$$\frac{d^2}{dx^2}\psi(x) + k^2\psi(x) = 0$$

A solução dessa equação diferencial é simples. Você obtém duas soluções independentes:

$$\psi_1(x) = \text{A sen}(kx)$$
$$\psi_2(x) = \text{B}\cos(kx)$$

em que A e B são constantes que ainda não foram determinadas.

LEMBRE-SE

A solução geral de $\frac{d^2}{dx^2}\psi(x) + k^2\psi(x) = 0$ é a soma das duas soluções independentes, $\psi_1(x)$ e $\psi_2(x)$:

$$\psi(x) = \text{A sen}(kx) + \text{B}\cos(kx)$$

5. **Use as condições de contorno e a normalização para encontrar as constantes.**

Quais são as condições de contorno? Nos limites do poço de quadrado infinito, a energia potencial é infinita, significando não haver possibilidade de a partícula existir no próprio contorno. Você definiu o poço de quadrado infinito de modo que essa seja a situação. E a função de onda representa a probabilidade de a partícula existir em um determinado ponto, assim, se a probabilidade for zero nos contornos ($x = 0$ e $x = a$), então

- $\psi(0) = 0$
- $\psi(a) = 0$

Usando um pouco de trigonometria simples e as equações do Passo 4 nos valores de contorno, encontre B. Em seguida, use essa solução para simplificar a segunda equação.

$$\psi(0) = \mathrm{A}\,\mathrm{sen}(k0) + \mathrm{B}\cos(k0) = 0 \Rightarrow \mathrm{B}\cos(0) = 0 \Rightarrow \mathrm{B} = 0$$
$$\psi(a) = \mathrm{A}\,\mathrm{sen}(ka) + \mathrm{B}\cos(ka) = 0 \Rightarrow \mathrm{A}\,\mathrm{sen}(ka) = 0$$

Uma solução simples seria considerar o caso em que A = 0. Mas se A e B forem 0, toda a função de onda será igual a 0 e a partícula não existirá em lugar algum. Como $A \neq 0$, considere quais outras soluções darão um resultado de 0. Eu o orientarei sobre como encontrar A na seção posterior, "Normalizando a função de onda".

Antes de chegar lá, porém, torna-se necessário determinar o valor de k (consulte a próxima seção) calculando os níveis de energia de uma partícula presa em um poço de potencial.

Determinando os níveis de energia

A forma final dessa segunda equação (do Passo 5 da seção anterior) fornece algumas informações sobre o valor de k. A partir da trigonometria básica, você sabe que o seno é zero quando seu argumento é um múltiplo de π. Ou seja, sen(ka) = 0 sempre que:

$$ka = n\pi \qquad n = 1,\ 2,\ 3\ \ldots$$

DICA

Note que, embora $n = 0$ seja tecnicamente uma solução, você já definiu $\psi(0) = 0$ como parte do contorno. Não se trata de uma solução física. As soluções físicas começam com $n = 1$.

Agora você encontrou uma expressão representativa de todos os valores de k que se encaixam na situação quântica descrita. Você pode reescrever um pouco essa equação para encontrar k:

$$k = \frac{n\pi}{a} \qquad n = 1,\ 2,\ 3\ \ldots$$

E como $k^2 = 2m\mathrm{E}/\hbar^2$, você tem a seguinte equação, onde $n = 1, 2, 3,\ldots$, como os estados de energia permitidos. Esses são estados quantizados que correspondem aos números quânticos 1, 2, 3 e assim por diante:

$$\frac{2mE}{\hbar^2} = \frac{n^2\pi^2}{a^2} \Rightarrow E = \frac{n^2\hbar^2\pi^2}{2ma^2}$$

Parabéns! Você acabou de encontrar a fórmula para os estados de energia permitidos para uma partícula contida em um poço quadrado. Você pode aplicar essa equação a qualquer partícula específica, de massa *m*, contida em um poço de potencial quadrado de tamanho *a*.

Observe que o primeiro estado físico corresponde a $n = 1$, implicando na seguinte equação, que é o estado físico mais baixo que as partículas em um poço de quadrado infinito podem ocupar:

$$E = \frac{\hbar^2\pi^2}{2ma^2}$$

A avaliação de E para valores mais altos de *n* representaria estados de energia mais altos das partículas.

Só por diversão, coloque alguns números nessa equação de energia, supondo que você tenha um elétron, com massa $9{,}11 \times 10^{-31}$ quilos, confinado a um poço quadrado infinito com uma largura da ordem do *raio de Bohr* (o raio médio da órbita de um elétron em um átomo de hidrogênio); digamos, $a = 3{,}00 \times 10^{-10}$ metros. A equação anterior fornece esta energia para o estado fundamental:

$$\frac{\left(1{,}0\times10^{-34}\right)^2}{2\left(9{,}11\times10^{-31}\right)}\frac{(3{,}14)^2}{\left(3{,}00\times10^{-10}\right)} = 6{,}69\times10^{-18} \text{ Joules}$$

Essa é uma quantidade muito pequena de energia, cerca de 4,2 *elétron-volts* (eV — a quantidade de energia que se ganha por um elétron ao cair em 1 volt). Mesmo assim, ela já é da ordem da energia de um elétron no estado fundamental de um átomo de hidrogênio (13,6 eV), portanto, podemos dizer que agora você certamente tem uma aproximação correta da física quântica.

Normalizando a função de onda

Depois de calcular os níveis de energia da partícula presa em um poço quadrado, você pode analisar um pouco mais especificamente a função de onda que descreve essa situação. Para isso, precisamos *normalizar* a função de onda, o que significa garantir que a probabilidade representada por ela corresponda à realidade física.

Usando o conhecimento das condições de contorno infinito, é possível encontrar uma função de onda (consulte a seção anterior). Você pode pegar essa equação da função de onda e substituir o valor de *k* (também na seção anterior) em estados físicos permitidos.

$$\psi(a) = A\,\text{sen}(ka) \Rightarrow \psi(a) = A\,\text{sen}\left(\frac{n\pi x}{a}\right)$$

A função de onda é uma onda senoidal, indo para zero em $x = 0$ e $x = a$. Você pode ver as duas primeiras funções de onda plotadas na Figura 8-3.

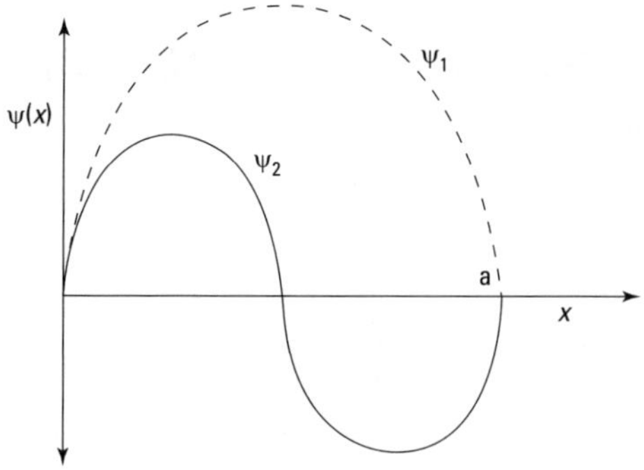

FIGURA 8-3: Funções de onda em um poço quadrado.

No entanto, você ainda não sabe o valor de A, e esse deve ser o próximo passo. Nessa situação, suponha que a partícula esteja em algum lugar dentro do poço. Afinal, ela deveria estar; você a colocou lá e ela não tem como sair! (Se você está prestes a perguntar sobre partículas que escapam, espere um pouco! Explicarei o tunelamento quântico mais adiante neste capítulo. Por enquanto, apenas suponha que a partícula esteja em algum lugar nesse poço.) Quando a partícula se localiza em algum lugar do poço e a função de onda representa a probabilidade de ela estar em qualquer ponto, a soma dessa probabilidade em todo o poço deve ser igual a 1. (Consulte os Capítulos 2, 3 e 7 para obter mais informações sobre probabilidades.)

Esse processo é chamado de *normalização da função de onda*. Em uma função normalizada, a probabilidade de encontrar a partícula entre x e dx, $|\psi(x)|^2 dx$, soma-se a 1 quando você integra todo o poço quadrado, $x = 0$ para $x = a$:

$$1 = \int_0^a |\psi(a)|^2 \, dx$$

Substituir *por* $\psi(x)$ nos dá a seguinte equação, que você pode integrar, encontrar A e, em seguida, reintegrar esse valor de A novamente na equação da função de onda.

$$1 = |A|^2 \int_0^a \text{sen}^2\left(\frac{n\pi x}{a}\right) dx$$

$$1 = |A|^2 \left(\frac{a}{2}\right)$$

$$A = \left(\frac{2}{a}\right)^{\frac{1}{2}}$$

$$\psi(x) = \sqrt{\frac{2}{a}} \, \text{sen}\left(\frac{n\pi x}{a}\right) \qquad n = 1, 2, 3\ldots$$

E pronto... essa é a função de onda normalizada para uma partícula em um poço de quadrado infinito!

Adicionando dependência do tempo às funções de onda

Até o momento, os cálculos deste capítulo ignoram o elemento tempo, e isso é bom, mas há uma equação de Schrödinger dependente do tempo à qual vale a pena dar uma olhada, pois no universo real (às vezes), as coisas mudam com o tempo. A grande mudança digna de nota, matematicamente falando, é que a função de onda deixa de ser apenas uma função da posição *r* (ou *x*, nos casos unidimensionais deste livro), mas também depende do tempo *t*. A equação dependente do tempo é assim:

$$i\hbar\frac{\partial}{\partial t}\psi(r,\ t)=\mathrm{H}\psi(r,\ t)$$

O H é o operador hamiltoniano hermitiano, que você pode consultar no Capítulo 7. Aplicando-o e, em seguida, se concentrando em apenas uma dimensão, você obtém outra forma da equação de Schrödinger dependente do tempo:

$$i\hbar\frac{\partial}{\partial t}\psi(x,\ t)=\frac{-\hbar^2}{2m}\frac{\partial^2}{\partial x^2}\psi(x,\ t)+\mathrm{V}(x,\ t)\psi(x,\ t)$$

No entanto, essa equação é mais simples do que parece, porque a energia potencial não muda com o tempo. De fato, como E é constante e o operador hamiltoniano hermitiano apenas retorna a energia constante, a equação original de Schrödinger dependente do tempo se torna

$$i\hbar\frac{\partial}{\partial t}\psi(x,\ t)=\mathrm{E}\psi(x,\ t)$$

A equação resultante torna a vida muito mais simples — é fácil resolver a equação de Schrödinger dependente do tempo se você estiver lidando com uma energia potencial constante. Basta adicionar um pouco de magia de equação diferencial (e talvez procurá-la em uma tabela de algum livro de equações diferenciais). Nesse caso, a solução é

$$\psi(x,\ t)=\psi(x)e^{-i\mathrm{E}t/\hbar}$$

LEMBRE-SE

Legal. Quando o potencial não varia com o tempo, a solução para a equação de Schrödinger dependente do tempo se torna simplesmente $\psi(x)$, a parte espacial (dependente apenas de *x*, mas não de *t*), multiplicada por $e^{-i\mathrm{E}t/\hbar}$, a parte dependente do tempo (dependente apenas de *t*, mas não de *x*).

Portanto, quando você adiciona a parte dependente do tempo à função de onda independente do tempo (consulte a seção "Normalizando a função de onda", anteriormente neste capítulo), obtém a função de onda dependente do tempo, que tem a seguinte aparência:

$$\psi(x,t) = \sqrt{\frac{2}{a}} \operatorname{sen}\left(\frac{n\pi x}{a}\right) e^{-iEt/\hbar} \qquad n = 1, 2, 3 \ldots$$

A energia do *enésimo* estado quântico (definida na seção "Determinando os níveis de energia", anteriormente no capítulo) é

$$E = \frac{n^2\hbar^2\pi^2}{2ma^2} \qquad n = 1, 2, 3 \ldots$$

Portanto, a função de onda dependente do tempo resultante é

$$\psi(x,t) = \sqrt{\frac{2}{a}} \operatorname{sen}\left(\frac{n\pi x}{a}\right) \exp\left(-\frac{in^2\hbar\pi^2 t}{2ma^2}\right) \qquad n = 1, 2, 3 \ldots$$

DICA

O termo *exp* na equação anterior representa a função exponencial natural, *e*, mas está formatado dessa forma para você poder ler mais facilmente tudo o que está entre colchetes, algo difícil se eles estivessem em um expoente.

Alterando para poços potenciais de quadrado simétrico

O poço de quadrado infinito padrão se estende de $x = 0$ para $x = a$. Mas, e se você quiser mudar as coordenadas para que o poço quadrado seja simétrico em torno da origem? Ou seja, o novo de poço quadrado infinito é assim:

- » $V(x) = \infty$, onde $x < -\frac{a}{2}$ ou $x > \frac{a}{2}$
- » $V(x) = 0$, onde $-\frac{a}{2} \geq x \geq \frac{a}{2}$

Você pode converter a partir desse novo poço quadrado para o antigo adicionando $a/2$ ao *x*, significando que pode escrever a função de onda para o novo poço quadrado nessa equação da seguinte forma:

$$\psi(x) = \sqrt{\frac{2}{a}} \operatorname{sen}\left(\frac{n\pi}{a}\left(x + \frac{a}{2}\right)\right) \qquad n = 1, 2, 3 \ldots$$

Com um pouco de trigonometria, obtemos as seguintes equações:

$$\psi(x) = \sqrt{\frac{2}{a}} \cos\frac{n\pi x}{a} \qquad n = 1, 3, 5 \ldots$$

$$\psi(x) = \sqrt{\frac{2}{a}} \text{sen}\frac{n\pi x}{a} \qquad n = 2, 4, 6 \ldots$$

O resultado é uma mistura de senos e cossenos. Deixo com você a tarefa de descobrir os estados vinculados e determinar se existe algum padrão entre eles. (***Dica:*** Compare a simetria entre os estados de cosseno e seno.)

Potencial Limitado: Analisando as Partículas e os Degraus de Potencial

Potenciais verdadeiramente infinitos são difíceis de encontrar. Os cálculos das seções anteriores se constituem nos pontos de partida mais simples e, de maneira geral, fornecem boas aproximações para situações do mundo real.

Nesta seção, você verá alguns exemplos do mundo real nos quais o potencial é definido como um valor finito V_0, e não a infinidade. Por exemplo, na Figura 8-4, uma partícula viaja em direção a um ponto onde há um aumento repentino na energia potencial chamado *degrau de potencial*. Atualmente, a partícula se encontra em uma região onde $V = 0$, mas logo estará na região onde $V = V_0$.

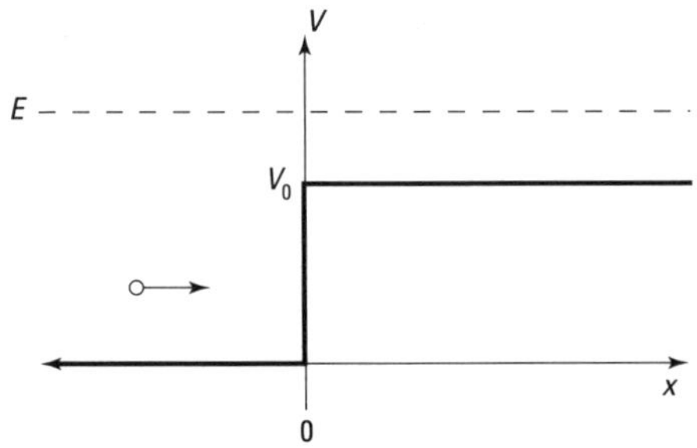

FIGURA 8-4: Um degrau de potencial, $E > V_0$.

Há dois casos a serem observados aqui em termos de E, a energia da partícula:

- **$E > V_0$:** Classicamente, quando $E > V_0$, você espera que a partícula seja capaz de continuar na região $x > 0$.
- **$E \leq V_0$:** Quando $E \leq V_0$, você esperaria que a partícula retornasse e não conseguisse chegar à região $x > 0$ de forma nenhuma.

Supondo que a partícula tenha bastante energia

Comece com o caso em que a energia da partícula, E, é maior do que o potencial V_0. Sob o ponto de vista da física quântica, encontre a equação de Schrödinger seguindo os três primeiros passos de uma seção anterior, "Encontrando a equação da função de onda":

1. **Determine suas coordenadas para escrever a equação de Schrödinger.**
2. **Aplique restrições específicas; simplifique, se possível.**
3. **Reestruture a equação de Schrödinger em uma forma solucionável.**
   - Para a região $x < 0$: $\frac{d^2\psi_1}{dx^2}(x) + k_1^2\psi_1(x) = 0$ e $k_1^2 = \frac{2mE}{\hbar^2}$
   - Para a região $x > 0$: $\frac{d^2\psi_2}{dx^2}(x) + k_2^2\psi_2(x) = 0$ e $k_2^2 = \frac{2m(E - V_0)}{\hbar^2}$

   Em outras palavras, *k* varia por região, como ilustra a Figura 8-5. Essa diferença se baseia no tamanho do degrau de potencial, V_0.
4. **Resolva as equações diferenciais para encontrar ψ.**

   As duas equações do Passo 3 são equações diferenciais de segunda ordem, exatamente como as de uma seção anterior deste capítulo, "Encontrando a equação da função de onda". Como mostra o Passo 4 daquela seção, a solução mais geral é a seguinte:

   $\psi_1(x) = Ae^{ik_1x} + Be^{-ik_1x}$, onde $x < 0$

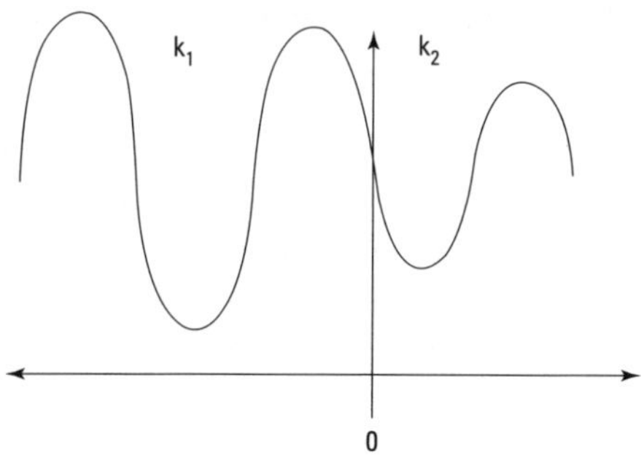

FIGURA 8-5: O valor de *k* por região, onde $E > V_0$.

   E para a região $x > 0$, você obtém a mesma solução, mas usa coeficientes diferentes, já que se trata de uma equação diferente:

   $\psi_2(x) = Ce^{ik_2x} + De^{-ik_2x}$, onde $x > 0$

LEMBRE-SE

O que você precisa entender sobre essas equações é que e^{ikx} representa ondas planas viajando na direção $+x$, e que e^{-ikx} representa ondas planas viajando na direção $-x$.

5. **Use as condições de contorno e a normalização para encontrar as constantes.**

   O que as soluções do Passo 4 para $\psi(x)$ significam é que as ondas podem atingir o degrau de potencial pela esquerda e serem transmitidas ou refletidas. Considerando essa maneira de ver o problema, você pode observar que a onda pode ser refletida apenas para a direita, não para a esquerda, então, D deve ser igual a zero. Isso faz a equação da onda se tornar a seguinte.

   - *Onde* $x < 0$: $\psi_1(x) = Ae^{ik_1x} + Be^{-ik_1x}$
   - *Onde* $x > 0$: $\psi_2(x) = Ce^{ik_2x}$

LEMBRE-SE

   Aqui, vale pensar sobre o significado desses diferentes termos. Lembre-se de que uma função de onda quântica também é uma superposição de funções de ondas individuais, e a estrutura de $\psi_1(x)$ demonstra isso. Visto que ela representa que $x < 0$, é a superposição da onda incidente e da onda refletida. O termo Ae^{ik_1x} representa a onda incidente, enquanto Be^{-ik_1x} é a onda refletida. Para $x > 0$, a função de onda $\psi_2(x) = Ce^{ik_2x}$ é a onda transmitida, pois representa a parte que chega ao outro lado do degrau de potencial.

Para encontrar os valores dessas constantes, apresento a você algumas novas ferramentas matemáticas, que serão usadas nos cálculos mostrados nas duas próximas seções.

Calculando a probabilidade de reflexão ou transmissão

Você pode calcular a probabilidade de a partícula ser refletida ou transmitida pelo degrau de potencial calculando os coeficientes de reflexão e transmissão. O *coeficiente de reflexão* representa o quanto da onda é refletido, enquanto o *coeficiente de transmissão* representa o quanto da onda é transmitido. Como acontece com muitas coisas na física quântica, essas ideias da física clássica assumem uma perspectiva estranha no reino quântico.

DICA

Toda a onda incidente é refletida ou transmitida. Isso significa que a magnitude total da onda incidente é igual à soma das ondas refletidas e transmitidas. Portanto, o coeficiente de reflexão mais o coeficiente de transmissão deve ser igual a 1.

Você pode derivar esses coeficientes a partir da *densidade de corrente* $J(x)$, a qual, em termos da função de onda, fica assim:

$$J(x) = \frac{i\hbar}{2m}\left[\psi(x)\frac{d\psi^*(x)}{dx} - \psi^*(x)\frac{d\psi(x)}{dx}\right]$$

Se J_r é a densidade de corrente refletida, e J_i é a densidade de corrente incidente, então R, o coeficiente de reflexão, e T, o coeficiente de transmissão, são

$$R = \frac{J_r}{J_i}$$

$$T = \frac{J_t}{J_i}$$

Agora, você precisa calcular J_r, J_i e J_t. Na verdade, não é tão difícil. Comece com J_i. Como a parte incidente da onda é $\psi_i(x) = Ae^{ik_1x}$, a densidade de corrente incidente é

$$J_i = \frac{i\hbar}{2m}\left[Ae^{ik_1x}\frac{d}{dx}(Ae^{-ik_1x}) - Ae^{-ik_1x}\frac{d}{dx}(Ae^{ik_1x})\right] = \frac{\hbar k_1}{m}|A|^2$$

J_r e J_t funcionam da mesma forma, produzindo

$$J_r = \frac{\hbar k_1}{m}|B|^2$$

$$J_t = \frac{\hbar k_2}{m}|C|^2$$

Desse modo, você tem este conjunto de equações para o coeficiente de reflexão, R, e o coeficiente de transmissão, T:

$$R = \frac{J_r}{J_i} = \frac{|B|^2}{|A|^2}$$

$$T = \frac{J_t}{J_i} = \frac{k_2|C|^2}{k_1|A|^2}$$

Constantes incômodas: Encontrando A, B e C

Então, como você calcula as constantes A, B e C? Você calcula os coeficientes com o potencial de poço de quadrado infinito — com condições de contorno (consulte a seção "Prendendo Partículas em Poços Potenciais de Quadrado Infinito, anteriormente neste capítulo). Você não pode necessariamente dizer que $\psi(x)$ vai a zero, porque o potencial não é mais infinito. Em vez disso, as condições de contorno são as de que $\psi(x)$ e $d\psi(x)/dx$ são contínuos ao longo do contorno do degrau de potencial. Na forma de equação, você tem

» $\psi_1(0) = \psi_2(0)$

» $\frac{d\psi_1}{dx}(0) = \frac{d\psi_2}{dx}(0)$

E você sabe que:

» **Onde x < 0:** $\psi_1(x) = Ae^{ik_1x} + Be^{-ik_1x}$

» **Onde x > 0:** $\psi_2(x) = Ce^{ik_2x}$

Sendo assim, ao inserir os termos e aplicar um pouco de álgebra e cálculo:

$$\psi_1(0) = \psi_2(0) \Rightarrow Ae^{ik_1 0} + Be^{ik_1 0} = Ce^{ik_2 0} \Rightarrow A + B = C$$

$$\frac{d\psi_1}{dx}(0) = \frac{d\psi_2}{dx}(0) \Rightarrow \frac{d}{dx}\left(Ae^{ik_1x} + Be^{-ik_1x}\right) = \frac{d}{dx}Ce^{ik_2x} \Rightarrow k_1A - k_1B = k_2C$$

Com essas duas equações, você pode resolver B e C em termos de A.

$$B = \frac{k_1 - k_2}{k_1 + k_2}A$$

$$C = \frac{2k_1}{k_1 + k_2}A$$

Você poderia normalizar a função integrando a probabilidade em todos os valores de x e definindo essa integral igual a 1. (Consulte a seção "Normalizando a função de onda", anteriormente neste capítulo, para saber mais sobre esse cálculo.) Você poderia, mas não é necessário, então vou lhe dar uma folga desta vez.

Não é necessário normalizar a função aqui, pois os dois coeficientes são proporções e o valor A será eliminado. Em particular, você tem as seguintes equações para os coeficientes de reflexão e transmissão:

$$R = \frac{|B|^2}{|A|^2} = \frac{(k_1 - k_2)^2}{(k_1 + k_2)^2}$$

$$T = \frac{k_2|C|^2}{k_1|A|^2} = \frac{4k_1k_2}{(k_1 + k_2)^2}$$

LEMBRE-SE

Trata-se de um resultado interessante e não condizente com a física clássica, segundo a qual não deve haver reflexão de partículas. Mas quando você observa a taxa do coeficiente de reflexão, se $k_1 \neq k_2$, então o numerador não é 0, e a reflexão da partícula pode ocorrer. Você já tem um resultado que difere do clássico. A partícula pode ser refletida no degrau de potencial. Esse é o comportamento ondulatório da partícula entrando em ação novamente.

Considere o que acontece à medida que V_0 se aproxima de zero. Isso quer dizer que k_1 se aproxima de k_2 e R vai a 0, enquanto T vai a 1. Um degrau de potencial menor reduz a probabilidade de uma reflexão e aumenta a probabilidade de uma transmissão. Quando V_0 = 0, então realmente não há um grau de potencial e $k_1 = k_2$. Você pode fazer os cálculos para ver quais proporções são refletidas e transmitidas nesse caso.

Supondo que a partícula não tenha energia suficiente

Certo, agora tente o caso em que $E < V_0$ quando há um degrau de potencial, conforme a Figura 8-6. Nessa situação, a partícula não tem energia suficiente para chegar à região $x > 0$, de acordo com a física clássica. Veja o que a física quântica tem a dizer sobre isso.

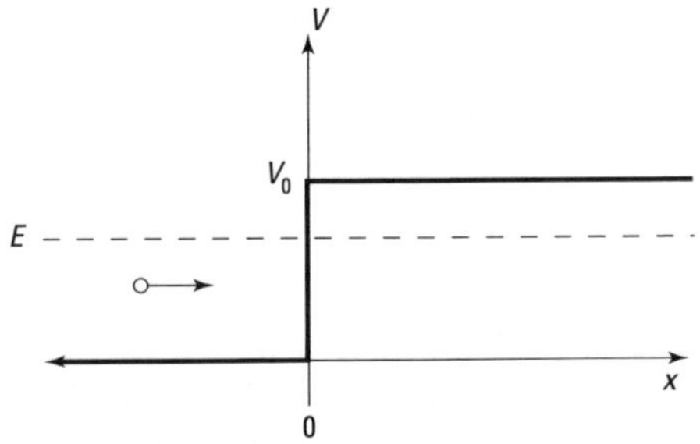

FIGURA 8-6: Um degrau de potencial, $E < V_0$.

Novamente, você inicia o cálculo definindo as coordenadas (consulte a Figura 8-6) e estruturando as equações da mesma forma como mostrado na seção "Supondo que a partícula tenha bastante energia", anteriormente neste capítulo.

1. **Determine suas coordenadas para escrever a equação de Schrödinger.**
2. **Aplique restrições específicas; simplifique, se possível.**
3. **Reestruture a equação de Schrödinger de maneira solucionável.**

   Primeiro, aborde a região $x <$. Nesse caso, a equação de Schrödinger seria assim:

   $$\frac{d^2\psi_1}{dx^2}(x) + k_1^2\psi_1(x) = 0$$

   onde $k_1^2 = \frac{2mE}{\hbar^2}$

   Não querendo que pule diretamente ao Passo 4, mas você já conhece essa solução com base na análise da seção anterior sobre os degraus de potencial, que era matematicamente idêntica:

   $$\psi_1(x) = Ae^{ik_1x} + Be^{-ik_1x} \qquad x < 0$$

Certo, mas e quanto à região onde $x > 0$? Essa é uma história diferente, porque as relações de energia são diferentes do que eram na situação anterior. Aqui está a equação de Schrödinger daquela situação anterior:

$$\frac{d^2\psi_2(x)}{dx^2} + k^2\psi_2(x) = 0 \qquad (\text{onde } x > 0)$$

onde $k^2 = \dfrac{2m(\mathrm{E} - \mathrm{V}_0)}{\hbar^2}$

Mas, espere! Desta vez, $\mathrm{E} - \mathrm{V}_0$ é menor que zero, o que tornaria *k* imaginário, algo fisicamente impossível. Mas $\mathrm{V}_0 - \mathrm{E}$ seria positivo, e, portanto, fisicamente possível. No Passo 3 da lista de itens da seção "Encontrando a equação da função de onda", anteriormente neste capítulo, eu defini k^2 por motivo de conveniência — em grande parte para organizar as muitas constantes da equação. O termo serviu bem com esse sinal de mais na frente. Mas nenhuma regra diz que k^2 tem que ser positivo, portanto, mude o sinal na equação de Schrödinger de mais para menos:

$$\frac{d^2\psi_2}{dx^2}(x) - k^2\psi_2(x) = 0 \qquad x > 0$$

onde $k_2^2 = \dfrac{2m(\mathrm{V}_0 - \mathrm{E})}{\hbar^2}$

LEMBRE-SE

Para que essa manobra de mudança de sinal funcione, considere as circunstâncias especiais aqui — uma situação em que $\mathrm{E} < \mathrm{V}_0$. Lembre-se também de que essas equações só se aplicam a $x > 0$. Mas tudo bem, porque você já sabe a solução para $x < 0$.

4. **Resolva a equação diferencial para encontrar ψ.**

Agora que a equação de Schrödinger está em uma forma solucionável, resolva-a. A seguir, as duas soluções linearmente independentes:

- $\psi(x) = \mathrm{C}e^{-k_2 x}$
- $\psi(x) = \mathrm{D}e^{k_2 x}$

Você soma essas duas soluções para encontrar a solução geral para a função de onda nessa região:

$$\psi_2(x) = \mathrm{C}e^{-k_2 x} + \mathrm{D}e^{k_2 x} \qquad x > 0$$

5. **Use a condição de contorno e a normalização para encontrar as constantes.**

As funções de onda devem ser finitas em todos os lugares (consulte a seção "Normalizando a função de onda", anteriormente neste capítulo). O segundo termo claramente não é finito visto que *x* vai ao infinito, portanto, D tem de ser igual a zero. (O primeiro termo também divergiria se *x* fosse para o infinito negativo, porém, como o degrau de potencial é limitado a $x > 0$, isso não é um problema.) Sendo assim, aqui está a solução para $x > 0$:

$$\psi_2(x) = \mathrm{C}e^{-k_2 x} \qquad x > 0$$

Portanto, suas funções de onda para as duas regiões são

$$\psi_1(x) = Ae^{ik_1x} + Be^{-ik_1x} \qquad x < 0$$

$$\psi_2(x) = Ce^{-k_2x} \qquad x > 0$$

Nesse caso, você também pode dividir essas duas funções de onda em três funções de onda que representam as diferentes partes possíveis da função de onda.

- » Função de onda incidente: $\psi_i(x) = Ae^{ik_1x}$
- » Função de onda refletida: $\psi_r(x) = Be^{-ik_1x}$
- » Função de onda transmitida: $\psi_t(x) = Ce^{-k_2x}$

Encontrando coeficientes de transmissão e reflexão

Agora você pode calcular os coeficientes de reflexão e transmissão, R e T. O caso E > V_0 é calculado com base nas proporções apresentadas na seção "Supondo que a partícula tenha bastante energia", anteriormente no capítulo. Você poderia fazer todo esse trabalho novamente, mas, nessa situação, pode--se usar um atalho.

A função de onda transmitida, $\psi_t(x) = Ce^{-k_2x}$ (da seção anterior), não contém i, então $\psi_t(x)$ é completamente real. Aqui está um rápido lembrete da função de densidade de corrente transmitida:

$$J_t = \frac{i\hbar}{2m}\left[\psi_t(x)\frac{d\psi_t^*(x)}{dx} - \psi_t^*(x)\frac{d\psi_t(x)}{dx}\right]$$

Como $\psi_t(x)$ é real, isso significa que o conjugado complexo será o mesmo que a própria função, resultando em

$$J_t = \frac{i\hbar}{2m}\left[\psi_t(x)\frac{d\psi_t(x)}{dx} - \psi_t(x)\frac{d\psi_t(x)}{dx}\right]$$

Convenientemente, o termo dentro dos colchetes é igual a zero, portanto $J_t = 0$. O coeficiente de transmissão, T, é baseado em J_t (conforme descrito na seção "Supondo que a partícula tenha bastante energia", anteriormente neste capítulo) e, portanto, você sabe que T = 0. Como a soma dos coeficientes de translação R + T = 1, você também sabe que R = 1. Nenhuma parte da onda está sendo transmitida. A onda é totalmente refletida, exatamente como na solução clássica.

A solução não zero: Encontrando uma partícula em x > 0

Apesar da reflexão completa da onda, existe uma diferença significativa entre as soluções quântica e clássica. Na solução quântica, você realmente tem uma chance diferente de zero de encontrar a partícula na região $x > 0$. A densidade de probabilidade para $x > 0$ (que representa a probabilidade nessa região) é

$$P(x) = |\psi_t(x)|^2$$

Inserindo isso para a função de onda transmitida $\psi_t(x)$, temos

$$P(x) = |\psi_t(x)|^2 = |C|^2 e^{-2k_2 x}$$

Você pode usar as seguintes condições de contorno em $x = 0$ (onde as duas funções de onda coincidem uma com a outra) para resolver C em termos de A:

- » $\psi_1(0) = \psi_2(0)$
- » $\frac{d\psi_1}{dx}(0) = \frac{d\psi_2}{dx}(0)$

Usando as condições de contorno, obtemos esta equação:

$$P(x) = |C|^2 e^{-2k_2 x} = \frac{4k_1^2 |A| e^{-2k_2 x}}{k_1^2 + k_2^2}$$

A densidade de probabilidade cai rapidamente para zero à medida que x se torna grande, mas perto de $x = 0$, ela tem um valor diferente de zero. A Figura 8-7 mostra a aparência da densidade de probabilidade para o caso $E < V_0$ de um degrau de potencial.

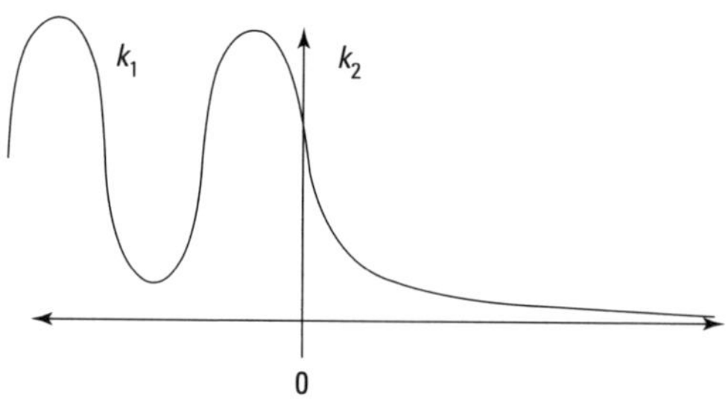

FIGURA 8-7: O valor de k na região, $E < V_0$.

Tunelamento em Regiões Proibidas

Na seção anterior, descrevi uma diferença entre as soluções mecânicas clássicas e quânticas que se relaciona com o local onde é possível encontrar partículas transmitidas. Por exemplo, você tem a possibilidade de encontrar partículas em regiões classicamente proibidas. Em termos de mecânica quântica, o fenômeno em que as partículas podem atravessar regiões em que são classicamente proibidas de entrar é chamado de *tunelamento quântico*. O tunelamento é possível porque, na mecânica quântica, as partículas apresentam propriedades de onda.

O tunelamento é um dos resultados mais empolgantes da física quântica e ocorre devido à dispersão das funções de onda das partículas. Trata-se, obviamente, de um efeito microscópico — portanto, não tente atravessar nenhuma porta fechada —, mas é significativo. Entre outros efeitos, o tunelamento possibilita a construção de transistores e circuitos integrados funcionais.

Atingindo a Parede: Partículas e Barreiras de Potencial

E se a partícula pudesse passar por um degrau de potencial, ou seja, se o degrau não se estendesse ao infinito, mas tivesse uma extensão limitada? Então você teria uma *barreira de potencial*, configurada mais ou menos assim:

- $V(x) = 0$, onde $x < 0$ ou $x > a$
- $V(x) = V_0$, onde $0 \leq x \leq a$

A Figura 8-8 ilustra a aparência dessa barreira de potencial.

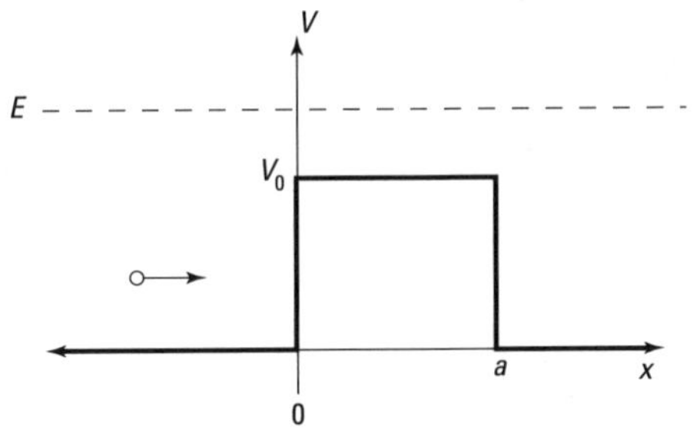

FIGURA 8-8: Uma barreira de potencial $E > V_0$.

Ao resolver a equação de Schrödinger para uma barreira de potencial, é preciso considerar dois casos que correspondem às situações em que a partícula tem mais ou menos energia do que a barreira de potencial. Em outras palavras, se

E for a energia da partícula incidente, os dois casos a serem considerados são $E > V_0$ e $E < V_0$.

Atravessando barreiras de potencial quando $E > V_0$

Você pode aplicar os mesmos passos encontrados na seção "Encontrando a equação da função de onda", anteriormente neste capítulo, para elaborar e resolver a equação de Schrödinger para seus dois casos. Nesta seção, as equações são para o caso em que $E > V_0$.

1. **Determine suas coordenadas para escrever a equação de Schrödinger.**
2. **Aplique restrições específicas; simplifique, se possível.**
3. **Reestruture a equação de Schrödinger em uma forma solucionável.**

   Neste caso (onde $E > V_0$), a partícula tem energia suficiente para atravessar a barreira de potencial e terminar na região $x > a$. A equação de Schrödinger fica assim:

   - Para a região $x < 0$: $\frac{d^2\psi_1}{dx^2}(x) + k_1^2\psi_1(x) = 0$ onde $k_1^2 = \frac{2mE}{\hbar^2}$
   - Para a região $0 \le x \le a$: $\frac{d^2\psi_2}{dx^2}(x) + k_2^2\psi_2(x) = 0$
     onde $k_2^2 = \frac{2m(E - V_0)}{\hbar^2}$
   - Para a região $x > a$: $\frac{d^2\psi_3}{dx^2}(x) + k_1^2\psi_3(x) = 0$ onde $k_1^2 = \frac{2mE}{\hbar^2}$

4. **Resolva as equações diferenciais para ψ.**

   As soluções para $\psi_1(x)$, $\psi_2(x)$ e $\psi_3(x)$ são as seguintes:

   - *onde $x < 0$:* $\psi_1(x) = Ae^{ik_1x} + Be^{-ik_1x}$
   - *onde $0 \le x \le a$:* $\psi_2(x) = Ce^{ik_2x} + De^{-ik_2x}$
   - *onde $x > a$:* $\psi_3(x) = Ee^{ik_1x} + Fe^{-ik_1x}$

   De fato, como não há nenhuma onda para a esquerda na região $x > a$, $F = 0$, então
   $\psi_3(x) = Ee^{ik_1x}$.

5. **Use as condições de contorno e a normalização para encontrar as constantes.**

   Para determinar A, B, C, D e E, você usa as condições de contorno, em $x = 0$ e $x = a$, que, neste caso, são as seguintes:

$$\psi_1(0) = \psi_2(0)$$

$$\frac{d\psi_1}{dx}(0) = \frac{d\psi_2}{dx}(0)$$

$$\psi_2(a) = \psi_3(a)$$

$$\frac{d\psi_2}{dx}(a) = \frac{d\psi_3}{dx}(a)$$

A partir dessas equações, você obtém:

- $A + B = C + D$
- $ik_1(A - B) = ik_2(C - D)$
- $Ce^{ik_2 a} + De^{-ik_2 a} = Ee^{ik_1 a}$
- $ik_2Ce^{ik_2 a} - ik_2De^{-ik_2 a} = ik_1Ee^{ik_1 a}$

Ao juntar todas essas equações, você obtém a seguinte equação para o coeficiente E (isso *não* representa a energia!) em termos de A:

$$E = 4k_1k_2Ae^{-ik_1a}\left[4k_1k_2\cos(k_2a) - 2i\left(k_1^2 + k_2^2\right)\operatorname{sen}(k_2a)\right]^{-1}$$

Agora, determine o coeficiente de transmissão, T:

$$T = \frac{|E|^2}{|A|^2} = \left[1 + \frac{1}{4}\left(\frac{k_1^2 - k_2^2}{k_1k_2}\right)^2 \operatorname{sen}^2(k_2a)\right]^{-1}$$

LEMBRE-SE

Observe que quando k_1 vai para k_2, T vai para 1, que é o esperado. (Veja uma análise sobre essas expectativas no fim da seção "Constantes incômodas: Encontrando A, B e C", anteriormente neste capítulo.)

Então, e quanto ao R, o coeficiente de reflexão? Vou poupá-lo da álgebra, mas R equivale a:

$$R = \frac{\left(k_2^2 - k_1^2\right)\operatorname{sen}^2(k_2a)}{4k_1^2k_2^2 + \left(k_1^2 - k_2^2\right)^2\operatorname{sen}^2(k_2a)}$$

E a Figura 8-9 ilustra a densidade de probabilidade, $|\psi(x)|^2$, para uma barreira de potencial quando $E > V_0$.

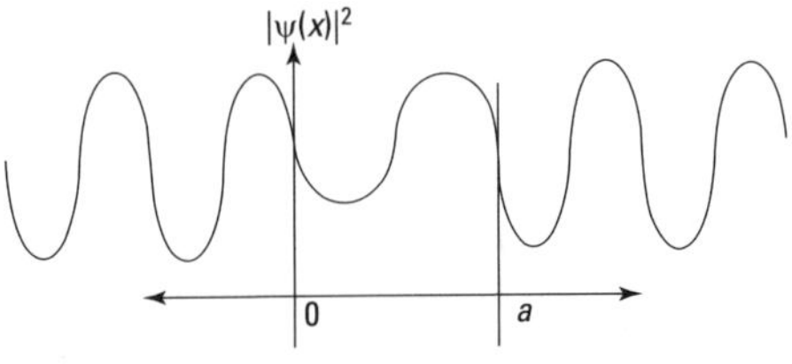

FIGURA 8-9: $|\psi(x)|^2$ para uma barreira de potencial $E > V_0$.

Tunelamento adentro: Barreiras de potencial quando E < V_0

O que acontece se a partícula não tiver tanta energia quanto o potencial da barreira? Em outras palavras, agora você está enfrentando a situação mostrada na Figura 8-10.

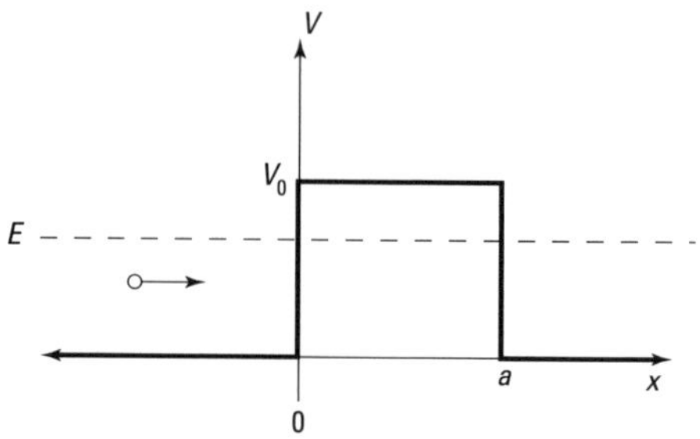

FIGURA 8-10: Uma barreira de potencial E < V_0.

A maior parte do trabalho para esse problema é idêntica ao trabalho da seção anterior, exceto na região da própria barreira, $0 \le x \le a$. A equação de Schrödinger no Passo 3 (da seção anterior) para essa região fica assim:

$$\frac{d^2\psi_2(x)}{dx^2} - k_2^2\psi_2(x) = 0$$

onde $k_2^2 = \dfrac{2m(V_0 - E)}{\hbar^2}$

Como E − V_0 é menor que 0, algo que tornaria *k* imaginário, é preciso fazer o truque de invertê-los e tornar o segundo termo negativo para obter uma equação não imaginária (consulte a seção "Supondo que a partícula não tenha energia suficiente").

As soluções para $\psi_1(x)$ e $\psi_2(x)$ serão idênticas às da seção anterior, mas agora a solução para esta equação diferencial é real, e não imaginária:

$$\psi_2(x) = Ce^{k_2 x} + De^{-k_2 x} \text{ onde } 0 \le x \le a$$

A função de onda oscila nas regiões em que tem energia positiva, $x < 0$ e $x > a$, mas se trata de um decaimento exponencial na região $0 \le x \le a$. A Figura 8-11 ilustra a densidade de probabilidade, $|\psi(x)|^2$.

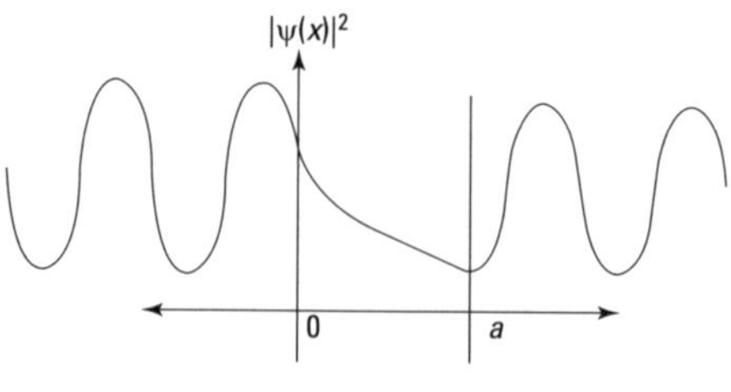

FIGURA 8-11: $|\psi(x)|^2$ para uma barreira de potencial E < V_0.

Como é de se esperar, você usa as mesmas condições de continuidade para determinar A, B e E. E quanto aos coeficientes de reflexão e transmissão, R e T? Passando por um pouco de álgebra e trigonometria, R e T ficam assim:

$$R = \frac{4k_1^2 - k_2^2}{\left(k_1^2 + k_2^2\right)^2 \operatorname{senh}(k_2 a)}$$

$$T = \left[\cosh(k_2 a) + \left(\frac{k_1^2 - k_2^2}{2k_1^2 k_2^2}\right)^2 \operatorname{senh}^2(k_2 a)\right]^{-1}$$

Apesar da complexidade da equação, é surpreendente que a expressão para T possa ser diferente de zero. Classicamente, as partículas sem energia suficiente não podem entrar na zona proibida $0 \leq x \leq a$ porque sua energia é menor que o potencial. Na física quântica, elas podem! Explico essa estranha peculiaridade quântica na seção "Tunelamento em regiões proibidas", anteriormente neste capítulo.

Partículas Desligadas: Resolvendo a Equação de Schrödinger para Partículas Livres

Nos exemplos anteriores deste capítulo, concentrei-me em partículas que estão restritas ou ligadas de alguma forma, envolvendo-se com uma energia potencial que influencia seu comportamento. Chegou a hora de deixar essas partículas escaparem da coleira! E quanto às partículas fora de qualquer poço quadrado, ou seja, partículas livres? Você pode encontrar muitas partículas que agem livremente no universo, e a física quântica tem algo a dizer sobre elas.

1. **Determine suas coordenadas para escrever a equação de Schrödinger.**

   Como essa partícula livre pode estar em qualquer lugar do universo, as coordenadas não precisam ser definidas em nenhuma orientação específica. Aqui está a forma geral da equação de Schrödinger em uma dimensão:

   $$\frac{-\hbar^2}{2m}\frac{d^2}{dx^2}\psi(x) + V(x)\psi(x) = E\psi(x)$$

2. **Aplique restrições específicas; simplifique, se possível.**
3. **Reestruture a equação de Schrödinger em uma forma solucionável.**

   Uma partícula livre não tem nenhuma energia potencial agindo sobre ela, portanto, ela ocupa uma região do espaço onde $V(x) = 0$. Aplicando essa

PROBLEMA DA INCERTEZA DE HEISENBERG

Ao tentar normalizar uma partícula livre usando a função de onda dependente do tempo, você se depara com um problema em que é muito difícil normalizar a função em todo o espaço e tempo. Ao tentar fazer isso, você percebe que há uma densidade de probabilidade uniforme em todo o espaço. Não é possível identificar a partícula de forma alguma! O que está acontecendo aqui?

Isso é resultado da forma da função de onda dependente do tempo, que usa um valor exato para o número de onda, k — e $p = \hbar k$ e $E = \hbar k^2/2m$. O que essa equação diz é que você conhece E e p exatamente. E, sabendo disso, então o princípio da incerteza de Heisenberg (consulte o Capítulo 3) exige uma grande incerteza em x e t. De fato, x e t são completamente incertos! Isso não corresponde à realidade física.

restrição à equação do Passo 1 e movendo o termo de energia para o lado esquerdo, obtemos

$$\frac{-\hbar^2}{2m}\frac{d^2}{dx^2}\psi(x)-E\psi(x)=0$$

E você pode reescrever isso como

$$\frac{d^2}{dx^2}\psi(x)+k^2\psi(x)=0$$

onde o número de onda, k, é $k^2=\frac{2mE}{\hbar^2}$.

4. **Resolva a equação diferencial para ψ.**

   Você pode escrever a solução geral para essa equação de Schrödinger como

   $\psi(x) = Ae^{ikx} + Be^{-ikx}$

   E você pode adicionar os elementos dependentes do tempo à equação, para obter a seguinte função de onda dependente do tempo:

$$\psi(x,t)=A\exp\left(ikx-\frac{iEt}{\hbar}\right)+B\exp\left(-ikx-\frac{iEt}{\hbar}\right)$$

5. **Use as condições de contorno e a normalização para encontrar as constantes.**

   Embora a configuração da equação e sua resolução possam ser tecnicamente complexas, o verdadeiro desafio sempre parece vir no estágio final, que envolve a definição de constantes em sua situação específica. Isso não é diferente aqui!

DICA

Como você tem uma partícula livre no espaço, não há condições de contorno a serem aplicadas. Essa situação difere bastante dos exemplos anteriores do capítulo. Neste caso, você precisa aplicar a normalização. A partícula deve ter uma probabilidade de 1 de existir em algum lugar no espaço, e você descobriria isso integrando a densidade de probabilidade da função de onda em todo o espaço.

Infelizmente, a integração de todo o espaço resultará em termos divergentes (e em alguns outros problemas, conforme descrito no box "Problema da incerteza de Heisenberg"). A normalização dessa função específica, sem nenhuma condição de contorno para limitá-la, exigirá novamente algumas novas ferramentas, que apresentarei no restante deste capítulo.

Obtendo uma partícula física com um pacote de onda

DICA

Se você tiver várias soluções para a equação de Schrödinger, qualquer combinação linear dessas soluções também será uma solução. Assim, esta é a chave para obter uma partícula física: você soma várias funções de onda para obter um pacote de onda, que é uma coleção de funções de onda da forma $e^{i(kx-Et/\hbar)}$. Essas funções de onda interferem de forma construtiva em um local e interferem de forma destrutiva (vão a zero) em todos os outros locais:

$$\psi(x, t) = \sum_{n-1}^{\infty} \phi_n e^{i\left(\frac{kx-Et}{\hbar}\right)}$$

Isso geralmente é escrito como uma integral contínua:

$$\psi(x, t) = \frac{1}{(2\pi)^{\frac{1}{2}}} \int_{-\infty}^{+\infty} \phi(k, t) e^{i\left(\frac{kx-Et}{\hbar}\right)} dk$$

O termo $\phi(k, t)$ é a amplitude da função de onda de cada componente, e você pode encontrar $\phi(k, t)$ a partir da transformada de Fourier da equação:

$$\phi(k, t) = \frac{1}{(2\pi\hbar)^{\frac{1}{2}}} \int_{-\infty}^{+\infty} \psi(x, t) e^{-i\left(\frac{kx-Et}{\hbar}\right)} dx$$

Como $k = p/\hbar$, você também pode escrever as equações do pacote de onda da seguinte forma, em termos de p, não de k:

$$\psi(x, t) = \frac{1}{(2\pi\hbar)^{\frac{1}{2}}} \int_{-\infty}^{+\infty} \phi(p, t) e^{i\left(\frac{px-Et}{\hbar}\right)} dp$$

$$\phi(p, t) = \frac{1}{(2\pi\hbar)^{\frac{1}{2}}} \int_{-\infty}^{+\infty} \psi(x, t) e^{-i\left(\frac{px - Et}{\hbar}\right)} dx$$

Bem, você pode estar se perguntando o que está acontecendo aqui. Parece que $\psi(x, t)$ é definido em termos de $\phi(p, t)$, mas $\phi(p, t)$ é definido em termos de $\psi(x, t)$. Parece bem circular.

A resposta é que as duas equações anteriores não são definições de $\psi(x, t)$ ou de $\phi(p, t)$; são apenas equações que relacionam os dois termos. Você é livre para escolher sua própria forma de pacote de ondas — por exemplo, pode especificar a forma de $\phi(p, t)$, e

$\psi(x, t) = \frac{1}{(2\pi)^{1/2}} \int_{-\infty}^{+\infty} \phi(k, t) e^{i\left(kx - Et/\hbar\right)} dk$ lhe permitiria encontrar $\psi(x, t)$.

Analisando um exemplo gaussiano

A seguir, um exemplo em que você pode selecionar uma forma real de pacote de onda. Escolha o chamado pacote de onda gaussiano — ilustrado na Figura 8-12 — que é localizado em um lugar e zero nos outros.

A amplitude $\phi(k)$ que você pode escolher para esse pacote de onda é:

$$\phi(k) = A \exp\left[\frac{-a^2 (k - k_0)^2}{4}\right]$$

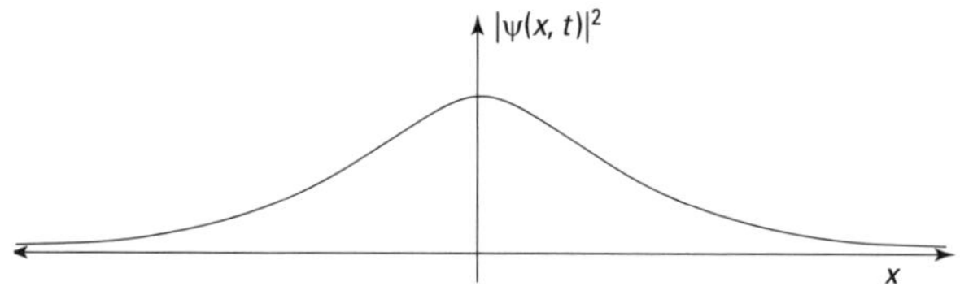

FIGURA 8-12: Um pacote de onda gaussiano.

Você começa normalizando $\phi(k)$ para determinar o que é A. Veja como isso funciona:

$$1 = \int_{-\infty}^{+\infty} |\phi(k)|^2 \, dk$$

Substituir $\phi(k)$ nos dá esta equação:

$$1 = |A|^2 \int_{-\infty}^{+\infty} \left| \exp\left[\frac{-a^2}{2}\right] (k - k_0)^2 \right| dk$$

Calculando a integral (ou seja, procurando em tabelas matemáticas), obtemos o seguinte:

$$1 = |A|^2 \left| \left[\frac{2\pi}{a^2} \right]^{1/2} \right|$$

portanto, $A = \left| \left[\frac{a^2}{2\pi} \right]^{1/4} \right|$.

Assim, aqui está sua função de onda:

$$\psi(x) = \frac{1}{(2\pi)^{1/2}} \left[\frac{a^2}{2\pi} \right]^{1/4} \int_{-\infty}^{+\infty} \left| \exp\left[\frac{-a^2(k-k_0)^2}{4} \right] \right| e^{ikx} dk$$

Você pode calcular essa integral para encontrar o seguinte:

$$\psi(x) = \left[\frac{2}{\pi a^2} \right]^{1/4} \exp\left[\frac{-x^2}{a^2} \right] e^{ik_0 x}$$

Essa, então, é a função de onda para esse pacote de onda gaussiano (***Nota:*** O $\exp[-x^2/a^2]$ é a parte gaussiana que dá ao pacote de onda a forma distinta que você vê na Figura 8-12) —, e já está normalizada.

Quer fazer um teste com a função de onda? Lembre-se de que o principal papel da função de onda é sua relação com a densidade de probabilidade de encontrar uma partícula em um determinado local. Agora você pode usar essa função de pacote de onda para determinar a probabilidade de a partícula estar, digamos, na região $0 \le x \le a/2$. A probabilidade é

$$\int_0^{a/2} |\psi(x)|^2 dx = \sqrt{\frac{2}{\pi a^2}} \int_0^{a/2} \exp\left(\frac{-2x^2}{a^2} \right) dx$$
$$= \frac{1}{3}$$

Logo, a probabilidade de a partícula estar na região $0 \le x \le a/2$ é de $1/3$, que é aproximadamente a mesma probabilidade de estar a um desvio-padrão da média em uma distribuição gaussiana. Portanto, a distância de $a/2$ é de aproximadamente um desvio-padrão nesse caso. Legal! (É quase como se não tivesse sido escolhido aleatoriamente.)

NESTE CAPÍTULO

» Hamiltonianos: Analisando a energia total

» Aplicando operadores de criação e aniquilação a níveis de energia

» Elaborando equações de estado de energia

» Encontrando os autoestados

Capítulo 9

Balança mas Não Cai: Osciladores Harmônicos

Osciladores harmônicos são configurações físicas com movimento periódico, como coisas que saltam em molas ou fazem tique-taque em pêndulos. Você provavelmente já está familiarizado com problemas de osciladores harmônicos na arena macroscópica, mas agora verá a microscópica. É possível fazer a aproximação de muitos casos físicos, como átomos em uma estrutura de cristal, usando osciladores harmônicos.

Neste capítulo, você verá soluções exatas para problemas de osciladores harmônicos, bem como métodos computacionais para resolvê-los. Mostro como os osciladores harmônicos podem ser interpretados em diferentes estados de energia e os resolvo usando a notação de Dirac com bras e kets.

Nota: Antes de se aprofundar neste capítulo, talvez queira dar uma olhada no Capítulo 2, que aborda o movimento periódico clássico e também alguns recursos fundamentais da trigonometria. Este capítulo pressupõe familiaridade com tais conceitos, bem como com o cálculo, pois o utilizo para transformar algumas equações de movimento periódico. O trabalho com as equações de estado utiliza conhecimentos de álgebra linear. Além disso, para resolver a equação de Schrödinger (discutida no Capítulo 7), você precisa estar familiarizado com equações diferenciais.

Solucionando os Hamiltonianos do Oscilador Harmônico

Muito bem, hora de começar a falar sobre Hamiltonianos (e não estou me referindo aos fãs do fundador dos EUA, Alexander Hamilton). O *hamiltoniano* é um operador que ajuda a encontrar os níveis de energia de um sistema.

Classicamente: A oscilação harmônica

Você deve se lembrar de dois casos principais de movimento harmônico da física clássica (e do Capítulo 2): o pêndulo simples e uma massa suspensa por uma mola. Relações harmônicas análogas também se aplicam à interpretação das relações entre carga, corrente, tensão e outras propriedades elétricas. E, é claro, o movimento periódico das ondas aparece na dinâmica de fluidos e na acústica.

Devido à recorrência desse comportamento matemático, as oscilações harmônicas são incrivelmente bem estudadas na física clássica, e posso usar esse entendimento como ponto de partida para apresentar os osciladores harmônicos quânticos.

Então, o que sabemos da física clássica? A força em um objeto em oscilação harmônica é definida pela *Lei de Hooke*:

$$F = -kx$$

Nessa equação, k é a constante da mola, medida em newtons-metros, e x é o deslocamento, em metros. A constante da mola é uma característica da estrutura física que está oscilando. No caso de uma mola, ela representa sua resistência a ser esticada. Uma mola solta terá um valor baixo de k, enquanto uma mola muito apertada terá um valor maior de k, porque a força necessária para esticar uma mola solta é menor do que a necessária para esticar uma mola apertada.

LEMBRE-SE

O ponto principal aqui é que a força de restauração em qualquer coisa que esteja em movimento harmônico é proporcional a seu deslocamento. Ou seja, quanto mais você estica uma mola, mais ela recua quando liberada.

Visto que $F = ma$ (de acordo com a segunda lei do movimento de Newton, conforme discutido no Capítulo 2), em que m é a massa da partícula em movimento harmônico e a sua aceleração instantânea, você pode substituir F e escrever essa equação como

$$ma + kx = 0$$

Agora é hora de aplicar um pouco de cálculo, pois a aceleração instantânea (a) é a segunda derivada do deslocamento (x) em relação ao tempo (t):

$$a = \frac{d^2x}{dt^2}$$

Assim, ao substituir a, você pode reescrever a equação de força da segunda lei do movimento de Newton como

$$ma + kx = m\frac{d^2x}{dt^2} + kx = 0$$

Dividindo pela massa da partícula, obtemos o seguinte:

$$\frac{d^2x}{dt^2} + \frac{kx}{m} = \frac{0}{m}$$

Agora você pode fazer uma pequena substituição para reduzir o número de variáveis que precisa acompanhar na equação diferencial resultante. Se pegar $\frac{k}{m} = \omega^2$ (onde ω é a frequência angular), temos

$$\frac{d^2x}{dt^2} + \omega^2 x = 0$$

Com as maravilhas do cálculo, você pode resolver essa equação diferencial de segunda ordem para encontrar x, em que A e B são constantes:

$$x = \mathrm{A}\operatorname{sen}\omega t + \mathrm{B}\cos\omega t$$

LEMBRE-SE

A solução oscila porque envolve senos e cossenos, que representam formas de onda periódicas. Você chegou até aqui sem sequer entrar no reino microscópico, onde deve começar a aplicar as regras quânticas.

Entendendo a energia total na oscilação quântica

Agora veja os osciladores harmônicos em termos de física quântica. Os conceitos relacionados não representam pêndulos ou massas em molas, mas, em vez disso, um *oscilador quântico* é qualquer sistema quântico com movimento no qual a força é proporcional à quantidade de deslocamento de um ponto a partir do equilíbrio estável. Acontece que é possível modelar muitos sistemas microscópicos dessa maneira, de modo que o sistema de oscilador quântico se torna um dos modelos mais importantes de toda a física quântica!

Usando o hamiltoniano

O operador hamiltoniano (H) (consulte o Capítulo 7, em que apresento o operador hamiltoniano) produz a *energia total de um sistema*, significando que ele fornece a soma da energia cinética (KE) e da energia potencial (PE), de modo que você pode dividir o hamiltoniano nesses dois componentes: $H = KE + PE$.

Para um oscilador harmônico, essas energias são iguais

- **À energia cinética em um determinado momento,** no qual *p* é o momento da partícula e *m*, sua massa:

  $$KE = \frac{p^2}{2m}$$

- **À energia potencial da partícula,** em que *k* é a constante da mola, *x* é o deslocamento, e o momento angular é $\omega^2 = \frac{k}{m}$, o que nos dá

  $$PE = \frac{1}{2}kx^2 = \frac{1}{2}m\omega^2x^2$$

Em termos de física quântica, você usa operadores em matrizes de valores em vez de variáveis individuais. Isso significa poder escrever o hamiltoniano somando a energia cinética e a energia potencial, obtendo

$$H = \frac{P^2}{2m} + \frac{1}{2}m\omega^2X^2$$

em que P e X são os operadores de momento e posição.

Aplicando o hamiltoniano aos autoestados

Você pode aplicar o operador hamiltoniano a vários *autoestados* [ou *eigenstates*] (em que uma das variáveis do sistema tem um valor fixo determinado — consulte o Capítulo 7 para saber mais sobre os autoestados), $|\psi\rangle$, do oscilador harmônico para obter a energia total, E, desses autoestados:

$$H\,|\psi\rangle = \frac{P^2}{2m}|\psi\rangle + \frac{1}{2}m\omega^2X^2|\psi\rangle = E\,|\psi\rangle$$

O objetivo agora é encontrar os autoestados e os autovalores. Entretanto, essa não é uma tarefa fácil. Diferentemente do potencial $V(x)$ abordado no Capítulo 8, $V(x)$ para um oscilador harmônico é mais complexo, pois depende de x^2. A razão para começar com os poços de potencial (no Capítulo 8) é que eles são particularmente simples!

Você precisa ser engenhoso para tornar essas equações solucionáveis. A maneira de resolver os problemas dos osciladores harmônicos na física quântica passa pela álgebra de operadores, ou seja, introduzindo um novo conjunto de operadores. E eles serão apresentados na próxima seção.

Criação e Aniquilação: Incluindo os Operadores do Oscilador Harmônico

A física quântica foi criada basicamente como um conjunto de truques matemáticos para trabalhar com matrizes que representam valores quânticos. Você poderia transformar esses conjuntos de valores e obter números passíveis de serem testados com base em resultados experimentais. Por mais de um século, os experimentos têm confirmado repetidamente os resultados desses truques matemáticos, o que sugere que eles funcionam.

Um truque matemático útil que funciona bem na física quântica permite modificar a equação hamiltoniana mais difícil para uma forma mais gerenciável. Ele é obtido com a introdução de dois operadores com nomes que parecem monumentais:

- **O operador de criação ($a^\dagger$)** aumenta em um nível a energia de um autoestado. Assim, por exemplo, se o oscilador harmônico estiver no quarto nível de energia, o operador de criação o elevará para o quinto nível.
- **O operador de aniquilação (a)** reduz a energia do autoestado em um nível (o inverso do operador de criação).

DICA

Esses operadores de criação e aniquilação permitem aos físicos resolver o espectro de energia sem muito trabalho para encontrar os autoestados reais. Após resolver um dos estados, você pode usar esses operadores para determinar as energias nos estados adjacentes.

O estado mais fácil de resolver é geralmente o estado fundamental, $n = 0$. Você pode pensar que ele seria um estado sem energia, mas lembre-se de como funciona a mecânica quântica! Não é comum lidar com objetos completamente imóveis no reino quântico. Praticamente no momento em que Werner Heisenberg criou a forma de mecânica matricial da mecânica quântica, ele percebeu que a incerteza sempre existe na posição e no momento de um sistema quântico. (Abordo o princípio da incerteza de Heisenberg com mais detalhes no Capítulo 3.)

LEMBRE-SE

Nada fica completamente parado na mecânica quântica, portanto, um oscilador harmônico quântico sempre terá algum nível de movimento. Esses movimentos quânticos significam que o estado fundamental da energia E_0 em $n = 0$ nunca será exatamente 0, embora seja o estado de energia mais baixo possível. E é isso que o torna um estado fundamental.

Atenção ao p e ao q: Obtendo as Equações de Estado de Energia

Você pode resolver o espectro de energia de um oscilador harmônico quântico usando os passos a seguir.

1. **Defina os operadores *p* e *q*.**

   Primeiro, introduza dois novos operadores, *p* e *q*, que são adimensionais. Eles se relacionam com os operadores P (momento) e X (posição) da seguinte forma:

   - $p = \frac{P}{\sqrt{m\hbar\omega}}$
   - $q = X\sqrt{\frac{m\omega}{\hbar}}$

   Normalmente, utiliza-se *p* e *q* em álgebra linear para substituir em equações de transformação e, infelizmente, fica confuso quando elas são aplicadas junto com as variáveis usadas pelos físicos para momento. O operador *p usa* o operador de momento, P, mas o operador *p* **não** é o próprio operador de momento. E também não é a variável do momento.

2. **Defina *a* e $a^\dagger$ em termos de *p* e *q*.**

   Você usa esses dois novos operadores, *p* e *q*, como a base do operador de aniquilação, *a*, e o operador de criação, $a^\dagger$:

   - $a = \frac{1}{\sqrt{2}}(q + ip)$
   - $a^\dagger = \frac{1}{\sqrt{2}}(q - ip)$

3. **Reescreva o hamiltoniano em termos de *a* e $a^\dagger$.**

   E você obtém o seguinte (eu lhe poupei de todas as etapas intermediárias):

   $$H = \hbar\omega\left(a^\dagger a + \frac{1}{2}\right)$$

4. **Defina o operador número, N.**

Os físicos quânticos ficaram loucos ao criar operadores aqui, até mesmo dando um nome a $a^\dagger a$: *operador N* ou *operador número*. Então, veja como você pode escrever o hamiltoniano:

$$H = \hbar\omega\left(N + \frac{1}{2}\right)$$

O operador N retorna o número do nível de energia do oscilador harmônico. Se você denotar os autoestados de N como $|n\rangle$, obterá o seguinte, em que n é o número do *enésimo* estado:

$$N|n\rangle = n|n\rangle$$

5. **Encontre E_n.**

Visto que $H = \hbar\omega(N + {}^1/_2)$, e porque $H|n\rangle = E_n|n\rangle$, ao comparar as duas equações anteriores, você tem

$$E_n = \left(n + \frac{1}{2}\right)\hbar\omega \quad n = 0,\ 1,\ 2\ldots$$

Surpreendentemente, isso lhe dá os autovalores de energia do *enésimo* estado de um oscilador harmônico da mecânica quântica. Portanto, aqui estão os estados de energia:

- **A energia do estado fundamental** corresponde a $n = 0$,

  $$E_0 = \frac{1}{2}\hbar\omega$$

- **O primeiro estado excitado** é

  $$E_1 = \frac{3}{2}\hbar\omega$$

- **O segundo estado excitado** tem uma energia de

  $$E_2 = \frac{5}{2}\hbar\omega$$

E assim por diante. Ou seja, os níveis de energia são discretos e *não degenerados* (não compartilhados por dois estados). Desse modo, o espectro de energia compõe-se de faixas equidistantes.

Encontrando os Autoestados

Quando você tiver os *autoestados* (soluções para a energia; consulte o Capítulo 7 para saber tudo sobre autoestados), poderá determinar os estados permitidos de um sistema e a probabilidade relativa de o sistema estar em qualquer um deles.

Aplicando o comutador de operadores (novamente, consulte o Capítulo 7) a a e $a^\dagger$ você obtém, o seguinte:

$$\left[a, a^\dagger\right] = \frac{1}{2}[q + ip, q - ip]$$

Que é igual a:

$$\left[a, a^\dagger\right] = \frac{1}{2}[q + ip, q - ip] = -i[q, p]$$

Essa equação se resume a $[a, a^\dagger] = 1$. E ao juntar essa equação com $H = \hbar\omega\left(N + \frac{1}{2}\right)$, você obtém $[a, H] = \hbar\omega a$ e $\left[a^\dagger, H\right] = -\hbar\omega a^\dagger$.

Encontrando a energia de $a|n\rangle$

Muito bem, com as relações do comutador, você está pronto para começar. Siga estes passos:

1. **Aplique o comutador.**

   Considere um caso em que a energia do estado $|n\rangle$ seja E_n. Qual é a energia do estado $a|n\rangle$? Bem, para descobrir isso, reorganize o comutador $[a, H] = \hbar\omega a$ para obter $Ha = aH - \hbar\omega a$.

   Se não estiver imediatamente claro como passar do comutador para essa forma final, você pode aplicar a definição do comutador, $[A, B] = AB - BA$:

   $$\begin{aligned} [a, H] &= \hbar\omega a \\ aH - Ha &= \hbar\omega a \\ Ha &= aH - \hbar\omega a \end{aligned}$$

   Nota: Essa versão da equação é a que você usará no próximo passo ao aplicar o hamiltoniano ao operador de aniquilação.

2. **Aplique o hamiltoniano.**

   Agora, use essa versão para escrever o Hamiltoniano de $a|n\rangle$ e aplique a transformação do Passo 1, da seguinte forma:

   $$\begin{aligned} &Ha|n\rangle \\ &= (aH - \hbar\omega a)|n\rangle \\ &= (E_n - \hbar\omega)a|n\rangle \end{aligned}$$

LEMBRE-SE

Portanto, $a|n\rangle$ também é um autoestado do oscilador harmônico, com energia $E_n - \hbar\omega$, não E_n. Por esse motivo a é chamado de operador de aniquilação ou de redução: ele reduz o nível de energia de um autoestado do oscilador harmônico em um nível.

Encontrando a energia de $a^\dagger|n\rangle$

Então, qual é o nível de energia de $a^\dagger|n\rangle$, o operador de criação? Siga estes passos para descobrir:

1. **Aplique o comutador do operador de criação.**

   Para o operador de criação, o comutador é $\left[a^\dagger, \mathrm{H}\right] = -\hbar\omega a^\dagger$, equivalente a $a^\dagger\mathrm{H} - \mathrm{H}a^\dagger = -\hbar\omega a^\dagger$ e a $\mathrm{H}a^\dagger = a^\dagger\mathrm{H} + \hbar\omega a^\dagger$.

2. **Aplique o hamiltoniano ao operador de criação.**

   Agora que você tem a equação do Passo 1, aplique o hamiltoniano ao operador de criação no vetor de estado:

   $$\begin{aligned} &\mathrm{H}a^\dagger|n\rangle \\ &= \left(a^\dagger\mathrm{H} + \hbar\omega a^\dagger\right)|n\rangle \\ &= (\mathrm{E}_n + \hbar\omega)a^\dagger|n\rangle \end{aligned}$$

LEMBRE-SE

Isso significa que $a^\dagger|n\rangle$ é um autoestado do oscilador harmônico, com energia $\mathrm{E}_n + \hbar\omega$, e não apenas $\mathbf{E}_n$ — ou seja, o operador $a^\dagger$ aumenta o nível de energia de um autoestado do oscilador harmônico em um nível.

Derivando a e a† diretamente

Na seção anterior, você descobriu que $\mathrm{H}(a|n\rangle) = (\mathrm{E}_n - \hbar\omega)(a|n\rangle)$ e $\mathrm{H}\left(a^\dagger|n\rangle\right) = (\mathrm{E}_n + \hbar\omega)\left(a^\dagger|n\rangle\right)$. Você pode derivar os operadores de aniquilação (redução) e criação (aumento) diretamente usando os operadores no vetor de estado atual. Você obtém um resultado que é o novo vetor de estado, seja ele reduzido (para o operador de aniquilação/redução a) ou aumentado (para o operador de criação/aumento $a^\dagger$).

$$a|n\rangle = \mathrm{C}|n-1\rangle$$

$$a^\dagger|n\rangle = \mathrm{D}|n+1\rangle$$

C e D são constantes positivas, mas a que elas equivalem? Os estados $|n-1\rangle$ e $|n+1\rangle$ precisam ser normalizados, o que significa que $\langle n-1\,|n-1\rangle = \langle n+1\,|n+1\rangle = 1$. (Consulte o Capítulo 8 para obter informações sobre a normalização de uma função de onda.) Assim, dê uma olhada na quantidade usando o operador C:

$$\begin{aligned} &\left(\langle n|a^\dagger\right)(a|n\rangle) = \mathrm{C}^2\langle n-1|n-1\rangle \\ &\left(\langle n|a^\dagger\right)(a|n\rangle) = \mathrm{C}^2 \\ &\quad\left\langle n\,|\,a^\dagger a\,|\,n\right\rangle = \mathrm{C}^2 \end{aligned}$$

Mas você também sabe que $a^\dagger a =$ N, o operador de nível de energia, de modo que obtém a seguinte equação:

$$\langle n | \mathrm{N} | n \rangle = \mathrm{C}^2$$

$\mathrm{N}|n\rangle = n|n\rangle$, onde n é o nível de energia, então

$$n\langle n | n \rangle = \mathrm{C}^2$$

Contudo, $\langle n | n \rangle = 1$ porque já está normalizado, então você pode encontrar C:

$$n = \mathrm{C}^2 \quad \rightarrow \quad \sqrt{n} = \mathrm{C}$$

$$a|n\rangle = \mathrm{C}|n-1\rangle \quad \rightarrow \quad a|n\rangle = \sqrt{n}|n-1\rangle$$

LEMBRE-SE

Em outras palavras, usar o operador de redução, a, nos autoestados do oscilador harmônico se traduz em multiplicá-lo por uma constante definida pelo estado de energia.

E quanto ao operador de aumento, $a^\dagger$? Um raciocínio semelhante mostra que ele também se multiplica por uma constante definida pelo estado de energia. Esta é a equação:

$$a^\dagger|n\rangle = \sqrt{n+1}|n+1\rangle$$

Neste ponto, você sabe quais são os autovalores de energia e como os operadores de aumento e redução afetam os autovetores do oscilador harmônico. Você fez um grande progresso, usando os operadores a e $a^\dagger$ em vez de tentar resolver a equação de Schrödinger.

Encontrando os autoestados de energia do oscilador harmônico

O charme de usar os operadores a e $a^\dagger$ está em que, dado o estado fundamental, $|0\rangle$, eles permitem que você encontre todos os estados de energia sucessivos. Se quiser encontrar um estado excitado de um oscilador harmônico, você pode começar com o estado fundamental, $|0\rangle$, e aplicar o oscilador de aumento, $a^\dagger$. Por exemplo, pode fazer isto:

- $|1\rangle = a^\dagger|0\rangle = |1\rangle$
- $|2\rangle = \frac{1}{\sqrt{2}} a^\dagger|1\rangle = \frac{1}{\sqrt{2!}}\left(a^\dagger\right)^2|0\rangle$
- $|3\rangle = \frac{1}{\sqrt{3}} a^\dagger|2\rangle = \frac{1}{\sqrt{3!}}\left(a^\dagger\right)^3|0\rangle$

E assim por diante. Em geral, você tem esta relação:

$$|n\rangle = \frac{1}{\sqrt{n!}}\left(a^\dagger\right)^n|0\rangle$$

Trabalhando no espaço de posição

Essa equação é boa até o momento, mas você quer encontrar $\langle x \mid 0 \rangle = \psi_0(x)$ (o autoestado do autovetor do estado fundamental). Para fazer isso, consulte o Capítulo 8 para obter a equação da função de onda e siga estes passos:

1. Determine suas coordenadas para escrever a equação de Schrödinger.

Você já tem algumas equações com as quais trabalhar. Elas usam o operador de momento linear, P, e o operador de posição, X. Como você deseja trabalhar com uma equação diferencial de segunda ordem em termos da posição, *x*, é importante trabalhar inteiramente no espaço de posição como sua base de coordenadas.

1a. Escreva o operador q na base de posição.

O operador *q* já está no espaço de posição (consulte a seção "Atenção ao p e ao q: Obtendo as Equações de Estado de Energia", anteriormente no capítulo), portanto, não é necessário mais trabalho nesse ponto.

1b. Escreva o operador p na base de posição.

O operador *p* é definido como

$$p = \frac{\mathrm{P}}{\sqrt{m\hbar\omega}}$$

Porque $\mathrm{P} = -i\hbar \frac{d}{dx}$ (como apresentado no Capítulo 7), você pode escrever

$$p = \frac{-i\hbar}{\sqrt{m\hbar\omega}} \frac{d}{dx} = -i\sqrt{\frac{\hbar}{m\omega}} \frac{d}{dx}$$

E agora você tem uma equação com o operador *p* inteiramente em termos de *x*. E escrevendo $x_0 = \sqrt{\frac{\hbar}{m\omega}}$, isso se torna

$$p = \frac{-i\hbar}{\sqrt{m\hbar\omega}} \frac{d}{dx} = -ix_0 \frac{d}{dx}$$

1c. Escreva o operador a na base de posição.

Certo, e quanto ao operador *a*? Você pode usar as definições de *p* e *q* para obter o operador *a*:

$$a = \frac{1}{\sqrt{2}}(q + ip)$$

$$q = \mathrm{X}\sqrt{\frac{m\omega}{\hbar}} = \mathrm{X}/x_0$$

$$a = \frac{1}{\sqrt{2}}\left(\frac{\mathrm{X}}{x_0} + x_0 \frac{d}{dx}\right) = \frac{1}{x_0\sqrt{2}}\left(\mathrm{X} + x_0^2 \frac{d}{dx}\right)$$

1d. Repita o Passo 1c para o operador de criação $a^\dagger$.

Fica assim:

$$a^{\dagger} = \frac{1}{x_0\sqrt{2}}\left(X - x_0^{\,2}\frac{d}{dx}\right)$$

Ter os operadores de aumento e redução no espaço de posição significa que você pode usá-los para tentar encontrar vetores de estado específicos, começando com o estado fundamental. O uso do estado fundamental lhe permite escrever a equação de Schrödinger para a função de onda.

2. Aplique restrições específicas. Simplifique, se possível.

Para resolver o estado fundamental no espaço de posição, você precisa de outro desses truques matemáticos inteligentes pelos quais a física quântica é conhecida.

2a. Use o operador de aniquilação, a, no estado fundamental.

Não há nenhum estado de energia inferior ao estado fundamental, portanto, a redução do estado fundamental tem de resultar em 0. Isso é escrito assim:

$$a|0\rangle = 0$$

E ao aplicar o bra $\langle x|$, obtém-se $\langle x|a|0\rangle = 0$.

A parte engenhosa é que, ao usar o operador de redução no estado fundamental, você obtém uma equação diferencial igual a zero... também conhecida como equação diferencial *homogênea*.

2b. Escreva a equação diferencial homogênea.

Substitua *a*:

$$\frac{1}{x_0\sqrt{2}}\left(X + x_0^{\,2}\frac{d}{dx}\right)\psi_0(x) = 0$$

$$\frac{1}{x_0\sqrt{2}}\left(x\psi_0(x) + x_0^{\,2}\frac{d\psi_0(x)}{dx}\right) = 0$$

E agora você tem uma forma inicial da equação de Schrödinger para trabalhar nos Passos 3 e 4.

3. Reestruture a equação de Schrödinger em uma forma solucionável.

4. Resolva a equação diferencial para ψ.

Multiplicando ambos os lados por $x_0\sqrt{2}$, e resolvendo a equação diferencial resultante nos dá

$$x\psi_0(x) + x_0^{\,2}\frac{d\psi_0(x)}{dx} = 0$$

$$\frac{d\psi_0(x)}{dx} = \frac{-x\psi_0(x)}{x_0^{\,2}}$$

$$\psi_0(x) = A\exp\left(-x^2 \big/ 2x_0^{\,2}\right)$$

A equação resultante representa uma função gaussiana, portanto, o estado fundamental de um oscilador harmônico da mecânica quântica é uma curva gaussiana, como mostra a Figura 9-1. Isso faz sentido, pois é o estado de oscilação mais simples do sistema, com apenas uma única oscilação. Estados de energia mais alta terão oscilações mais complexas. (Para saber mais sobre as funções gaussianas, consulte a última seção do Capítulo 8.)

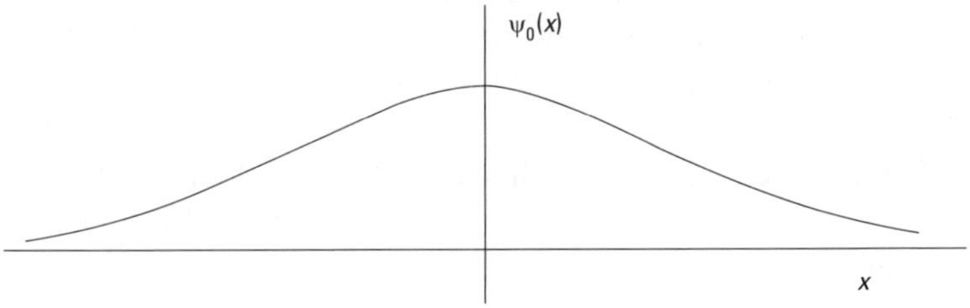

FIGURA 9-1: O estado fundamental de um oscilador harmônico de mecânica quântica.

5. **Use a condição de contorno e a normalização para encontrar as constantes.**

Uma quantidade de interesse na equação do estado fundamental do Passo 4 seria a amplitude, A. Como as funções de onda devem ser normalizadas, defina a integral que representa a probabilidade igual a 1 e, em seguida, siga os passos para resolvê-la em busca de A.

$$1 = \int_{-\infty}^{\infty} |\psi_0(x)|^2 dx$$

$$1 = \int_{-\infty}^{\infty} \left| \mathrm{A}\exp\left({-x^2}/{2{x_0}^2} \right) \right|^2 dx$$

$$1 = \mathrm{A}^2 \int_{-\infty}^{\infty} \left(\exp\left({-x^2}/{2{x_0}^2} \right) \right)^2 dx$$

$$1 = \mathrm{A}^2 \int_{-\infty}^{\infty} \exp\left({-x^2}/{{x_0}^2} \right) dx$$

$$1 = \mathrm{A}^2 \sqrt{\pi}\, x_0$$

$$\mathrm{A} = \frac{1}{\sqrt[4]{\pi}\, \sqrt{x_0}}$$

Quando você substitui A na equação diferencial homogênea, o resultado significa que a função de onda exata para o estado fundamental de um oscilador harmônico quântico é

$$\psi_0(x) = \frac{1}{\sqrt[4]{\pi}\, \sqrt{x_0}} \exp\left({-x^2}/{2{x_0}^2} \right)$$

Um pouco de emoção: Encontrando o primeiro estado excitado

Agora que você tem o estado fundamental (da seção anterior), pode partir do zero para descobrir os estados mais excitados (e empolgantes!). Você começará com o primeiro estado excitado, $\psi_1(x)$. Para este cálculo, não é necessário voltar à resolução da função de onda. Você conhece o estado fundamental, portanto, pode passar para o primeiro estado excitado simplesmente usando o operador de criação (que você descobriu na seção "Criação e Aniquilação: Incluindo os Operadores do Oscilador Harmônico", anteriormente neste capítulo)!

A função de onda do primeiro estado excitado pode ser escrita como $\psi_1(x) = \langle x \mid 1 \rangle$ e $|1\rangle = a^\dagger |0\rangle$, logo, $\psi_1(x) = \langle x \mid a^\dagger \mid 0 \rangle$. E você sabe que $a^\dagger$ é o seguinte:

$$a^\dagger = \frac{1}{x_0\sqrt{2}}\left(X - x_0^2 \frac{d}{dx}\right)$$

Portanto, $\psi_1(x) = \langle x \mid a^\dagger \mid 0 \rangle$ se torna

$$\begin{aligned}\langle x|a^\dagger|0\rangle &= \frac{1}{x_0\sqrt{2}}\left\langle x\left|\left(X - x_0^2 \frac{d}{dx}\right)\right|0\right\rangle \\ &= \frac{1}{x_0\sqrt{2}}\left(X - x_0^2 \frac{d}{dx}\right)\langle x|0\rangle\end{aligned}$$

E como $\psi_0(x) = \langle x \mid 0 \rangle$, você obtém esta equação:

$$\begin{aligned}\psi_1(x) &= \frac{1}{x_0\sqrt{2}}\left(X - x_0^2 \frac{d}{dx}\right)\psi_0(x) \\ &= \frac{1}{x_0\sqrt{2}}\left(x - x_0^2 \frac{(-x)}{x_0^2}\right)\psi_0(x) \\ &= \frac{\sqrt{2}}{x_0} x\psi_0(x)\end{aligned}$$

Você também sabe, pelos cálculos da seção anterior, que

$$\psi_0(x) = \frac{1}{\sqrt[4]{\pi}\sqrt{x_0}}\exp\left(\frac{-x^2}{2x_0^2}\right)$$

Portanto,

$$\begin{aligned}\psi_1(x) &= \frac{\sqrt{2}}{x_0} x\psi_0(x) \\ &= \frac{\sqrt{2}}{\sqrt[4]{\pi}\sqrt{x_0^3}} x\exp\left(\frac{-x^2}{2x_0^2}\right)\end{aligned}$$

Você pode ver um gráfico do primeiro estado excitado na Figura 9-2, na qual a curva tem um *nó* (transição pelo eixo x). Comparando isso com o estado fundamental, você pode ter uma ideia de como os estados excitados crescentes podem parecer, mas é melhor verificar para ter certeza.

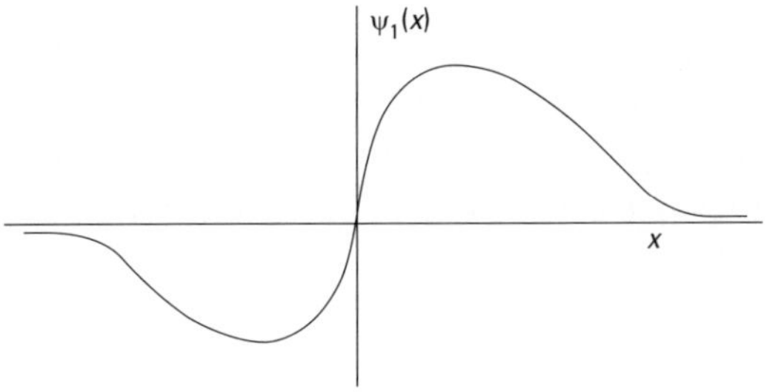

FIGURA 9-2: O primeiro estado excitado de um oscilador harmônico mecânico quântico.

Encontrando o segundo estado excitado

Muito bem, e quanto aos outros estados excitados? Novamente, você continua repetindo o processo de aplicação do operador de criação, como nesta equação:

$$\psi_2(x) = \frac{1}{\sqrt{2!}}\left\langle x\middle|\left(a^\dagger\right)^2\middle|0\right\rangle$$

Aqui eu já me adianto. Substituindo $a^\dagger$, a equação da função de onda do segundo estado excitado se torna

$$\psi_2(x) = \frac{1}{\sqrt{2!}}\frac{1}{2x_0^2}\left(x - x_0^2\frac{d}{dx}\right)\psi_0(x)$$

Usando polinômios de Hermite para encontrar qualquer estado excitado

Você pode generalizar a função de onda da seguinte forma:

$$\psi_n(x) = \frac{1}{\sqrt[4]{\pi}\sqrt{2^n n!}}\frac{1}{x_0^{n+1/2}}\left(x - x_0^2\frac{d}{dx}\right)^n \exp\left(-x^2 / 2x_0^2\right)$$

Para resolver essa equação diferencial geral, você usa os polinômios de Hermite, inventados por Simon Laplace em 1810, bem antes de alguém pensar em física quântica. $H_n(x)$ é o *enésimo* polinômio de Hermite. Os matemáticos já fizeram o trabalho de calcular esses, então, é possível encontrá-los em tabelas de funções. Acontece que é possível expressar as funções de onda para osciladores harmônicos da mecânica quântica da seguinte maneira, usando os polinômios de Hermite $H_n(x)$:

$$\psi_n(x) = \frac{1}{\sqrt[4]{\pi}\sqrt{2^n n! x_0}} H_n\left(x/_{x_0}\right)\exp\left(-x^2/_{2x_0^2}\right)$$

em que

$$x_0 = \sqrt{\frac{\hbar}{m\omega}}$$

E você pode usar essa expressão para obter a função de onda de um oscilador harmônico quântico em qualquer estado excitado, *n*.

Veja como fica $\psi_2(x)$ na Figura 9-3; observe que a curva tem dois nós aqui — em geral, $\psi_n(x)$ para o oscilador harmônico terá *n* nós.

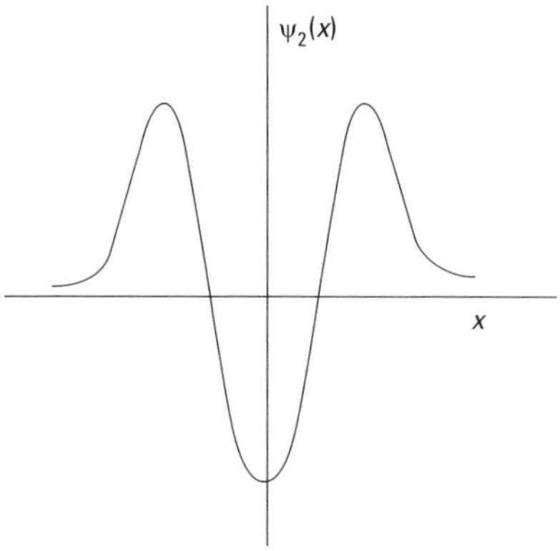

FIGURA 9-3: O segundo estado excitado de um oscilador harmônico de mecânica quântica.

O mundo real: Inserindo alguns números

A seção anterior forneceu $\psi_n(x)$, e você resolveu E_n na seção "Atenção ao p e ao q: Obtendo as Equações de Estado de Energia", para que você esteja por dentro dos osciladores harmônicos. Agora, dê uma olhada em um exemplo do mundo real para ver como pode usar essas equações.

Digamos que você tenha um próton passando por uma oscilação harmônica com $\omega = 4{,}58 \times 10^{21}\,\text{sec}^{-1}$, como mostra a Figura 9-4.

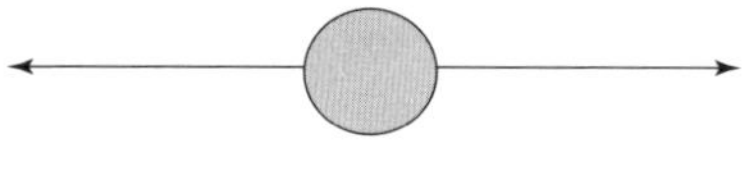

FIGURA 9-4: Um próton submetido a uma oscilação harmônica.

Quais são os vários níveis de energia do próton? Você sabe que, em geral,

$$E_n = \left(n + \frac{1}{2}\right)\hbar\omega \quad n = 0,\ 1,\ 2\ldots$$

NOTAÇÕES: MECÂNICA ONDULATÓRIA E MECÂNICA MATRICIAL

As primeiras percepções pressupunham saltos quânticos sem uma justificativa clara sobre por que eles estavam acontecendo. Niels Bohr tentou construir uma base sólida para esse novo tipo de física, reunindo alguns dos jovens físicos mais brilhantes do mundo em Copenhague para resolver esses problemas.

O jovem Werner Heisenberg, bem como seu mentor Max Born (1882–1970) e o outro aluno de Born, Pascual Jordan (1902–1980), perceberam que os resultados faziam sentido quando vistos como uma série de números em formato de matriz.

Quando o brilhante estudante inglês de física Paul Dirac (1902–1984) leu o artigo publicado por Heisenberg meses depois, se deu conta de que as matrizes apresentadas por Heisenberg eram semelhantes a uma estrutura chamada colchetes de Poisson. Antes do fim de 1925, Dirac havia derivado independentemente a mecânica matricial por meio de outro método.

Os físicos então aplicaram esses métodos de matriz a um problema complicado: tentar obter os mesmos resultados de Bohr em sua descrição das órbitas dos elétrons em um átomo. Era um problema complexo demais até mesmo para esses físicos brilhantes, mas, felizmente, Heisenberg era amigo de Wolfgang Pauli (1900–1958), que os ajudou.

Enquanto isso, o grupo de Bohr ainda estava trabalhando em uma abordagem diferente, baseada em cálculos. Erwin Schrödinger (1887–1961) publicou sua função de onda, a pedra fundamental da mecânica das ondas, em 1926. Muitos físicos ficaram satisfeitos por não terem de aprender a nova matemática matricial, mas a função de onda tinha seus próprios problemas... até que Max Born (sim, o mentor de Heisenberg) percebeu que a equação de Schrödinger se relacionava às probabilidades quânticas. Mais tarde, Dirac desenvolveu a abordagem da notação de Dirac, publicada em 1939, a matemática mais simplificada que usamos atualmente para a mecânica quântica.

Qual é o objetivo dessa digressão sobre a história da mecânica quântica? As abordagens matricial e ondulatória são igualmente válidas, e alguns físicos brilhantes trabalharam muito (e ganharam uma série de Prêmios Nobel de Física) para provar que é possível alterná-las.

Portanto, aqui estão as energias do próton, em megaelétron-volts (MeV):

» $E_0 = \frac{\hbar\omega}{2} = 1{,}51\,\text{MeV}$

» $E_1 = \frac{3\hbar\omega}{2} = 4{,}52\,\text{MeV}$

» $E_2 = \frac{5\hbar\omega}{2} = 7{,}54\text{ MeV}$

» $E_3 = \frac{7\hbar\omega}{2} = 10{,}6\text{ MeV}$

E o padrão continua dessa forma para os níveis de energia subsequentes. E quanto às funções de onda? Encontre a equação geral na seção anterior, procure os valores dos polinômios de Hermite e, em seguida, converta todas as medições de comprimento em femtômetros ($1\text{ fm} = 1 \times 10^{-15}\text{m}$). Isso lhe dá $x_0 = 3{,}71\text{ fm}$ para inserir na equação. A seguir, as equações para os primeiros estados, em que *x* é medido em femtômetros:

» $\psi_0(x) = \frac{1}{1{,}92\sqrt[4]{\pi}}\exp\left(-x^2/27{,}5\right)$

» $\psi_1(x) = \frac{1}{2{,}72\sqrt[4]{\pi}}2\left(x/3{,}71\right)\exp\left(-x^2/27{,}5\right)$

» $\psi_2(x) = \frac{1}{5{,}45\sqrt[4]{\pi}}\left[4\left(x/3{,}71\right)^2 - 2\right]\exp\left(-x^2/27{,}5\right)$

NESTE CAPÍTULO

» Descrevendo o momento angular e o hamiltoniano

» Encontrando as autofunções do momento angular

» Reconhecendo a representação matricial do momento angular

» Alternando entre coordenadas cartesianas e esféricas

Capítulo 10

Trabalhando com o Momento Angular no Nível Quântico

Na mecânica clássica, você pode medir o momento angular prendendo uma bola de golfe a um fio e girando-a sobre sua cabeça, criando um objeto que se move em um caminho circular. Na mecânica quântica, você pensa em termos de uma única molécula composta por dois átomos ligados girando um em torno do outro. Molecular é o nível em que os efeitos da mecânica quântica se tornam perceptíveis. Ocorre que, nesse nível, o momento angular é quantizado. E como a quantização tem resultados tangíveis em muitos casos, como o espectro de átomos excitados, esse é um tópico importante. (Consulte o Capítulo 4 para obter uma introdução aos espectros da mecânica quântica.)

As equações deste capítulo fornecem a base para a compreensão do momento angular em um sistema quântico, algo com mais importância do que você imagina. Na verdade, as pesquisas que se aprofundaram no comportamento da física de partículas fizeram descobertas surpreendentes sobre como o momento angular se manifesta nesses sistemas. Na mecânica quântica, o momento angular revela uma nova propriedade fundamental da matéria, chamada *spin* (o assunto do Capítulo 11).

Nota: Neste capítulo, presumo que você tenha um conhecimento básico do momento angular clássico. A letra L representa o momento angular nas equações usadas neste capítulo e está relacionada à energia total no nível quântico, da mesma forma que o momento linear, P, está relacionado a ele nos capítulos anteriores. Também neste capítulo, você usará os princípios matemáticos de cálculo, álgebra linear e equações diferenciais.

Estabelecendo o Hamiltoniano

Além de ter energia cinética e potencial, as partículas também podem ter energia rotacional. A equação hamiltoniana fica assim (para a energia total, consulte o Capítulo 9):

$$H = \frac{L^2}{2I}$$

Aqui, L é o operador do momento angular e I é o momento de inércia da rotação. Quais são os autoestados do momento angular? Você pode escrever da seguinte forma, onde ℓ é um autovalor do operador de momento angular L.

$$H|\ell\rangle = \frac{L^2}{2I}|\ell\rangle$$

Mas isso se torna incompleto porque o momento angular é um vetor no espaço tridimensional e pode apontar em qualquer direção. Normalmente, o momento angular é dado por uma magnitude e um componente em uma direção, geralmente a direção Z. Portanto, além da magnitude ℓ, você também especifica o componente de L na direção Z, L_z (a escolha de Z é arbitrária — você pode usar a direção X ou Y com a mesma facilidade).

Se o número quântico do componente Z do momento angular for designado por *m* (observe que esse *m não* representa a massa), então o autoestado completo é dado por $|\ell, m\rangle$, e a equação fica assim:

$$H|\ell, m\rangle = \frac{L^2}{2I}|\ell, m\rangle$$

Esse é o tipo de discussão sobre os autoestados que abordo neste capítulo, e começo com uma discussão sobre o momento angular.

Rodeando os Operadores: Círculos com o Momento Angular

Dê uma olhada na Figura 10-1, que mostra um disco girando no espaço tridimensional. Como você está trabalhando em três dimensões, não pode simplificar o processo ignorando a direção e o sentido do vetor. Nesses casos, os vetores precisam representar tanto a magnitude quanto a direção e o sentido, uma condição que evitei bastante em casos anteriores.

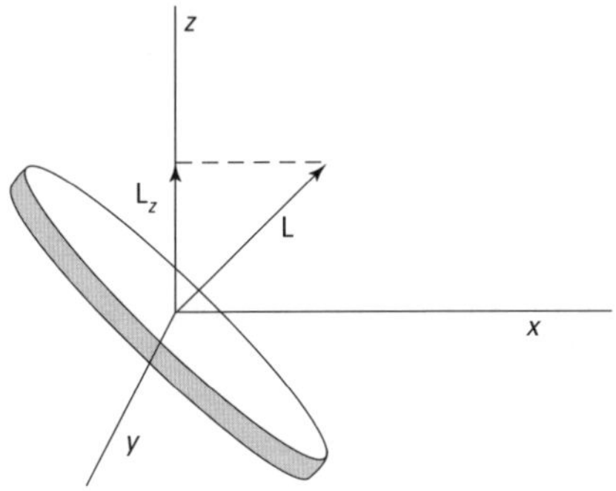

FIGURA 10-1: Um disco giratório com vetor de momento angular L.

DICA

O vetor de momento angular do disco, **L**, aponta perpendicularmente ao plano de rotação. Aqui, você pode aplicar a regra da mão direita: se posicionar a mão direita de modo a poder curvar os quatro dedos na direção em que algo está girando, o polegar estendido apontará na direção do vetor **L**.

O fato de o vetor **L** apontar para fora do plano de rotação tem algumas vantagens. Por exemplo, se algo girar a uma velocidade angular constante, o vetor **L** será constante em magnitude, direção e sentido — o que faz mais sentido do que se ele girasse no plano de rotação do disco e mudasse constantemente de direção e sentido.

Visto que **L** é um vetor 3D, ele pode apontar em qualquer direção, significando que ele tem componentes *x*, *y* e *z*, L_x, L_y, e L_z (que não são vetores, apenas magnitudes). Consulte a Figura 10-1 para dar uma olhada em L_z.

L é o produto vetorial da posição **R** e do momento linear **P**, assim, $\mathbf{L} = \mathbf{R} \times \mathbf{P}$. Você também pode escrever L_x, L_y e L_z em qualquer momento em termos de operadores como esse, em que P_x, P_y e P_z são os *operadores de momento* (que retornam o momento nas direções *x*, *y* e *z*) enquanto X, Y e Z são os *operadores de posição* (que retornam a posição nas direções *x*, *y* e *z*):

- $L_x = YP_z - ZP_y$
- $L_y = ZP_x - XP_z$
- $L_z = XP_y - YP_x$

Você pode escrever os operadores de momento P_x, P_y e P_z assim:

$$P_x = -i\hbar\frac{\partial}{\partial x}$$

$$P_y = -i\hbar\frac{\partial}{\partial y}$$

$$P_z = -i\hbar\frac{\partial}{\partial z}$$

Da mesma forma, você pode representar os operadores de posição por suas coordenadas equivalentes, ou seja,

» $X = x$

» $Y = y$

» $Z = z$

E se você substituir essas representações de operadores nas equações para L_x, L_y e L_z, obterá

$$L_x = -i\hbar\left(y\frac{\partial}{\partial z} - z\frac{\partial}{\partial y}\right)$$

$$L_y = -i\hbar\left(z\frac{\partial}{\partial x} - x\frac{\partial}{\partial z}\right)$$

$$L_z = -i\hbar\left(x\frac{\partial}{\partial y} - y\frac{\partial}{\partial x}\right)$$

Encontrando os Comutadores de L_x, L_y e L_z

Primeiro, examine L_x, L_y e L_z observando como eles *comutam* (isto é, se eles podem ser medidos ao mesmo tempo; consulte o Capítulo 7 para obter uma introdução a esse conceito). Em caso positivo (por exemplo, se $[L_x, L_y] = 0$), então você pode medir exatamente quaisquer dois deles (L_x e L_y, por exemplo). Em caso negativo, então eles estão sujeitos à relação de incerteza e não é possível medi-los simultaneamente com exatidão.

Pois bem, então qual é o comutador de L_x e L_y? Usando $L_x = YP_z - ZP$ e $L_y = ZP_x - XP_z$, você pode escrever a seguinte equação:

$$[L_x, L_y] = [YP_z - ZP_y, ZP_x - XP_z]$$

E também pode escrever essa equação como

$$
\begin{aligned}
[L_x, L_y] &= [YP_z, ZP_x] - [YP_z, XP_z] - [ZP_y, ZP_x] + [ZP_y, XP_z] \\
&= Y[P_z, Z]P_x + X[Z, P_{yz}]P_y \\
&= i\hbar(XP_y - YP_x)
\end{aligned}
$$

Porém, $XP_y - YP_x = L_z$, então, $[L_x, L_y] = i\hbar L_z$. Portanto, L_x e L_y não se comutam, o que significa não ser possível medir os dois simultaneamente com precisão total. Você também pode mostrar que $[L_y, L_z] = i\hbar L_x$ e que $[L_z, L_x] = i\hbar L_y$.

CUIDADO

Como nenhum dos componentes do momento angular se comuta com o outro, não é possível medir nenhum dos dois simultaneamente com total precisão. Droga.

O fato de que os componentes do momento angular não se comutam também significa que os operadores L_x, L_y e L_z não podem compartilhar os mesmos autoestados. Então, o que você pode fazer? Como encontrar um operador que compartilhe os autoestados com os vários componentes de L de modo a ser capaz de escrever os autoestados como $|\ell, m\rangle$?

O truque usual aqui é que o quadrado do momento angular, L^2, é um escalar, e não um vetor, assim, ele será comutado com o operadores L_x, L_y e L_z, sem problema nenhum:

- $[L^2, L_x] = 0$
- $[L^2, L_y] = 0$
- $[L^2, L_z] = 0$

Legal, você está progredindo. Visto que L_x, L_y e L_z não se comutam, não é possível criar um autoestado que liste números quânticos para quaisquer dois deles. Mas como L^2 se comuta com eles, é possível construir autoestados que tenham autovalores para L^2 e para qualquer *um* dos L_x, L_y e L_z. Por convenção, a direção normalmente escolhida é L_z.

Criando os Autoestados do Momento Angular

Agora é hora de criar os autoestados reais, $|\ell, m\rangle$, de estados de momento angular na mecânica quântica. Esses autoestados fornecem os autovalores, que permitem resolver o hamiltoniano para obter os níveis de energia permitidos de um objeto com momento angular.

DICA

Não presuma que os autoestados sejam $|\ell, m\rangle$. Eu os reescreverei como $|\alpha, \beta\rangle$, em que o autovalor de L^2 é $L^2|\alpha, \beta\rangle = \hbar^2\alpha|\alpha, \beta\rangle$. Portanto, o autovalor de L^2 é $\hbar^2\alpha$, onde você ainda precisa encontrar α. De forma similar, o autovalor de L_z é $L_z|\alpha, \beta\rangle = \hbar\beta|\alpha, \beta\rangle$.

Para prosseguir, você pode usar um processo conhecido do Capítulo 9 que introduz os operadores de aniquilação e criação aplicando o operador de aniquilação ao estado fundamental e resolvendo o estado fundamental.

Esses operadores atuam no número quântico de L_z, e você pode definir os operadores de criação e aniquilação da seguinte maneira:

» Criação: $L_+|\alpha, \beta\rangle = c|\alpha, \beta + 1\rangle$

» Aniquilação: $L_-|\alpha, \beta\rangle = d|\alpha, \beta - 1\rangle$

Desse modo, o operador de criação, L_+, tem um efeito de aumentar o número quântico β em 1. Da mesma forma, o operador de aniquilação, L_-, diminui o número quântico β em 1. Nenhum dos operadores altera o número quântico α de maneira nenhuma. Você poderá determinar os valores de *c* e *d* na seção "Encontrando os Autovalores dos Operadores de Criação e Aniquilação", mais adiante neste capítulo.

Encontrando os Autovalores do Momento Angular

Os autovalores do momento angular são os valores possíveis que o momento angular pode assumir, portanto, vale a pena encontrá-los. Você usa os valores mínimo e máximo de β (denominados β_{max} e β_{min}) para encontrar os possíveis estados quânticos do momento angular. Em seguida, você trabalhará com o exemplo de uma *molécula diatômica*, composta de dois átomos girando um ao redor do outro. A próxima seção mostra como fazer isso.

Derivando equações de autoestado com β_{max} e β_{min}

Aqui, você procura as equações do autoestado para o momento angular quântico. Para fazer isso, aplicamos o truque de encontrar um limite inferior e superior para o momento angular. Felizmente, como não é possível ter um momento angular total negativo, esses limites existem.

1. **Escreva uma equação bra-ket com um limite inferior.**

   O operador de momento angular é a soma dos três operadores componentes, portanto, verificamos $L^2 - L_z^2 = L_x^2 + L_y^2$, que é um número não negativo, então $L^2 - L_z^2 \geq 0$. Isso faz sentido se você pensar a respeito: o momento angular total menos apenas o componente *z* do momento angular não pode ser menor que 0.

Isso significa que você pode escrever esta equação:

$$\langle \alpha, \beta \mid (L^2 - L_z^{\,2}) \mid \alpha, \beta \rangle \geq 0$$

2. **Aplique os operadores.**

   Inserindo $L^2|\alpha, \beta\rangle = \alpha\hbar^2|\alpha, \beta\rangle$ e $L_z|\alpha, \beta\rangle = \beta\hbar|\alpha, \beta\rangle$ (duas vezes), e usando o fato de que os autoestados são normalizados, você obtém o seguinte:

   $$\langle \alpha, \beta \big| \left(L^2 - L_z^{\,2}\right) \big| \alpha, \beta \rangle = \hbar^2\left(\alpha - \beta^2\right) \geq 0$$

   A partir da última equação, você pode verificar que $\alpha \geq \beta^2$. Assim, há um valor máximo possível de β, que podemos chamar de β_{max}.

3. **Aplique os operadores de criação e aniquilação.**

   A engenhosidade é bem-vinda agora, porque deve haver um estado $|\alpha, \beta_{max}\rangle$ tal que você não possa mais aumentar β. Portanto, se você aplicar o operador de criação, obterá zero:

   $$L_+|\alpha, \beta_{max}\rangle = 0$$

   A aplicação do operador de aniquilação a essa equação também resulta em zero:

   $$L_-L_+|\alpha, \beta_{max}\rangle = 0$$

4. **Traduza para operadores do momento angular.**

   Aqui você precisa usar outra relação, proveniente da aplicação do operador de aniquilação ao operador de criação, $L_-L_+ = L^2 - L_z^2 - \hbar L_z$. (Você mesmo pode confirmar isso em *Quantum Physics Workbook For Dummies* [Wiley].) Aplicar essa relação aqui significa que o seguinte é verdadeiro:

   $$\left(L^2 - L_z^2 - \hbar L_z\right)|\alpha, \beta_{max}\rangle = 0$$

   Inserindo $L^2|\alpha, \beta_{max}\rangle = \alpha\hbar^2$ e $L_z|\alpha, \beta_{max}\rangle = \beta_{max}\hbar\,|\alpha, \beta_{max}\rangle$ ocorre isto:

   $$\left(\alpha - \beta_{max}^{\;2} - \beta_{max}\right)\hbar^2 = 0$$

   $$\alpha = \beta_{max}(\beta_{max} + 1)$$

   Agora, você definiu α em termos de β_{max}. A esta altura, é comum renomear β_{max} para ℓ e β como *m* (que, como lembrete do início do capítulo, é o número quântico do componente *z* do momento angular, e não representa massa), portanto $|\alpha, \beta\rangle$ se torna $|\ell, m\rangle$ e

   - $L^2|\ell, m\rangle = \ell(\ell + 1)\,\hbar^2|\ell, m\rangle$
   - $L_z|\ell, m\rangle = m\hbar|\ell, m\rangle$

Você pode dizer ainda mais, aplicando praticamente o mesmo raciocínio dos passos anteriores.

A partir de $\alpha \geq \beta^2$ no Passo 2, você pode dizer que, além de um β_{max}, também deve haver um β_{min} tal que, ao aplicar o operador de aniquilação, L_-, você obtém zero, pois não pode ir mais baixo do que β_{min}. Neste caso, os Passos 3 e 4 o levam a esta equação:

$$\left(\alpha - \beta_{\min}{}^2 + \beta_{\min}\right)\hbar^2 = 0$$
$$\alpha - \beta_{\min}{}^2 + \beta_{\min} = 0$$
$$\alpha = \beta_{\min}{}^2 - \beta_{\min}$$
$$\alpha = \beta_{\min}(\beta_{\min} - 1)$$

E, comparando-a com $\alpha = \beta_{max}(\beta_{max} + 1)$, você chega a

$$\beta_{max} = -\beta_{min}$$

Investigando mais a fundo os números quânticos

Depois de aplicar muita matemática (veja a lista anterior de passos), você pode voltar a se concentrar no que os resultados significam. O segundo componente do autoestado (a parte que maximiza e minimiza o número quântico β) é o componente Z — a direção — do momento. Portanto, o número quântico máximo da direção do momento está na direção oposta ao número quântico mínimo.

Devido ao modo como definimos o operador de redução L_-, podemos pegar β_{max} e usar L_- um número discreto de vezes, n, chegando a β_{min} mais cedo ou mais tarde.

$$\beta_{\max} = \beta_{\min} + n$$

Sabendo que eles são simétricos (porque $\beta_{max} = -\beta_{min}$), então

$$\beta_{\max} = \frac{n}{2}$$

Assim, β_{max} pode ser um número inteiro (se n for par) ou meio inteiro (se n for ímpar).

LEMBRE-SE

Visto que $\ell = \beta_{max}$, $m = \beta$, e n é um número positivo, constatamos que $-\ell \leq m \leq \ell$. Com isso, agora você tem muitas informações sobre esta situação do momento angular quântico:

- Os autoestados são $|\ell, m\rangle$.
- O número quântico do momento angular total é ℓ.
- O número quântico do momento angular ao longo do eixo z é m.

» $L^2|\ell, m\rangle = \hbar^2 \ell(\ell+1)|\ell, m\rangle$ onde $\ell = 0, \frac{1}{2}, 1, \frac{3}{2}, \ldots$

» $L_z|\ell, m\rangle = \hbar m|\ell, m\rangle$, onde $m = -\ell, -(\ell-1), \ldots, \ell-1, \ell$.

» $-\ell \leq m \leq \ell$.

Para cada ℓ, você tem $2\ell + 1$ valores de m. Por exemplo, se $\ell = 2$, então m pode ser igual a −2, −1, 0, 1 ou 2. Se $\ell = \frac{5}{2}$, então m pode ser igual a $-\frac{5}{2}, -\frac{3}{2}, -\frac{1}{2}, \frac{1}{2}, \frac{3}{2}$ e $\frac{5}{2}$.

Analisando os resultados intuitivamente

LEMBRE-SE

Além da evidência da matemática subjacente, considere o seguinte: se o momento angular for maior em geral, então seria de esperar que a quantidade de momento angular na direção Z também fosse maior. Intuitivamente, esse parece ser o tipo de resultado esperado. A física quântica depende tanto do formalismo matemático obtuso que é bom quando, uma vez ou outra, os resultados realmente parecem intuitivamente corretos!

Veja um L e L_z representativos na Figura 10-2. L é o momento angular total e L_z a projeção desse momento angular total no eixo z.

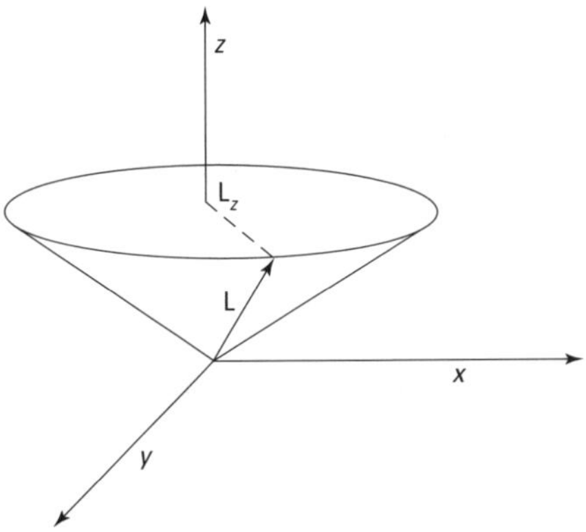

FIGURA 10-2: L e L_z.

Obtendo a energia rotacional de uma molécula diatômica

Nesta seção, você verá um exemplo que envolve encontrar o espectro de energia rotacional de uma molécula diatômica. A Figura 10-3 mostra a configuração: uma molécula diatômica em rotação compõe-se de dois átomos com massas m_1 e m_2 (não confunda com o número quântico m na última seção, embora, infelizmente, seja confuso). O primeiro átomo gira em $r = r_1$, e o segundo em $r = r_2$. Qual é a energia rotacional da molécula?

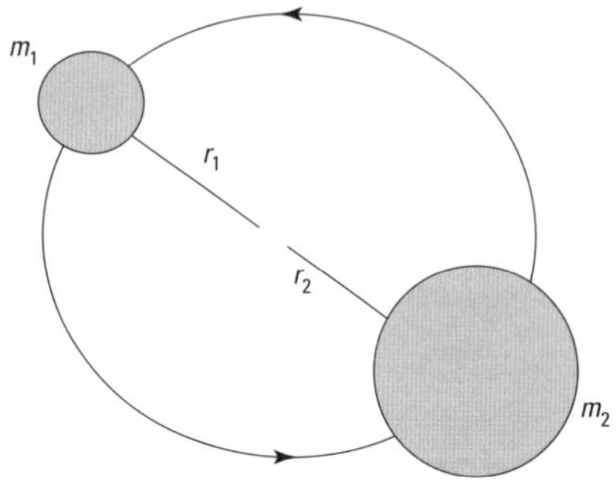

FIGURA 10-3: Uma molécula diatômica em rotação.

1. **Estabeleça o hamiltoniano e as variáveis relacionadas.**

   Comece verificando se tem as variáveis necessárias. O hamiltoniano para o momento angular (conforme descrito na seção "Estabelecendo o Hamiltoniano", anteriormente neste capítulo) é

   $$H = \frac{L^2}{2I}$$

   O termo I é o momento de inércia rotacional, que fica

   $$I = m_1 r_1^{\,2} + m_2 r_2^{\,2} = \mu r^2$$

   onde $r = |r_1 - r_2|$ e $\mu = \frac{m_1 m_2}{m_1 + m_2}$.

   Portanto, o hamiltoniano se torna

   $$H = \frac{L^2}{2I} = \frac{L^2}{2\mu r^2}$$

2. **Aplique o hamiltoniano aos vetores de autoestado para resolver E.**

   Assim, ao aplicar o hamiltoniano aos autoestados, $|\ell,\ m\rangle$, ocorre o seguinte:

   $$H|\ell,\ m\rangle = \frac{L^2}{2\mu r^2}|\ell,\ m\rangle$$

   A partir da seção "Investigando mais a fundo os números quânticos", você sabe que $L^2|\ell, m\rangle = \ell(\ell+1)\hbar^2|\ell, m\rangle$, então essa equação se torna

   $$H|\ell, m\rangle = \frac{L^2}{2\mu r^2}|\ell, m\rangle = \frac{\ell(\ell+1)\hbar^2}{2\mu r^2}|\ell, m\rangle$$

   E como $H|\ell, m\rangle = E|\ell, m\rangle$, você pode ver que

   $$E = \frac{\ell(\ell+1)\hbar^2}{2\mu r^2}$$

LEMBRE-SE

E essa é a energia como uma função de ℓ, o número quântico do momento angular, para uma molécula diatômica. Vale a pena lembrar que as massas dos dois átomos entram em jogo, pois determinam o valor de μ.

Encontrando os Autovalores dos Operadores de Criação e Aniquilação

Esta seção procura encontrar os autovalores dos operadores de criação e aniquilação do momento angular, os quais apresento na seção "Criando os Autoestados do Momento Angular", anteriormente neste capítulo. Como era de se esperar, esses operadores aumentam e diminuem o componente z do momento angular de um estado.

Comece dando uma olhada em L_+ e planejando resolver *c*:

$$L_+|\ell, m\rangle = c|\ell, m+1\rangle$$

Assim, a multiplicação desse novo estado por sua transposição deve lhe dar c^2:

$$(L_+|\ell, m\rangle)^\dagger L_+|\ell, m\rangle = (c\langle \ell, m+1|)(c|\ell, m+1\rangle)$$
$$(L_+|\ell, m\rangle)^\dagger L_+|\ell, m\rangle = c^2\langle \ell, m+1|\ell, m+1\rangle$$
$$(L_+|\ell, m\rangle)^\dagger L_+|\ell, m\rangle = c^2$$

Você também pode escrever a transposição em termos de um operador de criação e aniquilação, desta forma:

$$(L_+|\ell, m\rangle)^\dagger L_+|\ell, m\rangle = \langle l, m | L_+L_- | l, m\rangle = c^2$$

O que fazer quanto a $L_+ L_-$? Para ajudar, apresento outra relação útil (que pode ser comprovada por você mesmo em *Quantum Physics Workbook For Dummies*): $L_+L_- = L^2 - L_z^2 + \hbar L_z$. Substitua essa relação e sua equação se tornará a seguinte, que você pode resolver para encontrar *c*:

$$\langle \ell, m|(L^2 - L_z^2 + \hbar L_z)|\ell, m\rangle = c^2$$
$$c = \left(\langle \ell, m|(L^2 - L_z^2 + \hbar L_z)|\ell, m\rangle\right)^{1/2}$$
$$c = \hbar[\ell(\ell+1) - m(m+1)]^{1/2}$$

E esse é o autovalor de L_+. Realizar um processo similar para L_- lhe dá esse autovalor, *d*. Isso resulta nestas duas relações:

$$L_+|\ell, m\rangle = \hbar\sqrt{\ell(\ell+1) - m(m+1)}\,|\ell, m+1\rangle$$
$$L_-|\ell, m\rangle = \hbar\sqrt{\ell(\ell+1) - m(m-1)}\,|\ell, m-1\rangle$$

Interpretando o Momento Angular com Matrizes

Nesta seção, você poderá dar uma olhada na representação matricial do momento angular em um nível quântico. Não se preocupe, vou me ater a números quânticos pequenos, para que as matrizes não fiquem muito grandes. O método de matriz foi o primeiro sistema de mecânica quântica. Desde o início, os físicos o reconheceram como extremamente pesado e acabaram substituindo o método matricial pela mecânica ondulatória e pela notação de Dirac por um motivo: cálculos mais simples!

Considere um sistema com o número quântico do momento angular total $\ell = 1$, o que significa que m pode assumir os valores −1, 0 e 1. Assim, você pode representar os três possíveis estados de momento angular da seguinte forma:

$$|1,\ -1\rangle = \begin{bmatrix} 0 \\ 0 \\ 1 \end{bmatrix} \qquad |1,\ 0\rangle = \begin{bmatrix} 0 \\ 1 \\ 0 \end{bmatrix} \qquad |1,\ 1\rangle = \begin{bmatrix} 1 \\ 0 \\ 0 \end{bmatrix}$$

Certo, então quais são os operadores que você viu neste capítulo na representação de matrizes? Por exemplo, o que é L^2? Você pode escrever L^2 deste modo na forma de matriz:

$$L^2 = \begin{bmatrix} \langle 1,1|L^2|1,1\rangle & \langle 1,1|L^2|1,0\rangle & \langle 1,1|L^2|1,-1\rangle \\ \langle 1,0|L^2|1,1\rangle & \langle 1,0|L^2|1,0\rangle & \langle 1,0|L^2|1,-1\rangle \\ \langle 1,-1|L^2|1,1\rangle & \langle 1,-1|L^2|1,0\rangle & \langle 1,-1|L^2|1,-1\rangle \end{bmatrix}$$

Essa matriz pode parecer um pouco assustadora, mas respire fundo e resolva o problema em partes. Basta seguir estes passos:

1. **Identifique os elementos iguais a zero.**

   Todos os vetores, exceto na diagonal, se combinam com um *vetor ortogonal*, significando que são iguais a zero. Portanto, esses são bastante fáceis. Somente os elementos ao longo da diagonal têm valores diferentes de zero com os quais se preocupar.

2. **Combine os vetores ao longo da diagonal. (Por ora, ignore o operador L^2.)**

   Os vetores são combinados com sua transposição e normalizados, de modo que o resultado é

   $$\langle 1,\ 1|1,\ 1\rangle = 1 \qquad \langle 1,\ 0|1,\ 0\rangle = 1 \qquad \langle 1,\ -1|1,\ -1\rangle = 1$$

3. Aplique o operador L².

O operador de momento, L^2, resulta em $L^2|\ell, m\rangle = \hbar^2\ell(\ell+1)|\ell, m\rangle$ (que você calculou na seção "Derivando equações de autoestado com β_{max} e β_{min}", anteriormente neste capítulo).

Como $\ell = 1$, você sabe que $\hbar^2\ell(\ell + 1) = 2\hbar^2$. Então, pode escrever a matriz de L^2 assim:

$$L^2 = \begin{bmatrix} 2\hbar^2 & 0 & 0 \\ 0 & 2\hbar^2 & 0 \\ 0 & 0 & 2\hbar^2 \end{bmatrix} = 2\hbar^2 \begin{bmatrix} 1 & 0 & 0 \\ 0 & 1 & 0 \\ 0 & 0 & 1 \end{bmatrix}$$

Portanto, na forma matricial, a equação $L^2|1,1\rangle = 2\hbar^2|1,1\rangle$ se torna

$$2\hbar^2 \begin{bmatrix} 1 & 0 & 0 \\ 0 & 1 & 0 \\ 0 & 0 & 1 \end{bmatrix} \begin{bmatrix} 1 \\ 0 \\ 0 \end{bmatrix} = 2\hbar^2 \begin{bmatrix} 1 \\ 0 \\ 0 \end{bmatrix}$$

É possível aplicar um raciocínio semelhante (consulte as próximas duas seções) com outros operadores discutidos anteriormente neste capítulo.

Operadores de criação e aniquilação

E quanto ao operador L_+? Como provavelmente já sabe (com base na seção "Encontrando os Autovalores dos Operadores de Criação e Aniquilação", anteriormente neste capítulo), $L_+|\ell, m\rangle = \hbar\sqrt{\ell(\ell+1) - m(m+1)}\,|\ell, m+1\rangle$. Neste exemplo, $\ell = 1$ e $m = +1$, 0, e -1. Dessa maneira, temos o seguinte:

$$L_+|1,1\rangle = 0 \qquad L_+|1,0\rangle = \sqrt{2}\hbar|1,1\rangle \qquad L_+|1,-1\rangle = \sqrt{2}\hbar|1,0\rangle$$

Em forma de matriz, então, considere que o operador L_+ transformará o primeiro vetor em 0, mas aumentará em 1 o valor m em cada uma das outras colunas e multiplicará pelo escalar. Fica assim:

$$L_+ = \sqrt{2}\hbar \begin{bmatrix} 0 & 1 & 0 \\ 0 & 0 & 1 \\ 0 & 0 & 0 \end{bmatrix}$$

Certo, e L_-? Aplicar o mesmo raciocínio para esse operador resulta nesta forma de matriz:

$$L_- = \sqrt{2}\hbar \begin{bmatrix} 0 & 0 & 0 \\ 1 & 0 & 0 \\ 0 & 1 & 0 \end{bmatrix}$$

Você pode testar essas duas matrizes de operadores com os diferentes vetores para confirmar que elas funcionam com os mesmos resultados da aplicação dos operadores na notação de Dirac.

Passando para outros operadores L

Com as matrizes para L^2, L_+ e L_- estabelecidas, você pode começar a pensar na representação da matriz para L_z. Isso é simples, porque

- $\hbar|1,1\rangle = L_z|1,1\rangle$
- $0 = L_z|1,0\rangle$
- $-\hbar|1,1\rangle = L_z|1,-1\rangle$

Assim, a primeira coluna de L_z produz o escalar $\hbar$, a coluna do meio produz 0, e a última, $-\hbar$. A matriz resultante é

$$L_z = \hbar\begin{bmatrix} 1 & 0 & 0 \\ 0 & 0 & 0 \\ 0 & 0 & -1 \end{bmatrix}$$

E você deve, é claro, testá-la para confirmar se também funciona com os vários vetores.

Uma lógica semelhante funciona para encontrar os operadores L_x, L_y e $[L_x, L_y]$. Isso não é tão difícil quanto você imagina, usando o seguinte como ponto de partida e, em seguida, aplicando a adição de matrizes:

$$L_x = \frac{1}{2}(L_+ + L_-)$$

$$L_y = \frac{i}{2}(L_- - L_+)$$

$$[L_x, L_y] = L_x L_y - L_y L_x$$

Um Passo Além: Mudando para o Sistema de Coordenadas Esféricas

As primeiras seções deste capítulo tratam do momento angular na *notação de Dirac* (uma linguagem projetada para atender às necessidades precisas de expressar estados na mecânica quântica; veja sua introdução no Capítulo 7). O charme dessa notação, com seus bras e kets, é que ela não nos limita a nenhum sistema específico de representação. Você pode se concentrar diretamente nos bras e kets ou traduzi-los em matrizes, se preferir trabalhar dessa forma.

Então, você tem os autoestados gerais, com os quais pode trabalhar com bastante facilidade (relativamente falando) na notação de Dirac, mas, e se quiser se aprofundar mais nas particularidades? E se, em vez de apenas os autoestados gerais, você quiser encontrar as autofunções reais de L_z e L^2, as funções reais que pode usar com os operadores de momento angular, como L^2 e L_z? Bem, caso pretenda se aprofundar nesses detalhes, precisa de uma pequena mudança de perspectiva.

Estabelecendo as bases (esféricas)

DICA

Mesmo na física clássica, ao se falar sobre momento angular, faz sentido traduzir seu pensamento em coordenadas esféricas (ou coordenadas polares em duas dimensões) em vez de um sistema cartesiano tradicional de coordenadas cartesianas. O Capítulo 13 é totalmente dedicado às coordenadas esféricas, mas vou abordá-las aqui de maneira bastante simplificada. A matemática do momento angular rapidamente se torna um pesadelo em um sistema retangular, mas é bastante simplificada nesses outros sistemas de coordenadas. A Figura 10-4 mostra o sistema de coordenadas esféricas.

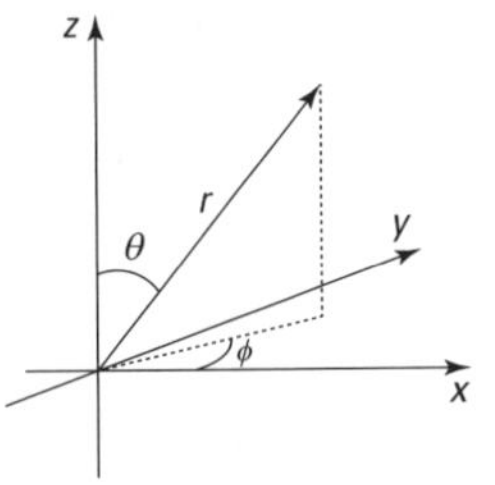

FIGURA 10-4: O sistema de coordenadas esféricas.

No sistema de coordenadas cartesianas (cartesianas), você usa *x*, *y* e *z* para se orientar. No sistema de coordenadas esféricas, você também usa três quantidades: *r*, θ e ϕ, como mostra a Figura 10-4. Você pode fazer a conversão entre o sistema de coordenadas esféricas e o sistema retangular. O vetor *r* é o vetor para a partícula cujo momento angular, θ é o ângulo de *r* em relação ao eixo *z*, e ϕ é o ângulo de *r* em relação ao eixo *x*. As equações a seguir mostram como você pode escrever as três coordenadas cartesianas em termos de coordenadas esféricas.

- $x = r \operatorname{sen}\theta \cos\phi$
- $y = r \operatorname{sen}\theta \operatorname{sen}\phi$
- $z = r \cos\phi$

Considere as equações do momento angular:

$$L_x = YP_z - ZP_y = -i\hbar\left(y\frac{\partial}{\partial z} - z\frac{\partial}{\partial y}\right)$$

$$L_y = ZP_x - XP_z = -i\hbar\left(z\frac{\partial}{\partial x} - x\frac{\partial}{\partial z}\right)$$

$$L_z = XP_y - YP_x = -i\hbar\left(x\frac{\partial}{\partial y} - y\frac{\partial}{\partial x}\right)$$

Ao usar as equações de momento angular com as equações de conversão do sistema de coordenadas esféricas, é possível derivar o seguinte:

» $L_z = -i\hbar\frac{\partial}{\partial \phi}$

» $L^2 = -\hbar^2\left(\frac{1}{\text{sen}\theta}\frac{\partial}{\partial \theta}\left(\text{sen}\theta\frac{\partial}{\partial \theta}\right) + \frac{1}{\text{sen}^2\theta}\frac{\partial^2}{\partial \phi^2}\right)$

» $L_+ = L_x + iL_y = \hbar e^{i\phi}\left(\frac{\partial}{\partial \theta} + \frac{i\cos\theta}{\text{sen}\theta}\frac{\partial}{\partial \phi}\right)$

» $L_- = L_x - iL_y = \hbar e^{-i\phi}\left(-\frac{\partial}{\partial \theta} + \frac{i\cos\theta}{\text{sen}\theta}\frac{\partial}{\partial \phi}\right)$

Essas equações parecem bastante complexas. Observe esta característica extremamente significativa: a variável *r* está completamente ausente. Elas dependem apenas de θ e ϕ, significando que seus autoestados dependem apenas de θ e ϕ, não de *r*. As autofunções dos operadores na lista anterior, então, podem ser denotadas assim:

$$\langle \theta, \phi | l, m \rangle$$

Tradicionalmente, denominamos as autofunções do momento angular em coordenadas esféricas $Y_{\ell m}(\theta, \phi)$, que resulta no seguinte:

$$Y_{\ell m}(\theta, \phi) = \langle \theta, \phi | \ell, m \rangle$$

LEMBRE-SE

Lembre-se de que as restrições dos números quânticos ℓ e *m* aparecerão no índice para $Y_{\ell m}$. A quantização na física quântica significa que esses números sempre assumem valores inteiros discretos, pois é assim que os números quânticos funcionam.

Em outras palavras, se você usar um exemplo (da seção "Operadores de criação e aniquilação", anteriormente no capítulo) em que $\ell = 1$ e $m = +1, 0$, e -1 (sendo um pouco mais explícito sobre o valor *m* positivo aqui), então você terá as seguintes funções de $Y_{\ell m}$ a considerar: Y_{1+1}, Y_{10} e Y_{1-1}. Dando um passo além, você verá que algumas das simetrias nessas equações significam ser possível combinar a primeira e a última funções em uma única notação de função: $Y_{1\pm1}$. Simplificar com essa combinação é outro grande motivo para usar coordenadas esféricas!

Muito bem, agora que você tem uma noção do que procurar, pode tentar encontrar a forma real de $Y_{\ell m}(\theta, \phi)$. Ao usar os operadores L^2 e L_z nos autoestados de momento angular, trabalhos anteriores demonstraram que tais relações sustentarão:

$$L^2 |\ell, m\rangle = \ell(\ell+1)\hbar^2 |\ell, m\rangle$$
$$L_z |\ell, m\rangle = m\hbar |\ell, m\rangle$$

Portanto, o seguinte tem de ser verdadeiro:

» $L^2 Y_{\ell m}(\theta, \phi) = \ell(\ell+1)\hbar^2 Y_{\ell m}(\theta, \phi)$
» $L_z Y_{\ell m}(\theta, \phi) = m\hbar Y_{\ell m}(\theta, \phi)$

Na verdade, você pode ir mais longe. Lembre-se de que L_z é o componente Z do momento angular, o que significa que L_z depende apenas de θ (o ângulo em relação ao eixo z) e não do ϕ (o ângulo relativo ao eixo x). Isso sugere que você pode dividir $Y_{\ell m}(\theta, \phi)$ em uma parte que depende de θ e uma parte que depende de ϕ. A divisão fica assim:

$$Y_{\ell m}(\theta, \phi) = \Theta_{\ell m}(\theta)\Phi_m(\phi)$$

DICA

É essa divisão das funções próprias que torna o trabalho com coordenadas esféricas tão útil. A divisão não é possível com coordenadas cartesianas. Mesmo antes de ver como proceder com o trabalho mais detalhado, você precisa entender claramente que pode explorar a divisão da autofunção de forma positiva para chegar às suas soluções.

As autofunções de L_z em coordenadas esféricas

Comece encontrando as autofunções de L_z em coordenadas esféricas. Como lembrete (consulte a seção anterior), esse operador L_z fica assim:

$$L_z = -i\hbar \frac{\partial}{\partial \phi}$$

Não parece tão ruim, não é mesmo? Comece aplicando o operador a $Y_{\ell m}(\theta, \phi)$ e, em seguida, divida-o para usar as diferentes partes da função. (***Nota:*** É aqui que você vê o grande benefício de dividir essas funções esféricas.) Como o operador L_z é uma derivada com relação a ϕ, a parte da função que depende exclusivamente de θ vem fora da derivada.

$$L_z Y_{lm}(\theta, \phi) = L_z \Theta_{lm}(\theta)\Phi_m(\phi)$$

$$L_z Y_{lm}(\theta, \phi) = -i\hbar \frac{\partial}{\partial \phi}\Theta_{lm}(\theta)\Phi_m(\phi)$$

$$L_z Y_{lm}(\theta, \phi) = -i\hbar\Theta_{lm}(\theta)\frac{\partial \Phi_m}{\partial \phi}(\phi)$$

Mas isso não esgota o que você sabe sobre L_z. Na seção anterior, você viu que $L_z Y_{\ell m}(\theta, \phi) = m\hbar Y_{\ell m}(\theta, \phi)$ e $Y_{\ell m}(\theta, \phi) = \Theta_{\ell m}(\theta)\Phi_m(\phi)$.

$$-i\hbar\Theta_{\ell m}(\theta)\frac{\partial \Phi_m}{\partial \phi}(\phi) = m\hbar\Theta_{\ell m}(\theta)\Phi_m(\phi)$$

$$-i\frac{\partial \Phi_m}{\partial \phi}(\phi) = m\Phi_m(\phi)$$

Isso parece fácil de resolver (certo, talvez não pareça tão fácil assim, mas é possível) e a solução é apenas

$$\Phi_m(\phi) = Ce^{im\phi}$$

em que C é uma constante de integração. Você pode determinar C insistindo que $\Phi_m(\phi)$ seja normalizado — isto é, que o seguinte seja verdadeiro:

$$\int_0^{2\pi} \Phi^*_m(\phi)\Phi_m(\phi)d\phi = 1$$

que lhe dá $C = \frac{1}{\sqrt{2\pi}}$.

Portanto, $\Phi_m(\phi)$ é igual a

$$\Phi_m(\phi) = \frac{e^{im\phi}}{\sqrt{2\pi}}$$

Você está progredindo — determinou a forma de $\Phi_m(\phi)$, então $Y_{\ell m}(\theta, \phi) = \Theta_{\ell m}(\theta)\, \Phi_m(\phi)$, que resulta em

$$Y_{\ell m}(\theta, \phi) = \Theta_{\ell m}(\theta)\Phi_m(\phi) = \Theta_{\ell m}(\theta)\frac{e^{im\phi}}{\sqrt{2\pi}}$$

Excelente! Você já está na metade do caminho, porém, ainda precisa determinar a forma de $\Theta_{\ell m}(\theta)$, a autofunção de L^2, algo que faremos na próxima seção.

As autofunções de L^2 em coordenadas esféricas

Você pode aproveitar o trabalho abordado na seção anterior e resolver a autofunção de L^2, $\Theta_{\ell m}(\theta)$. Na seção "Estabelecendo as bases (esféricas)" viu que, em coordenadas esféricas, o operador L^2 é assim:

$$L^2 = -\hbar^2\left(\frac{1}{\operatorname{sen}\theta}\frac{\partial}{\partial\theta}\left(\operatorname{sen}\theta\frac{\partial}{\partial\theta}\right)+\frac{1}{\operatorname{sen}^2\theta}\frac{\partial^2}{\partial\phi^2}\right)$$

É um operador e tanto. Você também sabe que

$$Y_{\ell m}(\theta,\ \phi) = \Theta_{\ell m}(\theta)\frac{e^{im\phi}}{\sqrt{2\pi}}$$

Agora, siga estes passos para encontrar as autofunções:

1. **Aplique o operador L^2.**

   Aplicar o operador L^2 a $Y_{\ell m}(\theta, \phi)$ lhe dá o seguinte:

$$L^2 Y_{\ell m}(\theta,\ \phi) = -\hbar^2\left[\frac{1}{\operatorname{sen}\theta}\frac{\partial}{\partial\theta}\left(\operatorname{sen}\theta\frac{\partial}{\partial\theta}\right)+\frac{1}{\operatorname{sen}^2\theta}\frac{\partial^2}{\partial\phi^2}\right]\left(\Theta_{\ell m}(\theta)\frac{e^{im\phi}}{\sqrt{2\pi}}\right)$$

EQUAÇÕES DIFERENCIAIS, FUNÇÕES E POLINÔMIOS DE LEGENDRE

As equações diferenciais de Legendre são uma forma bem conhecida de equação diferencial, e os matemáticos já resolveram esse conjunto de equações diferenciais para você. Viva eles!

Você pode começar separando a dependência de *m*, que funciona desta maneira com as funções de Legendre:

$$P_{\ell m}(x) = \left(1-x^2\right)^{|m|/2}\frac{d^{|m|}}{dx^{|m|}}P_\ell(x)$$

em que $P_\ell(x)$ é chamado de *polinômio de Legendre* e é dado pela fórmula de Rodrigues:

$$P_\ell(x) = \frac{(-1)^\ell}{2^\ell \ell!}\frac{d^\ell}{dx^\ell}\left(1-x^2\right)^\ell$$

(continua)

(continuação)

É possível usar essa equação para derivar os primeiros polinômios de Legendre assim:

$$P_0(x) = 1 \qquad P_3(x) = \frac{1}{2}\left(5x^2 - 3x\right)$$

$$P_1(x) = x \qquad P_4(x) = \frac{1}{8}\left(35x^4 - 30x^2 + 3\right)$$

$$P_2(x) = \frac{1}{2}\left(3x^2 - 1\right) \qquad P_5(x) = \frac{1}{8}\left(63x^5 - 70x^3 + 15x\right)$$

e assim por diante. Assim são os primeiros polinômios $P_\ell(x)$. E como são as funções de Legendre associadas, $P_{\ell m}(x)$? Você também pode calculá-las. Comece com $P_{\ell 0}(x)$, em que $m = 0$. Essas são fáceis, pois $P_{\ell 0}(x) = P_\ell(x)$, então

- $P_{10}(x) = x$
- $P_{20}(x) = \frac{1}{2}\left(3x^2 - 1\right)$
- $P_{30}(x) = \frac{1}{2}\left(5x^3 - 3x\right)$

Dessa forma, para $P_{\ell m}(x)$ onde $m \neq 0$, é preciso voltar à função de Legendre completa (não apenas ao polinômio) e encontrá-las, mas, felizmente, a maior parte do caminho já está percorrida depois de encontrar o $P_\ell(x)$. Veja exemplos de alguns dos polinômios de Legendre mais práticos dos quais possa precisar:

- $P_{11}(x) = \sqrt{1 - x^2}$
- $P_{21}(x) = 3x\sqrt{1 - x^2}$
- $P_{22}(x) = 3\left(1 - x^2\right)$
- $P_{31}(x) = \frac{3}{2}\left(5x^2 - 1\right)\sqrt{1 - x^2}$
- $P_{32}(x) = 15x\left(1 - x^2\right)$
- $P_{33}(x) = 15x\sqrt{\left(1 - x^2\right)^3}$

Essas equações lhe dão um panorama das funções $P_{\ell m}$. Você pode se aprofundar mais usando recursos sobre equações diferenciais, como [conteúdos em inglês]

- *Differential Equations For Dummies* (Wiley)
- `https://mathworld.wolfram.com/LegendrePolynomial.html`
- Vídeo de introdução aos Polinômios de Legendre: `https://youtu.be/djlUmwbPw20?si=uuPbC8DklQFq1Vbo`

2. **Reescreva $Y_{\ell m}$ e simplifique.**

E como $L^2Y_{\ell m}(\theta, \phi) = \ell(\ell + 1)\hbar^2Y_{\ell m}(\theta, \phi) = \ell(\ell + 1)\hbar^2\Theta_{\ell m}(\theta)\Phi_m(\phi)$, a equação se torna

$$-\hbar^2\left[\frac{1}{\text{sen}\theta}\frac{\partial}{\partial\theta}\left(\text{sen}\theta\frac{\partial}{\partial\theta}\right)+\frac{1}{\text{sen}^2\theta}\frac{\partial^2}{\partial\phi^2}\right]\left(\Theta_{\ell m}(\theta)\frac{e^{im\phi}}{\sqrt{2\pi}}\right)$$
$$=\ell(\ell+1)\hbar^2\Theta_{lm}(\theta)\frac{e^{im\phi}}{\sqrt{2\pi}}$$

Onde você foi se meter? Ao cancelar os termos e subtrair o lado direito do esquerdo, por fim você obtém esta equação diferencial (que pode ser simplificada):

$$\left[\frac{1}{\text{sen}\theta}\frac{\partial}{\partial\theta}\left(\text{sen}\theta\frac{\partial}{\partial\theta}\right)+\frac{1}{\text{sen}^2\theta}\frac{\partial^2}{\partial\phi^2}\right]\left(\Theta_{\ell m}(\theta)e^{im\phi}\right)+\ell(\ell+1)\Theta_{\ell m}(\theta)e^{im\phi}=0$$
$$\left[\frac{1}{\text{sen}\theta}\frac{\partial}{\partial\theta}\left(\text{sen}\theta\frac{\partial}{\partial\theta}\right)-\frac{m^2}{\text{sen}^2\theta}+\ell(\ell+1)\right]\Theta_{\ell m}(\theta)=0$$

3. **Resolva a equação diferencial.**

Eu o perdoo por esperar não ter que fazer todo o trabalho pesado para resolvê-la. E você está com sorte! Essa equação é uma *equação diferencial de Legendre*, e as soluções são bem conhecidas. Em geral, elas assumem a seguinte forma:

$$\Theta_{\ell m}(\theta) = C_{\ell m}P_{\ell m}(\cos\theta)$$

onde $P_{\ell m}(\cos\theta)$ é a *função de Legendre*.

4. **Normalize para encontrar as constantes.**

E agora você já sabe como são as funções $P_{\ell m}$ (ao menos se leu o box cinza). Porém, como são as constantes $C_{\ell m}$? Assim que as obtiver, terá as autofunções do momento angular completo, $Y_{\ell m}(\theta, \phi)$, pois $Y_{\ell m}(\theta, \phi) = \Theta_{\ell m}(\theta)\Phi_m(\phi)$.

Você pode calcular as constantes $C_{\ell m}$ como sempre calculamos tais constantes de integração em física quântica — é só normalizar as autofunções para 1. No caso de $Y_{\ell m}(\theta, \phi) = \Theta_{\ell m}(\theta)\Phi_m(\phi)$, fica assim:

$$\int_0^{2\pi}\int_0^{\pi} Y_{\ell m}^*(\theta, \phi)Y_{\ell m}(\theta, \phi)\text{sen}\theta\, d\theta d\phi = 1$$

Substitua as três quantidades a seguir nessa equação:

- $Y_{\ell m}(\theta, \phi) = \Theta_{\ell m}(\theta)\Phi_m(\phi)$
- $\Phi_m(\phi) = \dfrac{e^{im\phi}}{\sqrt{2\pi}}$
- $\Theta_{\ell m}(\theta) = C_{\ell m}P_{\ell m}(\cos\theta)$

Este é o resultado:

$$\frac{|C_{\ell m}|^2}{2\pi}\int_0^{2\pi} d\phi \int_0^{\pi} |P_{\ell m}(\cos\theta)|^2 \operatorname{sen}\theta \, d\theta = 1$$

A integral sobre ϕ dá 2π, então

$$|C_{\ell m}|^2 \int_0^{\pi} |P_{\ell m}(\cos\theta)|^2 \operatorname{sen}\theta \, d\theta = 1$$

Você pode avaliar a integral para isso e, em seguida, resolver $C_{\ell m}$:

$$|C_{\ell m}|^2 \frac{2}{2\ell + 1} \frac{(\ell + |m|)!}{(\ell - |m|)!} = 1$$

$$C_{\ell m} = (-1)^{|m|} \sqrt{\frac{(2\ell + 1)(\ell - |m|)!}{2(\ell + |m|)!}}$$

O que significa que

$$\Theta_{\ell m}(\theta) = (-1)^{|m|} \sqrt{\frac{(2\ell + 1)(\ell - |m|)!}{2(\ell + |m|)!}} P_{\ell m}(\cos\theta)$$

Portanto, $Y_{\ell m}(\theta, \phi) = \Theta_{\ell m}(\theta)\Phi_m(\phi)$, a função própria do momento angular em coordenadas esféricas, é

$$Y_{\ell m}(\theta,\phi) = (-1)^{|m|} \sqrt{\frac{(2\ell + 1)(\ell - |m|)!}{4\pi(\ell + |m|)!}} P_{\ell m}(\cos\theta) e^{im\phi}$$

As funções dadas por essa equação são chamadas de *harmônicas esféricas normalizadas*. Veja a seguir como ficam as primeiras:

- $Y_{00}(\theta, \phi) = \frac{1}{\sqrt{4\pi}}$
- $Y_{10}(\theta, \phi) = \sqrt{\frac{3}{4\pi}} \cos\theta$
- $Y_{1\pm1}(\theta, \phi) = \mp\sqrt{\frac{3}{8\pi}} e^{\pm i\phi} \operatorname{sen}\theta$
- $Y_{20}(\theta, \phi) = \sqrt{\frac{5}{16\pi}} \left(3\cos^2\theta - 1\right)$
- $Y_{2\pm1}(\theta, \phi) = \mp\sqrt{\frac{15}{8\pi}} e^{\pm i\phi} \operatorname{sen}\theta \cos\theta$
- $Y_{2\pm2}(\theta, \phi) = \sqrt{\frac{15}{32\pi}} e^{\pm 2/\theta} \operatorname{sen}^2\theta$

Voltando às coordenadas cartesianas

Na seção anterior, você calculou as autofunções em coordenadas esféricas, o que oferece vantagens em termos de simplificação. No entanto, e se ainda assim quisesse essas funções próprias em coordenadas cartesianas?

Felizmente, há equações que podem ser usadas para alternar entre coordenadas esféricas e cartesianas. Se não se lembrar delas e não quiser voltar ao início da seção de coordenadas esféricas, poderá vê-las a seguir em uma forma um pouquinho diferente:

» $\operatorname{sen}\theta \cos\phi = \frac{x}{r}$

» $\operatorname{sen}\theta \operatorname{sen}\phi = \frac{y}{r}$

» $\cos\theta = \frac{z}{r}$

Inserir essas equações nas soluções esféricas para $Y_{\ell m}$ (às vezes com algumas manipulações ágeis nas identidades trigonométricas que deixo de bom grado como um projeto paralelo para o leitor) fornece os harmônicos esféricos em coordenadas cartesianas:

» $Y_{00}(x, y, z) = \frac{1}{\sqrt{4\pi}}$

» $Y_{10}(x, y, z) = \sqrt{\frac{3}{4\pi}}\left(\frac{z}{r}\right)$

» $Y_{1\pm1}(x, y, z) = \mp\sqrt{\frac{3}{8\pi}}\left(\frac{x \pm iy}{r}\right)$

» $Y_{20}(x, y, z) = \sqrt{\frac{5}{16\pi}}\left(\frac{3z^2 - r^2}{r^2}\right)$

» $Y_{2\pm1}(x, y, z) = \mp\sqrt{\frac{15}{8\pi}}\left(\frac{z(x \pm iy)}{r^2}\right)$

» $Y_{2\pm2}(x, y, z) = \mp\sqrt{\frac{15}{32\pi}}\left(\frac{x^2 - y^2 \pm 2ixy}{r^2}\right)$

O momento angular pode ser matematicamente complexo, especialmente na mecânica quântica, mas desempenha um papel fundamental. Seu estudo levou a uma importante descoberta na mecânica quântica: a existência de uma propriedade das partículas físicas (spin) que nunca havia sido prevista anteriormente. Consulte o próximo capítulo para saber mais sobre isso.

NESTE CAPÍTULO

» Descobrindo o spin com o experimento de Stern-Gerlach

» Analisando a notação de autoestados e spin

» Entendendo férmions e bósons

» Comparando os operadores de spin com os de momento angular

» Trabalhando com as matrizes de Pauli

Capítulo 11

Ficando Tonto com o Spin

Os físicos sugerem que o momento angular orbital não é o único tipo de momento angular presente em um átomo — os elétrons também podem ter um momento angular intrínseco incorporado. Esse tipo de momento angular interno é chamado de spin. Nunca saberemos se os elétrons realmente giram ou não — eles são o mais próximo que se pode chegar de partículas pontuais, sem nenhuma estrutura interna aparente. No entanto, o fato é que eles têm momento angular intrínseco e agem *como se* estivessem girando. Está se confundindo? Bem-vindo à física quântica!

E é disso que trata este capítulo: o spin intrínseco e incorporado das partículas subatômicas. Você conhecerá o experimento que levou os físicos a afirmarem que os elétrons tinham essa propriedade. Em seguida, verá como o spin se relaciona com os números quânticos, os autoestados, os operadores e a notação que você descobriu nos capítulos anteriores (Capítulos 7 a 10). Por fim, descobrirá como o spin ajuda a classificar as partículas na física e as propriedades relacionadas a essas classificações.

Nota: Este capítulo utiliza o conhecimento de momento angular, portanto, pode ser uma boa ideia dar uma olhada no Capítulo 10. Talvez você também queira consultar o Capítulo 2 para rever o eletromagnetismo. Além disso, as equações deste capítulo (que são menos numerosas do que em outros capítulos) ainda exigem as antigas ferramentas da física quântica: cálculo, álgebra linear e equações diferenciais.

Investigando o Experimento de Stern-Gerlach e o Caso do Ponto Faltante

O experimento de Stern-Gerlach revelou inesperadamente a existência do spin em 1922. Os físicos Otto Stern e Walther Gerlach enviaram um feixe de átomos de prata através dos polos de um ímã cujo campo magnético estava na direção vertical (como mostra a Figura 11-1). O comportamento dos átomos (consulte a figura) mostrou que átomos diferentes seguiam caminhos diferentes (apresentando spin para cima ou para baixo) dentro do campo magnético.

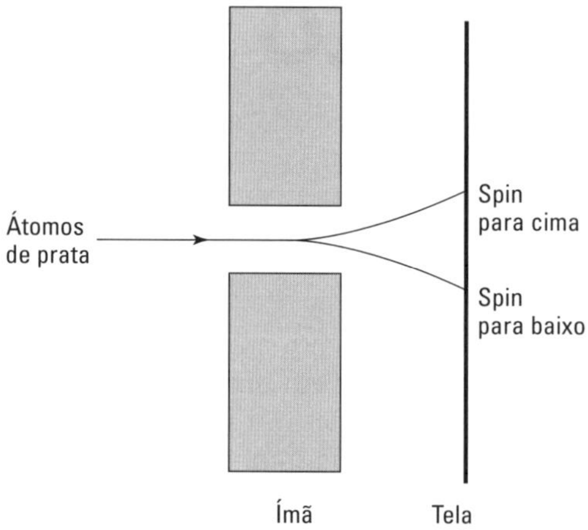

FIGURA 11-1: O experimento de Stern-Gerlach.

Como 46 dos 47 elétrons da prata estão dispostos em uma nuvem simétrica que circunda o núcleo do átomo, qualquer contribuição de momento angular de elétrons específicos é cancelada por outros elétrons. Como resultado, eles não contribuem em nada para o momento angular orbital total do átomo. O momento angular líquido se resume ao 47º elétron porque não há nenhum elétron emparelhado para cancelar seu momento angular.

O 47º elétron pode estar

- No estado 5*s*, caso em que seu momento angular é $\ell = 0$ e o componente *z* desse momento angular é 0.
- No estado 5*p*, caso em que seu momento angular é $\ell = 1$, significando que o componente *z* de seu momento angular pode ser –1, 0 ou 1.

Esses estados possíveis significam que Stern e Gerlach esperavam ver um ou três pontos na tela mostrada à direita na Figura 11-1, correspondendo aos diferentes estados do componente z do momento angular.

Mas, notoriamente, eles viram apenas dois pontos (rotulados como *Spin para cima* e *Spin para baixo* na figura). Essa desconexão — entre a expectativa e os resultados — intrigou a comunidade física por cerca de três anos. Então, em 1925, os físicos Samuel A. Goudsmit e George E. Uhlenbeck sugeriram que os elétrons continham momento angular intrínseco — e esse momento angular intrínseco era o que lhes dava um momento magnético que interagia com o campo magnético. Afinal de contas, era evidente que algum momento angular, além do momento angular orbital, estava em ação no experimento.

LEMBRE-SE

O "outro" momento angular incorporado passou a ser chamado de spin. O feixe de átomos de prata se divide em dois, dependendo da direção do spin do 47º elétron do átomo, de modo que há dois estados possíveis de spin, que passaram a ser conhecidos como *para cima* e *para baixo*, ou *up* e *down*.

O spin é um efeito puramente mecânico quântico, e não existe nenhum análogo real na física clássica. O mais próximo que você pode chegar é comparar o spin com o giro da Terra à medida que ela gira em redor do Sol, ou seja, a Terra tem tanto o giro/spin (porque gira em seu eixo) quanto o momento angular orbital (porque gira em torno do Sol). Mas mesmo essa imagem não explica totalmente o spin em termos clássicos, pois é possível que a Terra exista sem girar. Mas não é possível impedir que os elétrons tenham rotação, e isso também se aplica a outras partículas subatômicas que têm spin, como os prótons.

DICA

O spin não depende de graus de liberdade espaciais; mesmo se você tivesse um elétron em repouso (o que viola o princípio da incerteza; consulte o Capítulo 3), ele ainda teria spin.

Tirando Vantagem do Spin e dos Autoestados

O spin é um pouco complicado. Ao lidar com o momento angular orbital (consulte o Capítulo 10), você pode criar operadores de momento angular porque o momento angular orbital é o produto do momento e do raio. Mas o spin é incorporado; nenhum operador de momento está envolvido.

Então, aqui temos o ponto crucial: não é possível descrever o spin com um operador diferencial nem encontrar funções próprias para o spin como se faz para o momento angular. O que nos resta é a notação de Dirac — bra e ket — para analisar esses estados quânticos, que não se vincula a nenhuma representação específica em termos espaciais.

No Capítulo 10, você também analisa as coisas em termos de momento angular, introduzindo os autoestados do momento angular orbital da seguinte forma: $|\ell, m\rangle$ (em que ℓ é o número quântico do momento angular e m o número quântico do componente z do momento angular).

Você tem de usar a mesma notação para autoestados de spin. Assim como no momento angular orbital, você pode usar um número quântico de spin total e um número quântico que indica o spin ao longo do eixo z. (***Nota:*** O eixo z está sempre na direção do campo magnético aplicado. O spin não tem um eixo definido.)

LEMBRE-SE

As letras dadas ao número quântico de spin total e ao componente do eixo z do spin são s e m (às vezes você as vê escritas como s e m_s). Em outras palavras, os autoestados do spin são escritos como $|s, m\rangle$.

Metades e Números Inteiros: Dizendo Olá aos Férmions e Bósons

Em analogia com o momento angular orbital, você precisa presumir que m (o componente do eixo z do spin) pode assumir os valores $-s, -s+1,\ldots, s-1$ e s, onde s é o número quântico de spin total. Para os elétrons do átomo de prata (consulte a seção "Investigando o Experimento de Stern-Gerlach e o Caso do Ponto Faltante", anteriormente neste capítulo), Stern e Gerlach observaram dois pontos, então, temos, $2s + 1 = 2$, o que significa que $s = 1/2$. Portanto, m pode ser $+1/2$, um elétron que se diz ter um "spin para cima", ou $-1/2$ para um "spin para baixo". Assim, estes são os possíveis autoestados para os elétrons em termos de spin:

- **Autoestado de spin para cima:** $\left|\frac{1}{2}, \frac{1}{2}\right\rangle$
- **Autoestado de spin para baixo:** $\left|\frac{1}{2}, -\frac{1}{2}\right\rangle$

Então, todas as partículas subatômicas têm $s = 1/2$? Não. Estas são suas opções.

- **Férmions:** Na física, as partículas com spin meio inteiro são chamadas de *férmions*. Eles incluem elétrons, prótons, nêutrons e assim por diante, até mesmo quarks. Por exemplo, os elétrons, prótons e nêutrons têm spin $s = 1/2$, e há até mesmo algumas partículas (chamadas partículas delta) com $s = 3/2$.
- **Bósons:** As partículas com spin inteiro são chamadas de *bósons*. Elas incluem fótons, mésons pi e outras partículas elementares; até mesmo as partículas postuladas envolvidas com a força da gravidade, os grávitons, supostamente têm spin inteiro. Por exemplo, os mésons pi têm spin $s = 0$, os fótons têm $s = 1$ e assim por diante.

Abordo mais esses diferentes tipos de partículas no Capítulo 4 e também no box cinza, "Férmions e Bósons em Ação".

Dessa maneira, para os elétrons, os autoestados de spin são $\left|\frac{1}{2}, \frac{1}{2}\right\rangle$ para os elétrons com spin para cima e $\left|\frac{1}{2}, -\frac{1}{2}\right\rangle$ para os com spin para baixo. No caso dos fótons, os autoestados são $|1, 1\rangle$, $|1, 0\rangle$ e $|1, -1\rangle$. Portanto, os possíveis autoestados dependem da partícula com a qual estamos trabalhando. Para os fins deste capítulo, me concentrarei principalmente nos dois autoestados, spin para cima e spin para baixo, do elétron.

FÉRMIONS E BÓSONS EM AÇÃO

Este capítulo se concentra no conceito de spin da mecânica quântica e nas equações relacionadas a ele, mas o spin é muito mais do que apenas um número. A propriedade de spin de uma partícula define certas maneiras pelas quais ela pode interagir com outras partículas idênticas, as quais serão abordadas com mais detalhes no Capítulo 15.

Os férmions geralmente representam partículas que são consideradas como objetos físicos ou partículas de matéria. Eles também são divididos em categorias.

- **Léptons:** Partículas fundamentais da matéria, das quais a mais proeminente é o elétron. Ela também inclui as partículas mais pesadas, o múon e o tau. Todas essas três partículas também têm neutrinos (que também são léptons) associados a elas: o neutrino do elétron, o neutrino do múon e o neutrino do tau.
- **Quarks:** Os quarks são partículas fundamentais que nunca existem isoladamente, mas só podem ser encontrados unidos para formar outras partículas. Todas as partículas compostas de quarks são chamadas de *hádrons*. A existência dos quarks é essencialmente deduzida a partir da maneira em que os hádrons se separam e se reformam, especialmente conforme observado em experimentos com aceleradores de partículas. Como cada quark tem um spin meio inteiro, esses hádrons compostos podem ser férmions ou bósons.
- **Bárions:** Quando os quarks se unem para formar um hádron com um spin meio inteiro, o resultado é chamado de *bárion*. Os exemplos mais proeminentes são o próton e o nêutron.

Os bósons geralmente representam partículas que são consideradas partículas de força, porque essas partículas fundamentais estão associadas a forças cruciais na física.

- **Fóton:** Uma partícula de spin 1 conhecida como partícula de luz. Além de transportar a energia da luz, é também a partícula que medeia a força eletromagnética entre partículas carregadas.

(continua)

(continuação)

- **Bóson fraco:** Uma partícula de spin 1 usada para mediar a força nuclear fraca. Há dois bósons fracos carregados, W^+ e W^-, e também o bóson fraco neutro, Z^0.
- **Glúon:** Partícula de spin 1 usada para mediar a força nuclear forte, mantendo os quarks juntos para formar hádrons (como prótons e nêutrons) e também para manter os hádrons juntos (como manter prótons e nêutrons contidos em núcleos atômicos).
- **Bóson de Higgs:** Uma partícula de spin 0 prevista em 1963 e descoberta no Grande Colisor de Hádrons em 2013, que explica certas propriedades do Modelo Padrão da física de partículas.
- **Méson:** Quando os quarks se unem para formar um hádron com um valor de spin inteiro, o resultado é chamado de *méson*. Exemplos disso são os píons e os káons, embora eles não apareçam muito fora dos aceleradores de partículas e dos eventos de alta energia relacionados.

Como ele não foi descoberto (ainda), não incluí o *gráviton* na lista de bósons. Essa partícula é um bóson puramente hipotético que mediaria a força gravitacional — a única força fundamental da física não mediada por um dos bósons conhecidos (e confirmados experimentalmente). As pessoas que esperam desenvolver uma *teoria da gravidade quântica* — que explicaria a gravidade nos mesmos termos quânticos usados para descrever o restante da física moderna — às vezes aplicam o conceito de um gráviton como forma de abordar o conceito. No entanto, o fato de a partícula não existir de fato (ainda) é um obstáculo.

Operadores de Spin: De um Lado para o Outro com o Momento Angular

Como o spin é um tipo de momento angular incorporado, os operadores de spin têm muito em comum com os operadores de momento angular orbital. No Capítulo 10, discuto os operadores de momento angular orbital L^2 e L_z, e, como é de se esperar, existem operadores de spin análogos, S^2 e S_z. No entanto, esses operadores são apenas operadores; eles não têm uma forma diferencial como os operadores de momento angular orbital (o que significa que não será possível encontrar autofunções para eles).

Definindo os operadores de spin

De fato, todos os operadores de momento angular orbital, como L_x, L_y e L_z, têm análogos aqui: S_x, S_y e S_z. As relações de comutação entre L_x, L_y e L_z são estas:

- $[L_x, L_y] = i\hbar L_z$
- $[L_y, L_z] = i\hbar L_x$
- $[L_z, L_x] = i\hbar L_y$

E eles funcionam da mesma forma para o spin:

- $[S_x, S_y] = i\hbar S_z$
- $[S_y, S_z] = i\hbar S_x$
- $[S_z, S_x] = i\hbar S_y$

O operador L^2 fornece o seguinte resultado quando aplicado a um autoestado do momento angular orbital:

$$L^2|\ell, m\rangle = \ell(\ell+1)\hbar^2|\ell, m\rangle$$

E como era de se esperar, o operador S^2 funciona de modo análogo:

$$S^2|s, m\rangle = s(s+1)\hbar^2|s, m\rangle$$

O operador L_z dá a você o seguinte resultado quando aplicado a um autoestado de momento angular orbital (veja o Capítulo 10):

$$L_z|\ell, m\rangle = m\hbar|\ell, m\rangle$$

E, por analogia, o operador S_z funciona assim:

$$S_z|s, m\rangle = m\hbar|s, m\rangle$$

Operadores de aumento e redução do spin

E quanto aos operadores de aumento e redução, L_+ e L_-? Existem análogos para o spin? Em termos de momento angular, L_+ e L_- funcionam assim, como revelado no último anterior:

- $L_+|\ell, m\rangle = \hbar\sqrt{\ell(\ell+1) - m(m+1)}|\ell, m+1\rangle$
- $L_-|\ell, m\rangle = \hbar\sqrt{\ell(\ell+1) - m(m-1)}|\ell, m-1\rangle$

Também há operadores de aumento e redução do spin (S_+ e S_-), e funcionam exatamente da mesma maneira, usando o número quântico *s* em vez de ℓ:

- $S_+|s, m\rangle = \hbar\sqrt{s(s+1) - m(m+1)}|s, m+1\rangle$
- $S_-|s, m\rangle = \hbar\sqrt{s(s+1) - m(m-1)}|s, m-1\rangle$

Trabalhando com o Spin ½ e com Matrizes de Pauli

Partículas com spin ½ (férmions) precisam de um pouco mais de atenção. Aqui estão os autovalores do operador S^2:

$$S^2|s, m\rangle = s(s+1)\hbar^2|s, m\rangle = \frac{3}{4}\hbar^2|s, m\rangle$$

E os autovalores do operador S_z são

$$S_z|s, m\rangle = m\hbar|s, m\rangle = \pm\frac{\hbar}{2}|s, m\rangle$$

Você pode representar essas duas equações graficamente, como mostra a Figura 11-2, na qual os dois estados de spin têm projeções diferentes ao longo do eixo *z*.

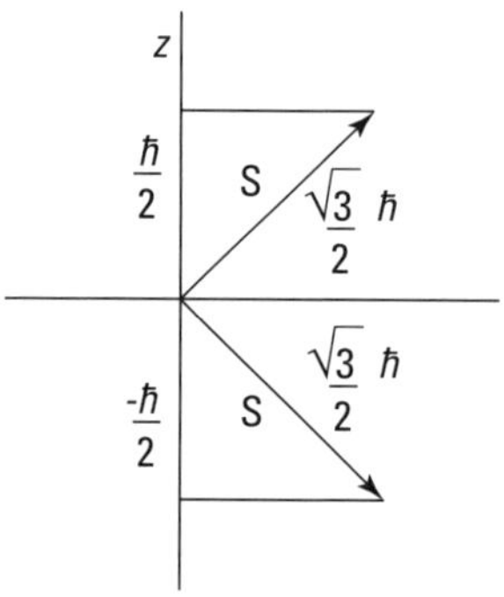

FIGURA 11-2: Magnitude do spin e projeção *z*.

Matrizes de Spin ½

Chegou a vez de dar uma olhada nos autoestados do spin e nos operadores para partículas de spin ½ em termos de matrizes. Há apenas dois estados possíveis, spin para cima e spin para baixo, portanto, isso é fácil.

Autoestados de spin para cima e spin para baixo

Em um formato de matriz, as entradas corresponderão aos spins positivo e negativo. Quando o spin for positivo, a primeira entrada será 1 e a segunda será 0. Quando o spin for negativo, os números serão o oposto. Aqui estão os autoestados de spin representados dessa maneira:

$$\left|\frac{1}{2},\ \frac{1}{2}\right\rangle = \begin{bmatrix}1\\0\end{bmatrix} \qquad \left|\frac{1}{2},\ -\frac{1}{2}\right\rangle = \begin{bmatrix}0\\1\end{bmatrix}$$

O operador de matriz S^2

Agora, e quanto aos operadores de spin como S^2? Esse operador fica assim em termos de matriz:

$$S^2 = \begin{bmatrix} \left\langle \frac{1}{2},\frac{1}{2}\right| S^2 \left|\frac{1}{2},\frac{1}{2}\right\rangle & \left\langle \frac{1}{2},\frac{1}{2}\right| S^2 \left|\frac{1}{2},-\frac{1}{2}\right\rangle \\ \left\langle \frac{1}{2},-\frac{1}{2}\right| S^2 \left|\frac{1}{2},\frac{1}{2}\right\rangle & \left\langle \frac{1}{2},-\frac{1}{2}\right| S^2 \left|\frac{1}{2},-\frac{1}{2}\right\rangle \end{bmatrix}$$

A multiplicação dos vetores de spin para cima e spin para baixo resulta em 0, de modo que as entradas superior direita e inferior esquerda se tornarão 0. Como os vetores são normalizados, isso significa que as entradas superior esquerda e inferior direita serão constantes. O resultado é o seguinte:

$$S^2 = \frac{3}{4}\hbar^2 \begin{bmatrix}1 & 0\\0 & 1\end{bmatrix}$$

O operador de matriz S_z

Da mesma forma, podemos representar o operador S_z com notação matricial:

$$S_z = \begin{bmatrix} \left\langle \frac{1}{2},\frac{1}{2}\right| S_z \left|\frac{1}{2},\frac{1}{2}\right\rangle & \left\langle \frac{1}{2},\frac{1}{2}\right| S_z \left|\frac{1}{2},-\frac{1}{2}\right\rangle \\ \left\langle \frac{1}{2},-\frac{1}{2}\right| S_z \left|\frac{1}{2},\frac{1}{2}\right\rangle & \left\langle \frac{1}{2},-\frac{1}{2}\right| S_z \left|\frac{1}{2},-\frac{1}{2}\right\rangle \end{bmatrix}$$

Isso resulta em

$$S_z = \frac{\hbar}{2}\begin{bmatrix}1 & 0\\0 & -1\end{bmatrix}$$

Essa versão matricial de S_z lhe permite encontrar o componente z do spin de um autoestado. Para o autoestado de spin para baixo, você aplicaria o operador na forma de matriz, resolveria a multiplicação da matriz e, em seguida, precisaria converter novamente para a notação de Dirac:

$$S_z\left|\frac{1}{2}, -\frac{1}{2}\right\rangle = \frac{\hbar}{2}\begin{bmatrix}1 & 0\\0 & -1\end{bmatrix}\begin{bmatrix}0\\1\end{bmatrix} = -\frac{\hbar}{2}\begin{bmatrix}0\\1\end{bmatrix} = -\frac{\hbar}{2}\left|\frac{1}{2}, -\frac{1}{2}\right\rangle$$

Aumentando e reduzindo o spin com matrizes

E quanto aos operadores de aumento e redução S_+ e S_-? Tenha em mente o que você espera que aconteça quando esses operadores são aplicados a diferentes vetores de autoestado de spin de elétrons:

- Operador de aumento S_+ no autoestado de spin para baixo → Autoestado de spin para cima
- Operador de aumento S_+ no autoestado de spin para cima → Zero
- Operador de redução S_- no autoestado de spin para cima → Autoestado de spin para baixo
- Operador de redução S_- no autoestado de spin para baixo → Zero

Na forma de matriz, esses operadores ficam assim:

$$S_+ = \hbar\begin{bmatrix}0 & 1\\0 & 0\end{bmatrix}$$

$$S_- = \hbar\begin{bmatrix}0 & 0\\1 & 0\end{bmatrix}$$

Assim, por exemplo, você pode usar essa matriz para verificar o que acontece ao aplicar o operador de aumento, S_+, para o vetor de spin para baixo (definido na seção "Autoestados de spin para cima e spin para baixo"). O que você espera que aconteça? (***Dica:*** Consulte a lista anterior. Ao aplicar o operador de aumento ao vetor de spin para baixo, você deve obter o autoestado de spin para cima).

Matrizes de Pauli

Às vezes você verá os operadores S_x, S_y e S_z escritos em termos de matrizes de Pauli, σ_x, σ_y e σ_z. Essas matrizes ficam assim:

$$\sigma_x = \begin{bmatrix}0 & 1\\1 & 0\end{bmatrix}$$

$$\sigma_y = \begin{bmatrix}0 & -i\\i & 0\end{bmatrix}$$

$$\sigma_z = \begin{bmatrix}1 & 0\\0 & -1\end{bmatrix}$$

Agora você pode escrever S_x, S_y e S_z em termos das matrizes de Pauli desta forma:

$$S_x = \frac{\hbar}{2}\sigma_x$$

$$S_y = \frac{\hbar}{2}\sigma_y$$

$$S_z = \frac{\hbar}{2}\sigma_z$$

Ufa! E isso conclui nosso giro pelo spin.

4

3D com os Cálculos da Física Quântica

NESTA PARTE . . .

Descubra como resolver problemas de física quântica em coordenadas cartesianas.

Resolva problemas de física quântica elaborados em coordenadas esféricas.

Examine a estrutura do átomo de hidrogênio usando a física quântica.

Vá além dos problemas básicos para pensar sobre como várias partículas interagem.

NESTE CAPÍTULO

» Explorando a equação de Schrödinger nas dimensões *x*, *y* e *z*

» Trabalhando com partículas livres em 3D

» Explorando os potenciais retangulares

» Visualizando osciladores harmônicos no espaço 3D

Capítulo **12**

Coordenadas Cartesianas: Resolvendo Problemas em 3D

Os problemas unidimensionais são muito bons, mas o mundo real tem três dimensões. Os físicos adoram começar com problemas mais fáceis em uma dimensão e depois expandir para várias dimensões. Este capítulo deixa para trás os potenciais unidimensionais para começar a analisar partículas de mecânica quântica sem spin em três dimensões. Aqui, você trabalha com três dimensões em coordenadas cartesianas, começando com uma olhada na equação de Schrödinger na gloriosa e real 3D. Em seguida, você se aprofundará em partículas livres, potenciais de caixa e osciladores harmônicos, também em 3D.

Nota: Este capítulo se baseia em grande parte nos Capítulos 8 e 9, pegando os casos unidimensionais de poços de energia e osciladores harmônicos e analisando-os em três dimensões. Assim como nesses casos, você precisa estar familiarizado com cálculo e equações diferenciais — além de um pouco de trigonometria — para acompanhar o que se desenrolará por aqui.

Visualizando a Equação de Schrödinger em 3D!

Apresento a equação de Schrödinger no Capítulo 3, mas, neste capítulo, eu a abordo em sua glória tridimensional completa.

LEMBRE-SE

O *Hamiltoniano* é o nome do operador de energia, H. Quando você usa H em uma função de onda, ele retorna a energia, E, da função de onda. O escalar E é o nível de energia, que também é o autovalor do operador H. (Consulte o Capítulo 7 para ver esse cálculo e como ele é aplicado para derivar a equação de Schrödinger.)

Convertendo a equação de Schrödinger em coordenadas cartesianas

Em uma dimensão, a equação de Schrödinger dependente do tempo (consulte o Capítulo 8 para obter informações relacionadas à dependência do tempo) fica assim:

$$\frac{-\hbar^2}{2m}\nabla^2\psi(r,t)+V(r,t)\psi(r,t)=i\hbar\frac{\partial}{\partial t}\psi(r,t)$$

Essa equação já está em três dimensões, pois *r* representa o vetor de posição em três dimensões. Você pode converter isso em coordenadas cartesianas, $\psi(r, t) = \psi(x, y, z, t)$. Mas para fazer isso, você também deve examinar o operador de Laplace (que serve para obter a derivada de cada variável), ∇^2, sob uma nova perspectiva:

$$\nabla^2=\left(\frac{\partial^2}{\partial x^2}+\frac{\partial^2}{\partial y^2}+\frac{\partial^2}{\partial z^2}\right)$$

Aplicando o laplaciano à equação em coordenadas cartesianas, obtém-se a equação de Schrödinger 3D:

$$\frac{-\hbar^2}{2m}\left(\frac{\partial^2}{\partial x^2}+\frac{\partial^2}{\partial y^2}+\frac{\partial^2}{\partial z^2}\right)\psi(x,y,z,t)+V(r)\psi(x,y,z,t)=i\hbar\frac{\partial}{\partial t}\psi(x,y,z,t)$$

E aqui está a equação de Schrödinger em 3D usando o laplaciano, que parece um pouco mais organizada:

$$\frac{-\hbar^2}{2m}\nabla^2\psi(x,y,z,t)+V(x,y,z,t)\psi(x,y,z,t)=i\hbar\frac{\partial}{\partial t}\psi(x,y,z,t)$$

Para resolver essa equação, quando o potencial não varia com o tempo, decomponha a parte dependente do tempo da função de onda:

$$\psi(x,y,z,t)=\psi(x,y,z)e^{-iEt/\hbar}$$

Aqui, $\psi(x, y, z)$ é a solução da equação de Schrödinger independente do tempo, e E, a energia:

$$\frac{-\hbar^2}{2m}\nabla^2\psi(x,y,z)+V(x,y,z)\psi(x,y,z)=E\psi(x,y,z)$$

Até aqui, tudo bem. Mas agora você se deparou com um obstáculo. A expressão para o laplaciano, $\nabla^2\psi(x, y, z)$, é difícil de lidar, de modo que a equação atual é — em geral — difícil de resolver.

Separando a equação de Schrödinger

Então, o que fazer com a equação de difícil solução da seção anterior? Você pode se concentrar no caso em que a equação é *separável*, ou seja, quando você pode separar a dependência de x, y e z e encontrar a solução em cada dimensão separadamente. Em outras palavras, em casos separáveis, o potencial, $V(x, y, z)$, se constitui, na verdade, na soma dos potenciais x, y e z:

$$V(x, y, z)=V_x(x)+V_y(y)+V_z(z)$$

Agora você pode dividir o hamiltoniano na equação de Schrödinger dependente do tempo em três hamiltonianos, H_x, H_y e H_z:

$$(H_x+H_y+H_z)\psi(x, y, z)=E\psi(x, y, z)$$

em que

» $H_x=\frac{-\hbar^2}{2m}\frac{\partial^2}{\partial x^2}+V_x(x)$

» $H_y=\frac{-\hbar^2}{2m}\frac{\partial^2}{\partial y^2}+V_y(y)$

» $H_z=\frac{-\hbar^2}{2m}\frac{\partial^2}{\partial z^2}+V_z(z)$

Dividindo o hamiltoniano, como em $(H_x+H_y+H_z)\psi(x, y, z)=E\psi(x, y, z)$ você também pode dividir a função de onda que resolve essa equação. Em particular, precisa dividir a função de onda em três partes, para x, y e z:

$$\psi(x, y, z)=X(x)Y(y)Z(z)$$

onde X(x), Y(y) e Z(z) são funções das coordenadas x, y e z e não devem ser confundidas com os operadores de posição. Essa separação da função de onda em três partes facilita consideravelmente os cálculos, pois agora você pode dividir o hamiltoniano em três operadores separados somados e também obter três componentes de energia separados:

$$\left(\frac{-\hbar^2}{2m}\frac{\partial^2}{\partial x^2}+V_x(x)\right)+\left(\frac{-\hbar^2}{2m}\frac{\partial^2}{\partial y^2}+V_y(y)\right)+\left(\frac{-\hbar^2}{2m}\frac{\partial^2}{\partial z^2}+V_z(z)\right)=H$$

$$E = E_x + E_y + E_z$$

Agora você tem três equações de Schrödinger independentes (e também independentes do tempo) para as três dimensões:

- $\frac{-\hbar^2}{2m}\frac{\partial^2}{\partial x^2}X(x)+V(x)X(x)=E_xX(x)$
- $\frac{-\hbar^2}{2m}\frac{\partial^2}{\partial y^2}Y(y)+V(y)Y(y)=E_yY(y)$
- $\frac{-\hbar^2}{2m}\frac{\partial^2}{\partial z^2}Z(z)+V(z)Z(z)=E_zZ(z)$

DICA

Esse sistema de equações diferenciais independentes parece muito mais fácil de resolver do que $(H_x + H_y + H_z)\psi(x, y, z) = E\psi(x, y, z)$. Em essência, você dividiu a equação de Schrödinger tridimensional em três equações de Schrödinger unidimensionais. Isso facilita a solução de problemas em 3D.

Resolvendo Problemas de Partículas Livres em 3D

Considere a partícula livre mostrada em três dimensões na Figura 12-1.

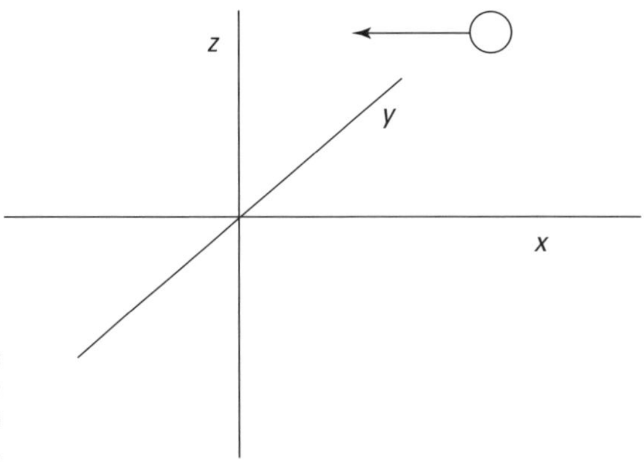

FIGURA 12-1: Uma partícula livre em 3D.

Para resolver o problema da partícula livre mostrada na figura, você pode aplicar estes passos (apresentados no Capítulo 8):

1. **Determine suas coordenadas para escrever a equação de Schrödinger.**

   O trabalho pesado para esta parte veio na seção anterior. Afinal de contas, este capítulo trata de coordenadas cartesianas, portanto, não causa surpresa nenhuma eu usar coordenadas cartesianas para escrever a equação de Schrödinger aqui. Então, a separação das coordenadas cria três equações de Schrödinger unidimensionais.

2. **Aplique restrições específicas; simplifique, se possível.**

   Como a partícula está viajando livremente, V(*x*) = V(*y*) = V(*z*) = 0. Não há potencial de energia afetando o movimento da partícula. As três equações de Schrödinger independentes para as três dimensões (abordadas na seção anterior) tornam-se as seguintes:

   - $\frac{-\hbar^2}{2m}\frac{\partial^2}{\partial x^2}X(x) = E_x X(x)$
   - $\frac{-\hbar^2}{2m}\frac{\partial^2}{\partial y^2}Y(y) = E_y Y(y)$
   - $\frac{-\hbar^2}{2m}\frac{\partial^2}{\partial z^2}Z(z) = E_z Z(z)$

3. **Reestruture a equação de Schrödinger em uma forma solucionável.**

   Se você reescrever essas equações em termos do número de onda, *k*, em que $k^2 = \frac{2mE}{\hbar^2}$, então elas ficam assim:

   - $\frac{\partial^2}{\partial x^2}X(x) = -k_x{}^2 X(x)$
   - $\frac{\partial^2}{\partial y^2}Y(y) = -k_y{}^2 Y(y)$
   - $\frac{\partial^2}{\partial z^2}Z(z) = -k_z{}^2 Z(z)$

4. **Resolva as equações diferenciais para encontrar ψ.**

   Nesse caso, você tem a função de onda, ψ, em sua forma separada, como componentes independentes X, Y e Z. Você resolve cada um desses componentes e, em seguida, combina essas soluções para obter ψ.

   LEMBRE-SE

   As funções de coordenadas X(*x*), Y(*y*)e Z(*z*) são representadas por um trio de equações diferenciais de segunda ordem. Novamente, lembre-se de que essas são funções de coordenadas, e *não* os operadores de posição.

   Você pode escrever as soluções gerais desta forma:

$$\frac{\partial^2}{\partial x^2}X(x) = -k_x{}^2X(x) \quad \rightarrow \quad X(x) = A_x e^{ik_x x}$$

$$\frac{\partial^2}{\partial y^2}Y(y) = -k_y{}^2Y(y) \quad \rightarrow \quad Y(y) = A_y e^{ik_y y}$$

$$\frac{\partial^2}{\partial z^2}Z(z) = -k_z{}^2Z(z) \quad \rightarrow \quad Z(z) = A_z e^{ik_z z}$$

em que A_x, A_y e A_z são constantes.

Como $\psi(x, y, z) = X(x)Y(y)Z(z)$, você obtém esta equação:

$$\begin{aligned}\psi(x, y, z) &= A_x A_y A_z e^{ik_x x} e^{ik_y y} e^{ik_z z} \\ &= Ae^{i(k_x x + k_y y + k_z z)}\end{aligned}$$

onde $A = A_x A_y A_z$.

A parte do expoente entre parênteses é o *produto escalar* [ou *dot product*] dos vetores $\boldsymbol{k}$ e $\boldsymbol{r}$, $\boldsymbol{k \cdot r}$. Se o vetor $\boldsymbol{a} = (a_x, a_y, a_z)$ em termos de componentes e o vetor $\boldsymbol{b} = (b_x, b_y, b_z)$, então o produto de $\boldsymbol{a}$ e $\boldsymbol{b}$ é $\boldsymbol{a \cdot b} = a_x b_x + a_y b_y + a_z b_z$. O produto escalar de dois vetores é um valor escalar.

Veja como você pode reescrever a equação de função de onda $\psi(x, y, z)$:

$$\psi(x, y, z) = Ae^{i\boldsymbol{k \cdot x}}$$

5. **Use a condição de contorno e a normalização para encontrar as constantes.**

Agora, de posse da função de onda, você precisa encontrar as constantes. Você saberá mais sobre esse passo na seção "Encontrando uma solução física", mais adiante no capítulo. Antes, porém, dê uma olhada na energia nesta situação.

Encontrando a equação de energia total

A energia total da partícula livre é a soma da energia em três dimensões:

$$E = E_x + E_y + E_z$$

Com uma partícula livre, a energia do componente *x* da função de onda é $\frac{\hbar^2 k_x{}^2}{2m} = E_x$. E essa equação funciona da mesma forma para os componentes *y* e *z*, portanto, aqui está a energia total da partícula:

$$\begin{aligned}E &= \frac{\hbar^2 k_x{}^2}{2m} + \frac{\hbar^2 k_y{}^2}{2m} + \frac{\hbar^2 k_z{}^2}{2m} \\ &= \frac{\hbar^2}{2m}\left(k_x{}^2 + k_y{}^2 + k_z{}^2\right)\end{aligned}$$

Observe que $k_x^2 + k_y^2 + k_z^2$ é o quadrado da magnitude de $\mathbf{k}$ — ou seja, $\mathbf{k}\,\mathbf{k} = k^2$. Portanto, você pode escrever a equação da energia total assim:

$$E = \frac{\hbar^2}{2m}\left(k_x^2 + k_y^2 + k_z^2\right) = \frac{\hbar^2}{2m}k^2$$

LEMBRE-SE

Sendo E uma constante, não importa para onde a partícula esteja apontada (em qual eixo ela está), você terá vários estados de $\mathbf{k}$ que compartilham o mesmo estado de energia. De fato, há um número infinito de estados de energia. Todas as autofunções representadas pelas equações diferenciais encontradas no Passo 3 da seção anterior são infinitamente degeneradas à medida que você varia k_x, k_y e k_z.

Adicionando a dependência do tempo

Você pode adicionar dependência do tempo à solução para $\psi(x, y, z)$, obtendo $\psi(x, y, z, t) = \psi(x, y, z)e^{-iEt/\hbar}$ (semelhante à equação de Schrödinger dependente do tempo do Capítulo 8). Essa equação lhe dá o seguinte para $\psi(x, y, z, t)$:

$$\psi(x, y, z, t) = Ae^{i\left(\mathbf{k}\cdot\mathbf{r} - Et/\hbar\right)}$$

Visto que $\omega = \frac{E}{\hbar}$, a equação se torna

$$\psi(x, y, z, t) = Ae^{i(\mathbf{k}\cdot\mathbf{r} - \omega t)}$$

De fato, agora que o lado direito da equação está em termos do vetor de raio $\mathbf{r}$, você pode fazer com que o lado esquerdo corresponda a esses termos:

$$\psi(\mathbf{r}, t) = Ae^{i(\mathbf{k}\cdot\mathbf{r} - \omega t)}$$

Encontrando uma solução física

Agora você chega ao ponto em que tem a função de onda e pode tentar normalizá-la (definindo a soma da função de probabilidade em todo o espaço igual a um) para encontrar as constantes. Infelizmente, ao definir a integral como igual a um, a integração dessa função de onda fornece o seguinte, onde A é uma constante:

$$\int_{-\infty}^{+\infty} \psi(\mathbf{r}, t)\psi^*(\mathbf{r}, t)d^3r = |A|^2 \int_{-\infty}^{+\infty} d^3r \to \infty$$

Essa integral diverge, não sendo possível normalizar $\psi(r, t)$ como a escrevi. Essa função de onda parece dar uma solução que não é fisicamente possível! O que fazer aqui para obter uma partícula física?

DICA

Neste ponto, pode ser útil dar uma olhada na seção do Capítulo 8 na qual discuto a equação de Schrödinger unidimensional para uma partícula livre e, em seguida, seguir estes passos:

1. **Converta a função de onda em um pacote de ondas.**

DICA

A chave para resolver esse problema é perceber que, se você tiver várias soluções para a equação de Schrödinger, qualquer combinação linear dessas soluções também será uma solução. Em outras palavras, você soma várias funções de onda para obter um *pacote de ondas*, que é uma coleção de funções de onda da forma $e^{i\mathbf{k}\cdot\mathbf{r}}$, de modo que

- As funções de onda interferem de forma construtiva em um local.
- Elas interferem de forma destrutiva (vão a zero) em todos os outros locais.

Veja a versão independente do tempo:

$$\psi(\boldsymbol{r}) = \sum_{n=1}^{\infty} \phi_n e^{i\boldsymbol{k}\cdot\boldsymbol{r}}$$

No entanto, para uma partícula livre, os estados de energia não são separados em faixas distintas; as energias possíveis são contínuas, de modo que as pessoas escrevem esse somatório como uma integral:

$$\psi(\boldsymbol{r}) = \frac{1}{(2\pi)^{3/2}} \int_{-\infty}^{+\infty} \phi(\boldsymbol{k}) e^{i\boldsymbol{k}\cdot\boldsymbol{r}} d^3k$$

2. **Escolha uma forma para ϕ.**

O que é $\phi(\boldsymbol{k})$? É o análogo tridimensional de $\phi(k)$ que você encontra no Capítulo 8; ou seja, a amplitude de cada função de onda componente. Podemos encontrar $\phi(\boldsymbol{k})$ a partir da transformada de Fourier de $\psi_1(x) = Ae^{ik_1x} + Be^{-ik_1x}$ (onde $x < 0$), assim:

$$\phi(\boldsymbol{k}) = \frac{1}{(2\pi)^{3/2}} \int_{-\infty}^{+\infty} \psi(\boldsymbol{r}) e^{-i\boldsymbol{k}\cdot\boldsymbol{r}} d^3k$$

Na prática, cabe a você escolher $\phi(\boldsymbol{k})$. Veja um exemplo, usando a seguinte forma para $\phi(\boldsymbol{k})$, que é para um pacote de ondas gaussianas (***Nota:*** A parte exponencial é o que torna essa forma uma onda gaussiana):

$$\phi(\boldsymbol{k}) = \phi(k) = \text{A}\exp\left(\frac{-a^2k^2}{4}\right)$$

em que a e A são as constantes.

3. **Normalize ϕ para determinar as constantes.**

Você pode começar normalizando $\phi(\mathbf{k})$ para determinar o que é A. Veja como isso funciona:

$$1=\int_{-\infty}^{+\infty}|\phi(k)|^2\,d^3k=|\mathrm{A}|^2\int_{-\infty}^{+\infty}\exp\left(\frac{-a^2}{2}k^2\right)d^3k$$

Ao realizar a integração, você obtém

$$1=|\mathrm{A}|^2\left(\frac{2\pi}{a^2}\right)^{3/2}$$

$$\mathrm{A}=\left(\frac{a^2}{2\pi}\right)^{3/4}$$

o que significa que a função de onda é

$$\psi(\mathbf{r},t)=\frac{1}{(2\pi)^{3/2}}\left(\frac{a^2}{2\pi}\right)^{3/4}\int_{-\infty}^{+\infty}\exp\left(\frac{-a^2}{2}k^2\right)e^{i\mathbf{k}\cdot\mathbf{r}}d^3k$$

4. **Integre para encontrar ψ.**

Você precisa avaliar essa equação para obter o seguinte, que é a aparência da função de onda independente do tempo para um pacote de ondas gaussianas em 3D:

$$\psi(\mathbf{r},t)=\left(\frac{2}{\pi a^2}\right)^{3/4}\exp\left(\frac{-r^2}{a^2}\right)$$

Certo, essa é a solução quando V(**r**) = 0. Mas não é possível resolver alguns problemas quando V(**r**) não é igual a zero? Claro que sim. Veja a próxima seção.

Organizando Tudo com Potenciais Retangulares em 3D

Esta seção examina um potencial em 3D que forma uma caixa, como mostra a Figura 12-2. Queremos obter as funções de onda e os níveis de energia para os poços de potencial 3D, de forma análoga aos poços de potencial unidimensionais que são o foco do Capítulo 8. E você pode seguir os passos deste capítulo.

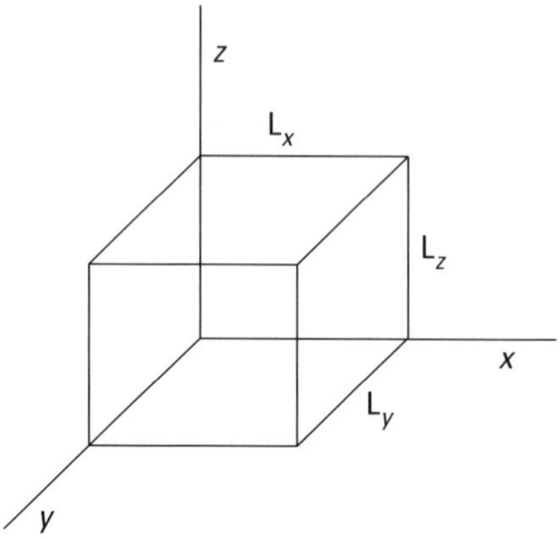

FIGURA 12-2: Uma caixa potencial em 3D.

1. **Determine suas coordenadas para escrever a equação de Schrödinger.**
2. **Aplique restrições específicas; simplifique, se possível.**

   Dentro da caixa, digamos que V(*x*, *y*, *z*) = 0, e, fora dela, que V(*x*, *y*, *z*) = ∞. Você tem o seguinte:

$$V(x, y, z) = \begin{vmatrix} 0, \text{ onde } 0 < x < L_x, \ 0 < y < L_y, \ 0 < z < L_z \\ \infty \text{ de outro modo} \end{vmatrix}$$

   Ao dividir V(*x*, *y*, *z*) em $V_x(x)$, $V_y(y)$ e $V_z(z)$, obtém-se

   - $V_x(x) = \begin{vmatrix} 0, \text{ onde } 0 < x < L_x \\ \infty \text{ de outro modo} \end{vmatrix}$
   - $V_y(y) = \begin{vmatrix} 0, \text{ onde } 0 < y < L_y \\ \infty \text{ de outro modo} \end{vmatrix}$
   - $V_z(z) = \begin{vmatrix} 0, \text{ onde } 0 < z < L_z \\ \infty \text{ de outro modo} \end{vmatrix}$

   Como o potencial vai para o infinito nas paredes da caixa, a função de onda, $\psi(x, y, z)$, deve ser zero nas paredes, portanto, essa é sua restrição. Em 3D, a equação de Schrödinger fica da seguinte maneira em três dimensões, e então você pode escrever os diferentes componentes do laplaciano ∇^2 para obter uma forma equivalente:

$$\frac{-\hbar^2}{2m}\nabla^2\psi(x, y, z) + V(x, y, z)\psi(x, y, z) = E\psi(x, y, z)$$

3. **Reestruture a equação de Schrödinger em uma forma solucionável.**

   Faça isso dimensão por dimensão. Como o potencial é separável, você precisa escrever $\psi(x, y, z)$ como $\psi(x, y, z) = X(x)Y(y)Z(z)$. Dentro da caixa, o potencial é igual a zero. Portanto, a equação de Schrödinger para *x*, *y* e *z* será idêntica dentro da caixa, como se estivéssemos trabalhando com partículas livres, e teremos as mesmas três equações de Schrödinger:

- $\frac{\partial^2}{\partial x^2}X(x) = -k_x{}^2X(x)$
- $\frac{\partial^2}{\partial y^2}Y(y) = -k_y{}^2Y(y)$
- $\frac{\partial^2}{\partial z^2}Z(z) = -k_z{}^2Z(z)$

Lembre-se que o número de onda k é definido de modo que $k^2 = \frac{2mE}{\hbar^2}$.

4. **Resolva a equação diferencial para ψ.**

   Novamente, você pode dividir a função de onda ψ em partes separáveis para se concentrar em uma parte e depois estender esse raciocínio para as outras partes. Comece dando uma olhada na equação para x. Agora você tem algo com que trabalhar — uma equação diferencial de segunda ordem. A seguir, as duas soluções independentes para essa equação, $X_1(x)$ e $X_2(x)$, onde A e B ainda precisam ser determinados:

   $$\frac{\partial^2}{\partial x^2}X(x) = -k_x{}^2X(x) \rightarrow \begin{cases} X_1(x) = A\ \text{sen}(kx) \\ X_2(x) = B\cos(kx) \end{cases}$$

   A solução geral é a soma das duas últimas equações:

   $X(x) = X_1(x) + X_2(x) = A\ \text{sen}(kx) + B\cos(kx)$

5. **Use a condição de contorno e a normalização para encontrar as constantes.**

   Você precisa usar as condições de contorno para encontrar os valores de A e B. Quais são as condições de contorno? A função de onda deve desaparecer nos contornos da caixa, portanto

   - $X(0) = 0$
   - $X(L_x) = 0$

LEMBRE-SE

.A trigonometria entra em ação na solução das constantes, devido ao seno e ao cosseno. O fato de que $\psi(0) = 0$ lhe diz imediatamente que B deve ser 0, pois $\cos(0) = 1$. Abordarei o restante desse cálculo na seção "Normalizando a função de onda", mais adiante no capítulo. Mas, primeiro, daremos outra breve olhada nos níveis de energia.

Determinando os níveis de energia

Com base nas condições de contorno da seção anterior, o fato de que $X(L_x) = 0$ nos diz que $X(L_x) = A\ \text{sen}(k_xL_x) = 0$. Como o seno é 0 quando seu argumento é um múltiplo de π, isso significa que

$$k_x L_x = n_x\pi \qquad n_x = 1, 2, 3 \ldots$$

$$k_x = \frac{n_x\pi}{L_x}$$

E como $k^2 = \frac{2mE}{\hbar^2}$, vem que

$$\frac{2mE_x}{\hbar^2} = \frac{{n_x}^2\pi^2}{{L_x}^2} \qquad n_x = 1, 2, 3 \ldots$$

$$E_x = \frac{{n_x}^2\hbar^2\pi^2}{2m\,{L_x}^2}$$

Essa é a energia no componente x da função de onda correspondente aos números quânticos 1, 2, 3 e assim por diante. A energia total de uma partícula de massa m dentro do potencial da caixa é $E = E_x + E_y + E_z$. Seguindo $E_x = \frac{{n_x}^2\hbar^2\pi^2}{2m\,{L_x}^2}$, você tem o seguinte para E_y e E_z:

$$E_y = \frac{{n_y}^2\hbar^2\pi^2}{2m\,{L_y}^2} \qquad n_y = 1, 2, 3 \ldots$$

$$E_z = \frac{{n_z}^2\hbar^2\pi^2}{2m\,{L_z}^2} \qquad n_z = 1, 2, 3 \ldots$$

A energia total da partícula é $E = E_x + E_y + E_z$, igual a

$$E = \frac{{n_x}^2\hbar^2\pi^2}{2m\,{L_x}^2} + \frac{{n_y}^2\hbar^2\pi^2}{2m\,{L_y}^2} + \frac{{n_z}^2\hbar^2\pi^2}{2m\,{L_z}^2}$$

para $n_x = 1, 2, 3\ldots$, $n_y = 1, 2, 3\ldots$ e $n_z = 1, 2, 3\ldots$

E aí você tem a energia total de uma partícula no potencial da caixa.

Normalizando a função de onda

Agora, que tal normalizar a função de onda $\psi(x, y, z)$? Consulte o Passo 1 na seção "Organizando Tudo com Potenciais Retangulares em 3D". Pegue a equação do Passo 4 e aplique a constante B = 0 encontrada no Passo 5. Agora, você tem o seguinte para a equação da onda na dimensão x:

$$X(x) = A\,\text{sen}\left(\frac{n_x \pi x}{L_x}\right)$$

A função de onda é uma onda senoidal, indo para zero em $x = 0$ e $x = L_z$. Tecnicamente, os passos a seguir são uma continuação do Passo 5 da lista de passos mencionada, mas o caminho até a função de onda final tem alguns estágios. Portanto, eu o guiarei pelos estágios com um novo conjunto de passos, apenas para manter as coisas claras.

1. **Normalize X para resolver A.**

   Você também pode insistir para que a função de onda seja normalizada, da seguinte forma:

$$1 = \int_0^{L_x} |X(x)|^2 \, dx$$

Ao normalizar a função de onda, você pode resolver a constante desconhecida A. Substituindo X(*x*) na equação, ocorre o seguinte:

$$1 = |A|^2 \int_0^{L_x} \text{sen}^2\left(\frac{n_x \pi x}{L_x}\right) dx$$

$$\int_0^{L_x} \text{sen}^2\left(\frac{n_x \pi x}{L_x}\right) dx = \frac{L_x}{2}$$

Portanto, $1 = |A|^2 \int_0^{L_x} \text{sen}^2\left(\frac{n_x \pi x}{L_x}\right) dx$ se torna $1 = |A|^2 \frac{L_x}{2}$, o que significa que podemos resolver A:

$$A = \sqrt{\frac{2}{L_x}}$$

Ótimo, agora você tem a constante A, assim, pode obter X(*x*):

$$X(x) = \sqrt{\frac{2}{L_x}} \text{sen}\left(\frac{n_x \pi x}{L_x}\right) \quad n_x = 1, 2, 3 \ldots$$

2. Repita esse processo para encontrar Y e Z.

Agora, obtenha $\psi(x, y, z)$. Você pode dividir a função de onda em três partes:

$\psi(x, y, z) = X(x)Y(y)Z(z)$

Por analogia com X(*x*), você encontra Y(*y*) e Z(*z*):

$$Y(y) = \sqrt{\frac{2}{L_y}} \text{sen}\left(\frac{n_y \pi y}{L_y}\right) \quad n_y = 1, 2, 3 \ldots$$

$$Z(z) = \sqrt{\frac{2}{L_z}} \text{sen}\left(\frac{n_z \pi z}{L_z}\right) \quad n_z = 1, 2, 3 \ldots$$

3. Combine X, Y e Z para obter ψ.

Assim, $\psi(x, y, z)$ fica igual a

$$\psi(x, y, z) = \sqrt{\frac{8}{L_x L_y L_z}} \text{sen}\left(\frac{n_x \pi x}{L_x}\right) \text{sen}\left(\frac{n_y \pi x}{L_y}\right) \text{sen}\left(\frac{n_z \pi x}{L_z}\right)$$

pois $n_x = 1, 2, 3\ldots$, $n_y = 1, 2, 3\ldots$ e $n_z = 1, 2, 3\ldots$

Essa é uma função de onda bastante longa. (Se você estiver acompanhando os capítulos em ordem, talvez agora entenda por que optei por apresentar problemas unidimensionais sempre que possível!) Na verdade, ao lidar com um potencial de caixa, a energia fica assim:

$$E = \frac{n_x^2 \hbar^2 \pi^2}{2m\, L_x^2} + \frac{n_y^2 \hbar^2 \pi^2}{2m\, L_y^2} + \frac{n_z^2 \hbar^2 \pi^2}{2m\, L_z^2}$$

Usando um potencial cúbico

Ao trabalhar com o potencial de uma caixa, você pode simplificar as coisas presumindo que a caixa é, na verdade, um cubo. Dito de outro modo, L = L_x = L_y = L_z. Sendo a caixa um cubo, a equação para a energia se torna

$$E = \frac{\hbar^2 \pi^2}{2mL^2}(n_x{}^2 + n_y{}^2 + n_x{}^2)$$

pois n_x = 1, 2, 3..., n_y = 1, 2, 3... e n_z = 1, 2, 3...

Assim, por exemplo, a energia do estado fundamental, onde $n_x = n_y = n_z = 1$, é dada pelo seguinte, em que E_{111} é o estado fundamental:

$$E_{111} = \frac{3\hbar^2 \pi^2}{2mL^2}$$

Energias degeneradas e simetria

Observe que existe alguma degenerescência nas energias. Ou seja, você encontra vários níveis de energia que serão idênticos. Por exemplo, note que

- » E_{211} (n_x = 2, n_y = 1, n_z = 1) é $E_{211} = \frac{6\hbar^2 \pi^2}{2mL^2}$
- » E_{121} (n_x = 1, n_y = 2, n_z = 1) é $E_{121} = \frac{6\hbar^2 \pi^2}{2mL^3}$
- » E_{112} (n_x = 1, n_y = 1, n_z = 2) é $E_{112} = \frac{6\hbar^2 \pi^2}{2mL^2}$

Desse modo, $E_{211} = E_{121} = E_{112}$, significando que o primeiro estado excitado é triplamente degenerado, correspondendo à equivalência tripla nas dimensões.

LEMBRE-SE

Em geral, quando há simetria incorporada ao layout físico (como acontece quando L = L_x = L_y = L_z), você tem degenerescência. Há configurações físicas individuais idênticas a outras configurações físicas, portanto, elas também têm valores de energia idênticos.

Função de onda de potencial cúbico

A função de onda de um potencial cúbico também é mais fácil de gerenciar do que a função de onda de um potencial de caixa geral (em que os lados não têm o mesmo comprimento). Aqui está a função de onda para um potencial cúbico:

$$\psi(x, y, z) = \sqrt{\frac{8}{L^3}} \operatorname{sen}\left(\frac{n_x \pi x}{L}\right) \operatorname{sen}\left(\frac{n_y \pi y}{L}\right) \operatorname{sen}\left(\frac{n_z \pi z}{L}\right)$$

pois n_x = 1, 2, 3..., n_y = 1, 2, 3... e n_z = 1, 2, 3...

Então, por exemplo, aqui está a função de onda para o estado fundamental ($n_x = 1$, $n_y = 1$, $n_z = 1$), $\psi_{111}(x, y, z)$:

$$\psi_{111}(x, y, z) = \sqrt{\frac{8}{L^3}} \operatorname{sen}\left(\frac{\pi x}{L}\right) \operatorname{sen}\left(\frac{\pi y}{L}\right) \operatorname{sen}\left(\frac{\pi z}{L}\right)$$

E aqui está $\psi_{211}(x, y, z)$:

$$\psi_{211}(x, y, z) = \sqrt{\frac{8}{L^3}} \operatorname{sen}\left(\frac{2\pi x}{L}\right) \operatorname{sen}\left(\frac{\pi y}{L}\right) \operatorname{sen}\left(\frac{\pi z}{L}\right)$$

E $\psi_{121}(x, y, z)$:

$$\psi_{121}(x, y, z) = \sqrt{\frac{8}{L^3}} \operatorname{sen}\left(\frac{\pi x}{L}\right) \operatorname{sen}\left(\frac{2\pi y}{L}\right) \operatorname{sen}\left(\frac{\pi z}{L}\right)$$

Saltando para Osciladores Harmônicos 3D

Em uma dimensão, o oscilador harmônico geral de partículas (que descrevo no Capítulo 9) se parece com a Figura 12-3, na qual a partícula está sob a influência de uma força restauradora — ilustrada aqui como uma mola.

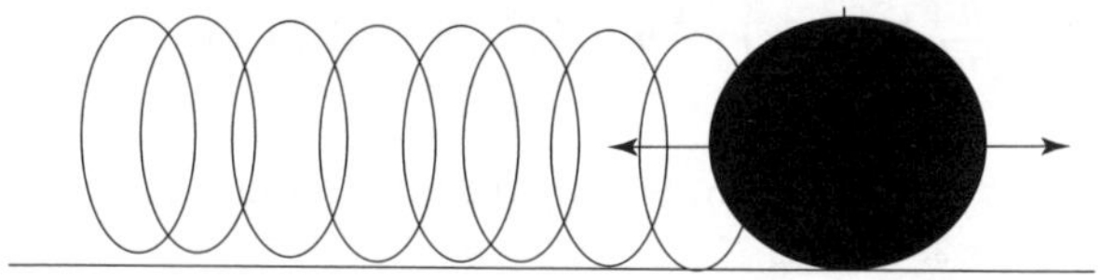

FIGURA 12-3: Um oscilador harmônico.

Potencial de uma mola 3D

A força de restauração tem a forma $F_x = -k_x x$ em uma dimensão, onde k_x é a constante de proporcionalidade entre a força sobre a partícula e sua localização. A energia potencial da partícula como uma função da localização x é $V(x) = \frac{1}{2} k_x x^2$. Às vezes isso também é expresso como

$$V(x) = \frac{1}{2} m \omega_x^{\,2} x^2$$

em que $\omega_x^{\,2} = \frac{k_x}{m}$.

Nesta seção, você verá o oscilador harmônico em três dimensões. Nessa situação, o potencial tem a seguinte aparência:

$$V(x, y, z) = \frac{1}{2}m\omega_x{}^2x^2 + \frac{1}{2}m\omega_y{}^2y^2 + \frac{1}{2}m\omega_z{}^2z^2$$

$$\omega_x{}^2 = \frac{k_x}{m}, \qquad \omega_y{}^2 = \frac{k_y}{m}, \qquad \omega_z{}^2 = \frac{k_z}{m}$$

Resolvendo Schrödinger para a mola 3D

Agora que você tem uma forma para o potencial, pode começar a falar em termos da equação de Schrödinger:

$$\frac{-\hbar^2}{2m}\left(\frac{\partial^2}{\partial x^2} + \frac{\partial^2}{\partial y^2} + \frac{\partial^2}{\partial z^2}\right)\psi(x, y, z) + V(x, y, z)\psi(x, y, z) = E\psi(x, y, z)$$

Substituindo o potencial de três dimensões, $V(x, y, z)$, você obtém esta equação:

$$\frac{-\hbar^2}{2m}\left(\frac{\partial^2}{\partial x^2} + \frac{\partial^2}{\partial y^2} + \frac{\partial^2}{\partial z^2}\right)\psi(x, y, z) + \left(\frac{1}{2}m\omega_x{}^2x^2 + \frac{1}{2}m\omega_y{}^2y^2 + \frac{1}{2}m\omega_z{}^2z^2\right)$$
$$\psi(x, y, z) = E\psi(x, y, z)$$

Faça isso dimensão por dimensão. Como você pode separar o potencial em três dimensões, é possível escrever $\psi(x, y, z)$ como $\psi(x, y, z) = X(x)Y(y)Z(z)$. Portanto, a equação de Schrödinger para x fica assim:

$$\frac{-\hbar^2}{2m}\frac{\partial^2}{\partial x^2}X(x) + \frac{1}{2}m\omega_x{}^2x^2X(x) = E_xX(x)$$

Você resolveu essa equação para uma dimensão no Capítulo 9, onde obtém a seguinte solução:

$$X(x) = \frac{1}{\pi^{1/4}\sqrt{2^{n_x} n_x! x_0}}H_{n_x}\left(\frac{x}{x_0}\right)\exp\left(\frac{-x^2}{2x_0{}^2}\right)$$

em que $x_0 = \sqrt{\frac{\hbar}{m\omega_x}}$ e $n_x = 0, 1, 2,$ e assim por diante.

O termo H_{nx} indica um polinômio de Hermite, apresentado no Capítulo 9. Você pode escrever a função de onda da seguinte maneira:

$$\psi(x, y, z) = \frac{1}{\pi^{3/4}}\frac{1}{\sqrt{2^{n_x+n_y+n_z} n_x!n_y!n_z!x_0y_0z_0}}H_{n_x}\left(\frac{x}{x_0}\right)H_{n_y}\left(\frac{y}{y_0}\right)$$
$$H_{n_z}\left(\frac{z}{z_0}\right)\exp\left(-\frac{x^2}{2x_0^2} - \frac{y^2}{2y_0^2} - \frac{z^2}{2z_0^2}\right)$$

Essa é uma forma relativamente fácil para uma função de onda (embora possa não parecer), e tudo isso é possível pelo fato de podermos separar o potencial em três dimensões.

Energia do oscilador 3D

E quanto à energia do oscilador harmônico? A energia de um oscilador harmônico unidimensional é $E = \left(n + \frac{1}{2}\right)\hbar\omega$. E, por analogia, a energia de um oscilador harmônico tridimensional é dada por

$$E = \left(n_x + \frac{1}{2}\right)\hbar\omega_x + \left(n_y + \frac{1}{2}\right)\hbar\omega_y + \left(n_z + \frac{1}{2}\right)\hbar\omega_z$$

Agora, considere um caso em que $\omega_x = \omega_y = \omega_z = \omega$. Aqui, a direção da medição não importa, por isso ele é chamado de *oscilador harmônico isotrópico*. Nesta situação, a energia fica assim:

$$E = \left(n_x + n_y + n_z + \frac{3}{2}\right)\hbar\omega$$

Quanto ao potencial cúbico, a energia de um oscilador harmônico isotrópico 3D é degenerada. Por exemplo, $E_{112} = E_{121} = E_{211}$. Na verdade, é possível ter mais de três vezes a degenerescência para um oscilador harmônico isotrópico 3D — por exemplo, $E_{200} = E_{020} = E_{002} = E_{110} = E_{101} = E_{011}$.

LEMBRE-SE

Em geral, a degenerescência de um oscilador harmônico isotrópico 3D é

$$\text{Degenerescência} = \frac{1}{2}(n+1)(n+2)$$

em que $n = n_x + n_y + n_z$.

NESTE CAPÍTULO

» Optando pelas coordenadas esféricas para resolver problemas

» Escrevendo equações para potenciais centrais

» Localizando partículas livres em coordenadas esféricas

» Lidando com potenciais de poço quadrado

» Compreendendo os osciladores harmônicos isotrópicos

Capítulo 13

Resolvendo Problemas de Coordenadas Esféricas

Você provavelmente sabe que latitude e longitude são coordenadas que basicamente nomeiam alguns ângulos medidos a partir do centro da Terra. Junte o ângulo leste ou oeste, o ângulo norte ou sul e a importantíssima distância do centro da Terra e você terá um vetor que fornece uma boa descrição da localização em três dimensões. Esse vetor faz parte de um sistema de coordenadas esféricas.

Os navegadores falam mais sobre o par de ângulos do que sobre a distância ("superfície da Terra" geralmente é específica o suficiente), mas os físicos quânticos consideram importantes tanto os ângulos quanto o comprimento do raio. Alguns problemas de física quântica em 3D permitem até que você divida uma função de onda em uma parte angular e uma parte radial.

Neste capítulo, discuto problemas tridimensionais que são mais bem tratados usando coordenadas esféricas. (Para problemas tridimensionais que funcionam melhor em sistemas de coordenadas cartesianas, consulte o Capítulo 12.)

Nota: Ao trabalhar com as soluções deste capítulo, você colocará em prática suas habilidades matemáticas relacionadas ao uso de coordenadas esféricas, especificamente como elas se aplicam ao cálculo multivariável e às equações diferenciais. E, como estamos lidando com coordenadas esféricas, familiarizar-se com trigonometria ajudará quando os senos e cossenos aparecerem.

Escolhendo as Coordenadas Esféricas

No Capítulo 12, analisei um potencial de caixa 3D e o poço de potencial que aprisiona a partícula. Nesse caso, você usa coordenadas cartesianas, pois o potencial da caixa 3D, um prisma retangular, é definido em cada uma das três direções de coordenadas. É possível até simplificar, considerando o caso em que o poço é um cubo e o potencial ser o mesmo em cada direção.

Mas, e se o poço de potencial que aprisiona uma partícula tiver simetria esférica e não for retangular ou cúbico? Por exemplo, suponha que o poço de potencial se pareça com a seguinte equação, em que *r* é o raio da localização da partícula com relação à origem e *a* uma constante:

$$V(r) = \begin{cases} 0, \text{ onde } & 0 < r < a \\ \infty \text{ de outro modo} \end{cases}$$

Tentar colocar esse tipo de problema em uma solução do tipo coordenadas cartesianas apenas pede para ter problemas, pois, embora seja possível resolvê-lo dessa forma, isso envolve muitos senos e cossenos e resulta em uma solução bastante complexa. Uma tática muito melhor é resolver esse tipo de problema no sistema de coordenadas naturais no qual o potencial é expresso: coordenadas esféricas.

LEMBRE-SE

A Figura 13-1 mostra o sistema de coordenadas esféricas junto com as coordenadas cartesianas correspondentes, *x*, *y* e *z*. No sistema de coordenadas esféricas, você localiza pontos com um vetor de raio chamado **r**, que tem três componentes.

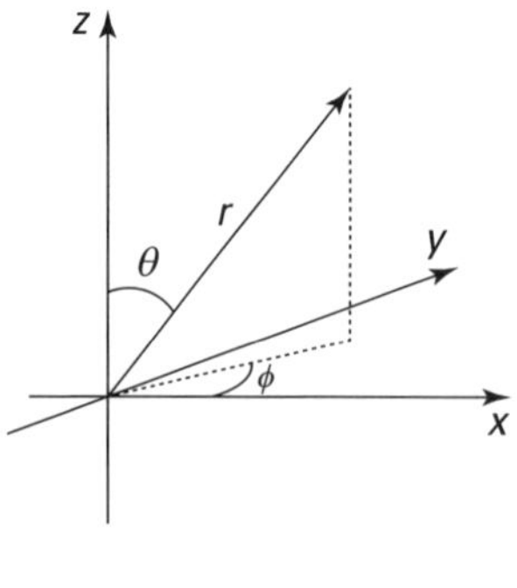

FIGURA 13-1: O sistema de coordenadas esféricas.

» *r*: O comprimento do vetor de raio.

» **θ**: O ângulo desde o eixo *z* até o vetor ***r***.

» **ϕ**: O ângulo desde o eixo *x* até a projeção do vetor ***r*** no plano *x-y*.

DICA

Quando você usa coordenadas esféricas para resolver problemas que são *expressos melhor em coordenadas esféricas* (como um potencial radialmente simétrico), não é necessário fazer a conversão de coordenadas esféricas em retangulares. Se quiser estar preparado para fazer isso, consulte as informações do Capítulo 10.

Observando Potenciais Centrais em 3D

Este capítulo se concentra em problemas que envolvem potenciais centrais. Nesses potenciais esfericamente simétricos, do tipo em que $V(\mathbf{r}) = V(r)$, o potencial depende apenas da magnitude do vetor **r** (que é *r*), não do ângulo do vetor.

Quando você trabalha em problemas que têm um potencial central, precisa separar a função de onda em uma parte radial (a qual depende da forma do potencial) e uma parte angular, que é um harmônico esférico. Se não tiver certeza de que sabe como lidar com os harmônicos na física quântica, consulte o Capítulo 9. O comportamento harmônico quântico se constitui em um dos tipos de problemas com os quais a física quântica lida muito bem!

Decompondo a equação de Schrödinger

A equação de Schrödinger fica da seguinte forma em três dimensões, onde ∇^2 é o operador laplaciano (consulte o Capítulo 7 para obter mais informações sobre operadores e uma introdução à equação de Schrödinger):

$$\frac{-\hbar^2}{2m}\nabla^2\psi(\boldsymbol{r}) + V(\boldsymbol{r})\psi(\boldsymbol{r}) = E\psi(\boldsymbol{r})$$

O laplaciano é um *operador diferencial* (ele deriva o objeto sobre o qual opera), mas você pode aplicá-lo de modo a fazer sentido para as coordenadas que estiver usando. Ao longo do livro, trabalho principalmente com o operador laplaciano em coordenadas cartesianas. Em coordenadas esféricas, é um pouco confuso, mas você pode simplificá-lo mais tarde. Confira o operador laplaciano esférico:

$$\nabla^2 = \frac{1}{r}\frac{\partial^2}{\partial r^2}r - \frac{1}{\hbar^2 r^2}L^2$$

Nessa equação, $\mathbf{L}^2$ é o quadrado do *momento angular orbital* (que, infelizmente, também é mais do que um pouco confuso):

$$\mathbf{L}^2 = -\hbar^2\left(\frac{1}{\text{sen}\theta}\frac{\partial}{\partial\theta}\left(\text{sen}\theta\frac{\partial}{\partial\theta}\right) + \frac{1}{\text{sen}^2\theta}\frac{\partial^2}{\partial\phi^2}\right)$$

Em coordenadas esféricas, a equação de Schrödinger para um potencial central fica assim quando você substitui os termos:

$$\frac{-\hbar^2}{2m}\frac{1}{r}\frac{\partial^2}{\partial r^2}r\psi(\boldsymbol{r}) + \frac{1}{2mr^2}\mathbf{L}^2\psi(\boldsymbol{r}) + V(\boldsymbol{r})\psi(\boldsymbol{r}) = E\psi(\boldsymbol{r})$$

LEMBRE-SE

O primeiro termo da equação anterior corresponde, na verdade, à energia cinética radial, ou seja, a energia cinética da partícula que se move na direção radial. O segundo termo corresponde à energia cinética rotacional. E o terceiro termo corresponde à *energia potencial*.

O que você pode dizer sobre as soluções para essa versão da equação de Schrödinger? Tente examinar cada termo dessa equação separadamente.

» $\frac{-\hbar^2}{2m}\frac{1}{r}\frac{\partial^2}{\partial r^2}r\psi(\boldsymbol{r})$: Esse primeiro termo baseia-se inteiramente na distância, *r*, e a segunda derivada está relacionada à mudança nessa distância. O termo analisa a alteração na direção radial — o movimento em direção ao poço de potencial ou para longe dele. Em geral, esse termo corresponde à *energia cinética radial*. Ele independe completamente dos ângulos.

» $\frac{1}{2mr^2}\mathbf{L}^2\psi(\boldsymbol{r})$: Esse segundo termo é definido pelo $\mathbf{L}^2$, que descrevi anteriormente nesta seção como o quadrado do momento angular orbital. A energia cinética orbital da função de onda é a *energia cinética rotacional*, que, inerentemente, depende de forma total da mudança angular.

» $V(\boldsymbol{r})\psi(\boldsymbol{r})$: O terceiro termo é a *energia potencial*. No caso desse potencial central, como também observei anteriormente, a energia potencial baseia-se apenas no raio, *r*. Assim como o primeiro termo, este independe completamente dos ângulos.

Você pode observar que o primeiro e o terceiro termos dependem apenas de *r* e que o segundo termo depende apenas dos ângulos. Essa propriedade especial dos problemas com potenciais centrais permite dividir suas funções de onda em uma parte radial e uma parte angular.

A parte angular de $\psi(r, \theta, \phi)$

Com um potencial central, o que dizer sobre a parte angular de $\psi(r, \theta, \phi)$? A parte angular deve ser uma autofunção de $\mathbf{L}^2$, e, como mostro no Capítulo 10, as autofunções de $\mathbf{L}^2$ são os harmônicos esféricos, $Y_{\ell m}(\theta, \phi)$ (em que ℓ é o número quântico do momento angular total e m o componente z do número quântico do momento angular). A parte angular da função de onda é um harmônico esférico.

A parte radial de $\psi(r, \theta, \phi)$

Podemos nomear a parte radial da função de onda de $R_{n\ell}(r)$, na qual n é um número quântico correspondente ao estado quântico da parte radial da função de onda e ℓ o número quântico do momento angular total. A parte radial é simétrica com relação aos ângulos, portanto, não pode depender de m, o número quântico do componente z do momento angular. Em outras palavras, a função de onda para partículas em potenciais centrais fica do seguinte modo em coordenadas esféricas:

$$\psi(r,\theta,\phi) = R_{n\ell}(r) Y_{\ell m}(\theta,\phi)$$

De modo geral, o próximo passo é resolver $R_{n\ell}(r)$. Ao substituir $\psi(r, \theta, \phi)$ da equação anterior para a equação de Schrödinger, $\frac{-\hbar^2}{2m}\frac{1}{r}\frac{\partial^2}{\partial r^2} r\psi(\boldsymbol{r}) + \frac{1}{2mr^2}\mathbf{L}^2\psi(\boldsymbol{r}) + V(\boldsymbol{r})\psi(\boldsymbol{r}) = E\psi(\boldsymbol{r})$, você tem

$$-\hbar^2 \frac{r}{R_{n\ell}(r)} \frac{d^2}{dr^2}[r\, R_{n\ell}(r)] + 2mr^2[V(r) - E] + \frac{L^2 Y_{\ell m}(\theta, \phi)}{Y_{\ell m}(\theta, \phi)} = 0$$

Observe (do Capítulo 10) que os harmônicos esféricos são autofunções de $\mathbf{L}^2$ (a razão para usá-los), com autovalor $\ell(\ell+1)\hbar^2$:

$$L^2 Y_{\ell m}(\theta, \phi) = \ell(\ell+1)\hbar^2 Y_{\ell m}(\theta, \phi)$$

Você pode inserir esse autovalor no último termo da versão anterior da equação de Schrödinger para simplificá-la um pouco, da seguinte forma:

$$\frac{L^2 Y_{\ell m}(\theta, \phi)}{Y_{\ell m}(\theta, \phi)} = \frac{\ell(\ell+1)\hbar^2 Y_{\ell m}(\theta, \phi)}{Y_{\ell m}(\theta, \phi)} = \ell(\ell+1)\hbar^2$$

Coloque o autovalor simplificado de volta na equação de Schrödinger para obter

$$-\hbar^2 \frac{r}{R_{n\ell}(r)} \frac{d^2}{dr^2}[r\, R_{n\ell}(r)] + 2mr^2[V(r) - E] + \ell(\ell+1)\hbar^2 = 0$$

E reescreva-a assim:

$$\frac{-\hbar^2}{2m}\frac{d^2}{dr^2}[r\, R_{n\ell}(r)] + \left[V(r) + \frac{\ell(\ell+1)\hbar^2}{2mr^2} \right][r\, R_{n\ell}(r)] = E[r\, R_{n\ell}(r)]$$

LEMBRE-SE

A equação anterior você usa para determinar a parte radial da função de onda, $R_{n\ell}(r)$. É chamada de equação radial para um potencial central.

Quando você resolve $R_{n\ell}(r)$ na equação radial, precisa então encontrar $\psi(r, \theta, \phi)$, pois já conhece $Y_{\ell m}(\theta, \phi)$:

$$\psi(r,\theta,\phi) = R_{n\ell}(r)Y_{\ell m}(\theta, \phi)$$

DICA

A equação radial, na verdade, trata-se de uma equação diferencial em uma dimensão: a dimensão *r*. Ao selecionar apenas problemas que contêm potenciais centrais, você reduz o problema geral de encontrar a função de onda de partículas presas em um potencial esférico tridimensional a uma equação diferencial unidimensional.

Lidando com Partículas Livres em 3D com Coordenadas Esféricas

Nesta seção e na próxima, você examinará alguns exemplos de potenciais centrais para ver como resolver a equação radial (consulte a seção anterior para saber mais sobre a parte radial). Aqui, você trabalha com uma partícula livre em uma situação em que nenhum potencial a restringe.

A função de onda em coordenadas esféricas assume a seguinte forma:

$$\psi(r,\theta,\phi) = R_{n\ell}(r)Y_{\ell m}(\theta, \phi)$$

E você sabe tudo sobre $Y_{\ell m}(\theta, \phi)$, pois fornece os harmônicos esféricos. O problema agora é resolver a parte radial, $R_{n\ell}(r)$. Aqui está a equação radial:

$$\frac{-\hbar^2}{2m}\frac{d^2}{dr^2}[r\,R_{n\ell}(r)] + \left[V(r) + \frac{\ell(\ell+1)\hbar^2}{2mr^2}\right][r\,R_{n\ell}(r)] = E[r\,R_{n\ell}(r)]$$

Seu objetivo é resolver a equação radial para a parte radial da função de onda, $R_{n\ell}(r)$, para ser capaz de combiná-la com a parte angular, $Y_{\ell m}(\theta, \phi)$, e obter a função de onda completa, $\psi(r, \theta, \phi)$. Basta seguir estes passos para encontrar a parte radial da função de onda:

1. **Aplique a restrição de potencial.**

   Para uma partícula livre, $V(r) = 0$, então a equação radial se torna

$$\frac{-\hbar^2}{2m}\frac{d^2}{dr^2}[r\,R_{n\ell}(r)] + \frac{\ell(\ell+1)\hbar^2}{2mr^2}[r\,R_{n\ell}(r)] = E[r\,R_{n\ell}(r)]$$

Novamente, mesmo nessa situação simplificada, você tem outra equação confusa e, portanto, pode tomar medidas para limpá-la um pouco para deixar o problema mais solucionável.

2. **Substitua para simplificar.**

   Normalmente, nessa situação de partícula livre, você definiria $k = (2mE)^{½}/\hbar$ para simplificar a equação. No entanto, nessa equação radial, há uma variável *r* presente, assim, em vez de substituir uma constante, *k*, nesse caso, você substituirá uma variável, *ρ*.

   Porém, é importante ser engenhoso em como definir *ρ*, para criar uma forma que simplifique o problema nos Passos 4 e 5. A variável *ρ* é proporcional a *r*, e a definição que você usará é *ρ* = *kr*. Isso o leva à seguinte relação:

$$\frac{\hbar^2}{2mr^2} = \frac{E}{\rho^2}$$

   Você pode inserir essa nova relação nos dois primeiros termos à direita da equação radial, e todos os termos terão a variável E. Agora você pode cancelar E de todos os termos da equação para que possa resolvê-la independentemente da energia. Essa é uma variável a menos com que se preocupar!

3. **Remova o índice *n*.**

   Como existe uma versão da mesma equação para cada índice *n*, você pode removê-lo convenientemente, de modo que $R_{n\ell}(r)$ se torna $R_\ell(\rho)$.

4. **Defina a equação radial para que fique igual a 0.**

   Inserir os valores dos passos anteriores, alterar algumas coisas com a álgebra e realizar o cálculo resulta na seguinte equação radial:

$$\frac{d^2 \mathrm{R}_\ell(\rho)}{d\rho^2} + \frac{2}{\rho}\frac{d\mathrm{R}_\ell(\rho)}{d\rho} + \left[1 - \frac{\ell(\ell+1)}{\rho^2}\right]\mathrm{R}_\ell(\rho) = 0$$

5. **Resolva $R_\ell(\rho)$.**

   Para o último passo desta lista, alguns tipos especiais de funções vêm nos salvar. Saiba mais sobre elas — as funções de Bessel e Neumann — na próxima seção.

As funções esféricas de Bessel e Neumann

A parte radial da equação

$$\frac{d^2 \mathrm{R}_\ell(\rho)}{d\rho^2} + \frac{2}{\rho}\frac{d\mathrm{R}_\ell(\rho)}{d\rho} + \left[1 - \frac{\ell(\ell+1)}{\rho^2}\right]\mathrm{R}_\ell(\rho) = 0$$

parece difícil, mas as soluções acabam sendo bem conhecidas. Essa equação é chamada de equação esférica de Bessel, e a solução é uma combinação das funções esféricas de Bessel [$j_\ell(\rho)$] e das funções esféricas de Neumann [$n_\ell(\rho)$]:

$$R_\ell(\rho) = A_\ell j_\ell(\rho) + B_\ell n_\ell(\rho)$$

em que A_ℓ e B_ℓ são as constantes.

As funções esféricas de Bessel são dadas pela equação

$$j_\ell(\rho) = (-\rho)^\ell \left(\frac{1}{\rho}\frac{d}{d\rho}\right)^\ell \frac{\text{sen}\rho}{\rho}$$

As primeiras iterações de $j_\ell(\rho)$ ficam assim:

- » $j_0(\rho) = \dfrac{\text{sen}\,\rho}{\rho}$
- » $j_1(\rho) = \dfrac{\text{sen}\,\rho}{\rho^2} - \dfrac{\cos\rho}{\rho}$
- » $j_2(\rho) = \dfrac{3\,\text{sen}\rho}{\rho^3} - \dfrac{3\cos\rho}{\rho^2} - \dfrac{\text{sen}\,\rho}{\rho}$

E as funções esféricas de Neumann são dadas por esta equação:

$$n_\ell(\rho) = -(-\rho)^\ell \left(\frac{1}{\rho}\frac{d}{d\rho}\right)^\ell \frac{\cos\rho}{\rho}$$

Estas são as primeiras iterações de $n_\ell(\rho)$:

- » $n_0(\rho) = -\dfrac{\cos\rho}{\rho}$
- » $n_1(\rho) = -\dfrac{\cos\rho}{\rho^2} - \dfrac{\text{sen}\,\rho}{\rho}$
- » $n_2(\rho) = -\dfrac{3\cos\rho}{\rho^3} - \dfrac{3\,\text{sen}\,\rho}{\rho^2} + \dfrac{\cos\rho}{\rho}$

Os limites do ρ pequeno e grande

De acordo com a equação esférica de Bessel (consulte a seção anterior), a parte radial da função de onda de uma partícula livre fica assim:

$$R_\ell(\rho) = A_\ell j_\ell(\rho) + B_\ell n_\ell(\rho)$$

Dê uma olhada nas funções esféricas de Bessel e nas funções de Neumann para ρ.

- » ρ pequeno:
  - As funções de Bessel se reduzem a $j_\ell(\rho) \approx \dfrac{2^\ell \ell! \rho^\ell}{(2^\ell + 1)!}$

» As funções de Neumann se reduzem a $n_\ell(\rho) \approx \frac{-(2\ell-1)!\rho^{-\ell-1}}{2^\ell \ell!}$

» ρ grande:

- As funções de Bessel se reduzem a $j_\ell(\rho) \approx \frac{1}{\rho}\text{sen}\left(\rho - \frac{\ell\pi}{2}\right)$
- As funções de Neumann se reduzem a $n_\ell(\rho) \approx -\frac{1}{\rho}\cos\left(\rho - \frac{\ell\pi}{2}\right)$

CUIDADO

As funções de Neumann divergem para valores pequenos de ρ. Portanto, qualquer função de onda que inclua as funções de Neumann também diverge, o que não representa uma situação física real. Dessa forma, as funções de Neumann não são aceitáveis na função de onda. Para evitar a influência da função de Neumann, você pode definir $B_\ell = 0$, para que as funções de Neumann não sejam incluídas na função de onda, deixando você com apenas

$$R_\ell(\rho) = A_\ell j_\ell(\rho)$$

Agora que o componente radial da função de onda foi simplificado até aqui, podemos combinar esse componente radial com os componentes angulares. Basta inserir $\rho = kr$ de volta para expressar a função de onda $\psi(r, \theta, \phi)$ como

$$\psi(r, \theta, \phi) = R_{n\ell}(\rho) Y_{\ell m}(\theta, \phi)$$
$$\psi(r, \theta, \phi) = A_\ell j_\ell(kr) Y_{\ell m}(\theta, \phi)$$

em que $k = \frac{\sqrt{2mE_n}}{\hbar}$.

Observe que, como k pode assumir qualquer valor, os níveis de energia são contínuos.

Trabalhando com o Poço Potencial Esférico Quadrado

Agora, considere o caso de um poço potencial esférico quadrado do tipo mostrado pela Figura 13-2. (Apresento os poços quadrados no Capítulo 8.) Esse potencial aprisiona as partículas em seu interior. Matematicamente, você pode expressar o potencial de poço quadrado da seguinte maneira:

$$V(r) = \begin{cases} -V_0, \text{ onde } & 0 < r < a \\ 0, \text{ onde } & r > a \end{cases}$$

Observe que esse potencial é esfericamente simétrico e varia apenas na direção radial r, e não nos ângulos θ ou ϕ. Você está lidando com um potencial central, portanto, precisa dividir a função de onda em uma parte angular e uma parte radial (Consulte a seção "Observando Potenciais Centrais em 3D", anteriormente neste capítulo.)

DICA

Sim, percebo que descrevo uma situação esférica chamando-a de "poço quadrado". Por mais estranho que seja, essa é a terminologia usada na física quântica, mesmo quando o poço quadrado tem formato esférico. Ao longo das próximas seções, chamarei esse potencial de "poço quadrado", mas nós dois sabemos que não estou falando de algo quadrado ou mesmo cúbico, mas sim de uma esfera.

Olhando dentro do poço quadrado: 0 < *r* < a

Para um potencial de poço esférico quadrado, a equação radial para a região $0 < r < a$ fica assim:

$$\frac{-\hbar^2}{2m}\frac{d^2}{dr^2}[r\,R_{n\ell}(r)]+\left[V(r)+\frac{\ell(\ell+1)\hbar^2}{2mr^2}\right][r\,R_{n\ell}(r)]=E[r\,R_{n\ell}(r)]$$

Aqui, novamente, aplique os mesmos passos da seção anterior para partículas livres.

1. **Aplique a restrição de potencial.**

   Nesta região, $V(r) = -V_0$, então você tem

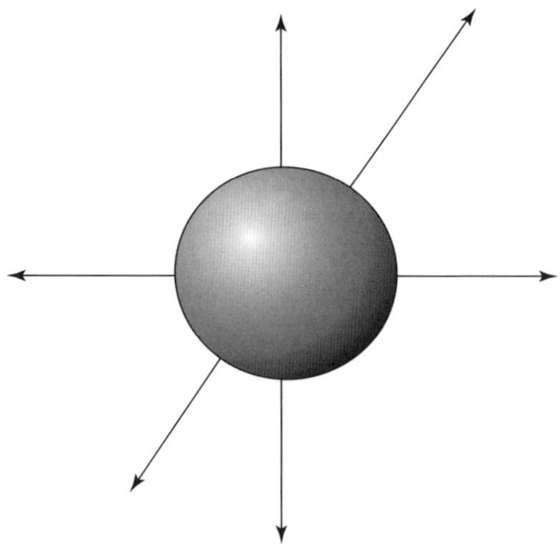

FIGURA 13-2: O potencial do poço esférico quadrado.

$$\frac{-\hbar^2}{2m}\frac{d^2}{dr^2}[r\,R_{n\ell}(r)]+\left[-V_0+\frac{\ell(\ell+1)\hbar^2}{2mr^2}\right][r\,R_{n\ell}(r)]=E[r\,R_{n\ell}(r)]$$

Levar o termo V_0 para a direita lhe dá o seguinte:

$$\frac{-\hbar^2}{2m}\frac{d^2}{dr^2}[r\,R_{n\ell}(r)]+\frac{\ell(\ell+1)\hbar^2}{2mr^2}[r\,R_{n\ell}(r)]=(E+V_0)r\,R_{n\ell}(r)$$

Antecipando os próximos passos, posso reescrever levemente essa equação multiplicando cada termo por $-2m/r\hbar^2$ para simplificá-la:

$$\frac{1}{r}\frac{d^2}{dr^2}[r\,R_{n\ell}(r)]-\frac{\ell(\ell+1)}{r^2}R_{n\ell}(r)=-\frac{2m}{\hbar^2}(E+V_0)R_{n\ell}(r)$$

Fazer isso o coloca em uma posição melhor para resolver os próximos passos.

2. **Substitua para simplificar.**

Agora, faça novamente a troca da variável $\rho = kr$, mas com uma forma diferente de ρ da que foi usada para as partículas livres. A partícula está presa no poço quadrado, de modo que sua energia total é $E + V_0$, e não apenas E. Isso resulta na seguinte relação:

$$\frac{\hbar^2}{2mr^2}=\frac{E+V_0}{\rho^2}$$

3. **Remova o índice *n*.**

Este passo é um tanto trivial, mas você não deve pulá-lo. Como essa equação existe para cada índice *n*, é possível reescrevê-la sem o índice, e $R_{n\ell}(r)$ se torna $R_\ell(\rho)$.

4. **Defina a equação radial para que seja igual a 0.**

Ao usar essa substituição e obter todos os diferenciais de R agrupados, a equação radial assume a seguinte forma:

$$\frac{d^2R_\ell(\rho)}{d\rho^2}+\frac{2}{\rho}\frac{dR_\ell(\rho)}{d\rho}+\left[1-\frac{\ell(\ell+1)}{\rho^2}\right]R_\ell(\rho)=0$$

5. **Resolva $R_\ell(\rho)$.**

A solução para a equação anterior é uma combinação das funções esféricas de Bessel [$j_\ell(\rho)$] e as funções esféricas de Neumann [$n_\ell(\rho)$] (da mesma forma que a partícula livre na seção "Lidando com Partículas Livres em 3D com Coordenadas Esféricas"):

$$R_\ell(\rho)=A_\ell j_\ell(\rho)+B_\ell n_\ell(\rho)$$

Neste caso, você também tem uma restrição sobre possíveis soluções físicas: a função de onda deve ser finita em todos os lugares. A situação se restringe a $0 < r < a$, e como $\rho = kr$, os únicos limites que você tem de verificar são para valores pequenos de ρ.

Para o ρ pequeno, as funções de Bessel ficam assim:

$$j_\ell(\rho) \approx \frac{2^\ell \ell! \rho^\ell}{(2^\ell + 1)!}$$

E para o ρ pequeno, as funções de Neumann se reduzem a

$$n_\ell(\rho) \approx \frac{-(2\ell - 1)! \rho^{-\ell-1}}{2^\ell \ell!}$$

As funções de Neumann divergem para o ρ pequeno, o que as torna inaceitáveis para funções de onda aqui. Ignorar as funções de Neumann significa que a parte radial da função de onda compõe-se apenas de funções esféricas de Bessel, onde A_ℓ é uma constante:

$$R_\ell(\rho) = A_\ell j_\ell(\rho)$$

A função de onda completa dentro do poço quadrado, $\psi_{dentro}(r, \theta, \phi)$, é um produto de partes radiais e angulares, e tem a seguinte construção:

$$\psi_{dentro}(r, \theta, \phi) = A_\ell j_\ell(\rho_{dentro}) Y_{\ell m}(\theta, \phi)$$

em que $\rho_{dentro} = \dfrac{r\sqrt{2m(E + V_0)}}{\hbar}$ e $Y_{\ell m}(\theta, \phi)$ são os harmônicos esféricos.

Fora do poço quadrado: *r* > *a*

Fora do poço quadrado, na região $r > a$, a partícula é igual a uma partícula livre. Essa é a região onde $V(r) = 0$, afinal. Portanto, a equação radial fica assim:

$$\frac{-\hbar^2}{2m}\frac{d^2}{dr^2}[r R_{n\ell}(r)] + \left[\frac{\ell(\ell+1)\hbar^2}{2mr^2}\right][r R_{n\ell}(r)] = E[r R_{n\ell}(r)]$$

Você resolveu essa equação na seção "Lidando com Partículas Livres em 3D com Coordenadas Esféricas". Como $\rho = kr$, onde $k = (2mE)^{1/2}/\hbar$, substituímos kr por ρ para que $R_{n\ell}(r)$ se torne $R_\ell(kr) = R_\ell(\rho)$. O uso dessa substituição significa que a equação radial assume a seguinte forma:

$$\frac{d^2 R_\ell(\rho)}{d\rho^2} + \frac{2}{\rho}\frac{dR_\ell(\rho)}{d\rho} + \left[1 - \frac{\ell(\ell+1)}{\rho^2}\right] R_\ell(\rho) = 0$$

A solução é uma combinação de funções esféricas de Bessel e funções esféricas de Neumann, onde B_ℓ e C_ℓ são constantes:

$$R_\ell(r) = B_\ell j_\ell(\rho_{\text{fora}}) + C_\ell n_\ell(\rho_{\text{fora}})$$

DICA

Ao resolver as partículas livres, a função de Neumann era uma solução não física porque divergia para valores extremamente pequenos de ρ. Neste caso, porém, essa equação se aplica apenas na região $r > a$, portanto, a função de Neumann não contribui com nenhum infinito não físico para a função de onda. Assim, mesmo que você tenha removido a função de Neumann para uma partícula livre no espaço vazio, não é necessário removê-la para uma partícula livre fora de um poço potencial.

Logo, a solução radial fora do poço quadrado fica da seguinte maneira, em que $\rho_{\text{fora}} = r(2mE)^{1/2}/\hbar$:

$$\psi_{\text{fora}}(r, \theta, \phi) = [B_\ell j_\ell(\rho_{\text{fora}}) + C_\ell n_\ell(\rho_{\text{fora}})]\, Y_{\ell m}(\theta, \phi)$$

Na seção anterior, você viu que a função de onda dentro do poço quadrado é

$$\psi_{\text{dentro}}(r, \theta, \phi) = A_l j_l(\rho_{\text{dentro}}) Y_{lm}(\theta, \phi)$$

Então, como encontrar as constantes A_ℓ, B_ℓ e C_ℓ? Você encontra essas constantes por meio de restrições de continuidade: no limite de dentro/fora, onde $r = a$, a função de onda e sua primeira derivada devem ser contínuas. Para determinar A_ℓ, B_ℓ e C_ℓ, você precisa resolver estas duas equações:

» $\psi_{\text{dentro}}(a, \theta, \phi) = \psi_{\text{fora}}(a, \theta, \phi)$

» $\frac{d}{dr}\psi_{\text{dentro}}(r, \theta, \phi)\Big|_{r=a} = \frac{d}{dr}\psi_{\text{fora}}(r, \theta, \phi)\Big|_{r=a}$

Agora você tem a solução geral para a função de onda quando trabalha com um poço esférico quadrado de energia potencial. Você precisa usar essas soluções gerais em situações específicas, com configurações quânticas específicas, para encontrar as constantes que faltam. Divirta-se!

Obtendo Informações sobre Osciladores Harmônicos Isotrópicos

Esta seção analisa os osciladores harmônicos *esfericamente simétricos* (a parte isotrópica) em três dimensões. O Capítulo 9 se concentra em osciladores harmônicos quânticos em uma dimensão, portanto, talvez seja uma boa ideia conferir as seções relevantes daquele capítulo antes de prosseguir com a versão 3D completa.

Em uma dimensão, escrevemos o potencial do oscilador harmônico da seguinte forma:

$$V(x)=\frac{1}{2}m\omega^2x^2$$

em que $\omega^2=\frac{k}{m}$ (aqui, *k* é a constante da mola; ou seja, a força de restauração do oscilador harmônico é F = −*kx*). É possível transformar essas duas equações em versões tridimensionais do potencial harmônico substituindo *x* por *r*:

$$V(r)=\frac{1}{2}m\omega^2r^2$$

em que $\omega^2=\frac{k}{m}$. Como esse potencial é esfericamente simétrico, a função de onda terá a seguinte forma:

$$\psi(r,\theta,\phi)=R_{n\ell}(r)Y_{\ell m}(\theta,\phi)$$

na qual você ainda precisa resolver a função radial $R_{n\ell}(r)$ e onde $Y_{\ell m}(\theta, \phi)$ descreve os harmônicos esféricos.

Como você pode reconhecer, a equação radial de Schrödinger tem a seguinte forma:

$$\frac{-\hbar^2}{2m}\frac{d^2}{dr^2}[r\,R_{n\ell}(r)]+\left[V(r)+\frac{\ell(\ell+1)\hbar^2}{2mr^2}\right][r\,R_{n\ell}(r)]=E[r\,R_{n\ell}(r)]$$

Ao substituirmos V(*r*) a partir de $V(r)=\frac{1}{2}m\omega^2r^2$, temos:

$$\frac{-\hbar^2}{2m}\frac{d^2}{dr^2}[r\,R_{n\ell}(r)]+\left[\frac{1}{2}m\omega^2r^2+\frac{\ell(\ell+1)\hbar^2}{2mr^2}\right][r\,R_{n\ell}(r)]=E[r\,R_{n\ell}(r)]$$

A solução para essa equação é bastante difícil de ser obtida e você não ganhará nada com os cálculos (páginas e páginas deles), portanto, aqui está a solução:

$$R_{n\ell}(r)=C_{n\ell}r^{\ell}\exp\left(-m\omega\frac{r^2}{2\hbar}\right)L_n^{\ell+\frac{1}{2}}\left(m\omega\frac{r^2}{\hbar}\right)$$

em que $\exp(x) = e^x$ e

$$C_{n\ell}=\frac{\left[\frac{2^{n+\ell+2}\left(\frac{m\omega}{\hbar}\right)^{\ell+\frac{3}{2}}}{\pi^{\frac{1}{2}}}\right]^{\frac{1}{2}}\left[\frac{n-\ell}{2}\right]!\left[\frac{n+\ell}{2}\right]!}{[(n+\ell+1)!]^{\frac{1}{2}}}$$

E as funções $L_a^b(r)$ são os polinômios de Laguerre generalizados, outro tipo de polinômio que você pode pesquisar e que os matemáticos desenvolveram de forma útil para resolver problemas desta estrutura específica:

$$L_a^b(r) = \frac{r^{-b}e^r}{a!}\frac{d^a}{dr^a}\left(e^{-r}r^{a+b}\right)$$

Uau! Você não está feliz por não ter precisado fazer todas essas contas? Aqui estão os primeiros polinômios de Laguerre generalizados:

» $L_0^b(r) = 1$

» $L_1^b(r) = -r + b + 1$

» $L_2^b(r) = \frac{r^2}{2} - (b+2)r + \frac{(b+2)(b+1)}{2}$

» $L_3^b(r) = -\frac{r^3}{6} + \frac{(b+3)r^2}{2} - \frac{(b+2)(b+3)r}{2} + \frac{(b+1)(b+2)(b+3)}{6}$

Muito bem, você obteve a forma para $R_{n\ell}(r)$ na seção anterior. Para encontrar a função de onda completa, $\psi_{n\ell m}(r, \theta, \phi)$, multiplique pelos harmônicos esféricos, $Y_{\ell m}(\theta, \phi)$:

$$\psi_{n\ell m}(r, \theta, \phi) = R_{n\ell}(r)Y_{\ell m}(\theta, \phi)$$

Agora, dê uma olhada nas primeiras funções de onda do oscilador harmônico isotrópico em coordenadas esféricas:

» $\psi_{00m}(r, \theta, \phi) = \frac{2}{\pi^{\frac{1}{4}}}\left(\frac{m\omega}{\hbar}\right)^{\frac{3}{4}} \exp\left(-m\omega\frac{r^2}{2\hbar}\right)Y_{0m}(\theta, \phi)$

» $\psi_{11m}(r, \theta, \phi) = \frac{\left(\frac{5}{3}\right)^{\frac{1}{2}}}{\pi^{\frac{1}{4}}}\left(\frac{m\omega}{\hbar}\right)^{\frac{5}{4}} r\left(5 - \frac{2m\omega r^2}{\hbar}\right)\exp\left(-m\omega\frac{r^2}{2\hbar}\right)Y_{1m}(\theta, \phi)$

» $\psi_{20m}(r, \theta, \phi) = \frac{1}{24^{\frac{1}{2}}\pi^{\frac{1}{4}}}\left(\frac{m\omega}{\hbar}\right)^{\frac{3}{4}}\left(15 - 20\frac{m\omega r^2}{\hbar} - 4\frac{m^2\omega^2 r^4}{\hbar^2}\right)\exp\left(-m\omega\frac{r^2}{2\hbar}\right)Y_{0m}(\theta, \phi)$

» $\psi_{21m}(r, \theta, \phi) = \pi^{\frac{3}{4}}\frac{3^{\frac{1}{2}}}{32}\left(\frac{m\omega}{\hbar}\right)^{\frac{5}{4}} r\left(35 - 28\frac{m\omega r^2}{\hbar} - 4\frac{m^2\omega^2 r^4}{\hbar^2}\right)\exp\left(-m\omega\frac{r^2}{2\hbar}\right)Y_{1m}(\theta, \phi)$

Como pode ver, quando temos um potencial que depende de r^2, como nos osciladores harmônicos, a função de onda rapidamente se torna muitíssimo complexa.

Por sorte, há algo relativamente fácil que resulta de tudo isso. Acontece que a energia de um oscilador harmônico 3D isotrópico é quantizada, e é possível derivar a seguinte relação para os níveis de energia:

$$E_n = \left(n + \frac{3}{2}\right)\hbar\omega \qquad n = 1, 2, 3 \ldots$$

Portanto, os níveis de energia começam em $\frac{3\hbar\omega}{2}$ e vão a $\frac{5\hbar\omega}{2}$, $\frac{7\hbar\omega}{2}$, e assim por diante.

Esse resultado é semelhante (embora não idêntico) aos estados de energia encontrados para osciladores harmônicos unidimensionais no Capítulo 9.

NESTE CAPÍTULO

» Analisando os marcos relacionados ao átomo

» Usando a equação de Schrödinger para cálculos de hidrogênio

» Resolvendo as funções de onda radial

» Calculando a degenerescência de energia do hidrogênio

» Procurando o elusivo elétron

Capítulo 14

O Átomo Mais Simples: Entendendo o Hidrogênio

Além de o hidrogênio ser o elemento mais comum no universo, ele também é o mais simples em termos de estrutura atômica, com apenas um próton e um elétron. E uma coisa boa da física quântica é prever tudo (como níveis de energia e comportamento) a respeito de átomos simples. Este capítulo fala sobre o átomo de hidrogênio e sobre a resolução da equação de Schrödinger para encontrar sua energia. Para algo tão pequeno, o átomo de hidrogênio pode exigir muitos cálculos — e eu o ajudo a resolvê-los neste capítulo.

O uso da equação de Schrödinger diz praticamente tudo o que você precisa saber sobre o átomo de hidrogênio, e seu uso se baseia em uma única suposição: que a função de onda precisa chegar a zero à medida que r (a distância) chega ao infinito. Essa suposição possibilita a solução da equação de Schrödinger. Começo introduzindo essa equação para o átomo de hidrogênio e, em seguida, levo você pelos cálculos da degenerescência de energia e pela descoberta da distância entre o elétron e o próton.

Nota: Neste capítulo, você explorará a função de onda de um átomo de hidrogênio simples. Essa exploração envolve a equação de Schrödinger, que você divide em componentes radiais e angulares. Abordei esses dois componentes extensivamente no Capítulo 13, portanto, certifique-se de estar familiarizado com esse conteúdo. Além do trabalho usual relacionado à resolução da equação de Schrödinger — cálculo, álgebra linear e equações diferenciais —, este capítulo também inclui somatórios. Nesses casos, eu pulo os cálculos, mas se você gosta de somatórios, pode dar uma olhada nelas por conta própria.

Revendo o Atomismo

Como descrevo no Capítulo 2, a ideia de átomos antecede em muito a física quântica. Entretanto, os cientistas do século XIX tendiam a empregar essa ideia como uma ferramenta útil para falar sobre diferentes elementos. Eles não acreditavam necessariamente que os átomos existissem de fato. Até mesmo o criador da tabela periódica de elementos, Dmitri Mendeleev, era cético quanto ao fato de os padrões de elementos que apareciam em sua tabela significarem a existência real de átomos.

A invenção da mecânica quântica, no entanto, trouxe as ferramentas da ciência e, particularmente, da física, diretamente para as questões sobre o átomo. Abordo a história dessa pesquisa mais detalhadamente no Capítulo 3 e na Parte 2 deste livro, mas, neste capítulo, apresento a Tabela 14-1, com os marcos desses primeiros anos.

TABELA 14-1 **Marcos Iniciais Relacionados ao Átomo**

Data	Quem	O que Aconteceu
1905	Albert Einstein	Explicou o movimento browniano (originalmente observado por Robert Brown em 1827) usando estatísticas para descrever o movimento de átomos na forma líquida. Isso é amplamente visto como a sólida evidência experimental/teórica que levou os cientistas a aceitarem a existência de átomos.
1911	Ernest Rutherford	Criou um modelo do átomo com um núcleo denso cercado por elétrons em órbita ao seu redor.

Data	Quem	O que Aconteceu
1913	Niels Bohr	Aplicou as ferramentas da física quântica ao modelo de Rutherford do átomo. Ao quantizar os estados de energia, ele criou o modelo de Bohr do átomo de hidrogênio, que correspondia aos experimentos de espectros de energia.
1925	Werner Heisenberg Wolfgang Pauli	Criou a forma matricial da mecânica quântica (mecânica matricial). Ajudou Heisenberg a combinar a mecânica matricial com os níveis de energia do modelo de Bohr do átomo de hidrogênio.
1926	Erwin Schrödinger Jean-Baptiste Perrin	Criou a forma de função de onda da mecânica quântica (mecânica ondulatória) e mostrou que ela também previa os níveis de energia do modelo de Bohr do átomo de hidrogênio. Recebeu o Prêmio Nobel de Física por seu trabalho confirmando a explicação de Einstein sobre o movimento browniano e por outras pesquisas extensas sobre a "estrutura descontínua da matéria", mostrando que átomos e moléculas existem.
1932	Werner Heisenberg	Recebeu o Prêmio Nobel de Física "pela criação da mecânica quântica, cuja aplicação, entre outras coisas, levou à descoberta das formas alotrópicas do hidrogênio".

A partir da linha do tempo mostrada na tabela, podemos ver que a investigação da estrutura atômica — e particularmente da estrutura atômica do hidrogênio — foi fundamental nos primeiros dias e nos importantes momentos criativos da física quântica. Os físicos passaram a usar as ferramentas da física quântica para explorar as estruturas atômicas mais profundamente, tanto em modelos teóricos quanto fornecendo as bases para os aceleradores de partículas que permitem sondar essas estruturas de forma experimental.

Conciliação: A Equação de Schrödinger para o Átomo de Hidrogênio

O que sabemos agora sobre o átomo de hidrogênio? Em sua descrição básica, os átomos de hidrogênio são compostos de um único próton, em torno do qual gira um único elétron. A Figura 14-1 mostra essa estrutura atômica simples.

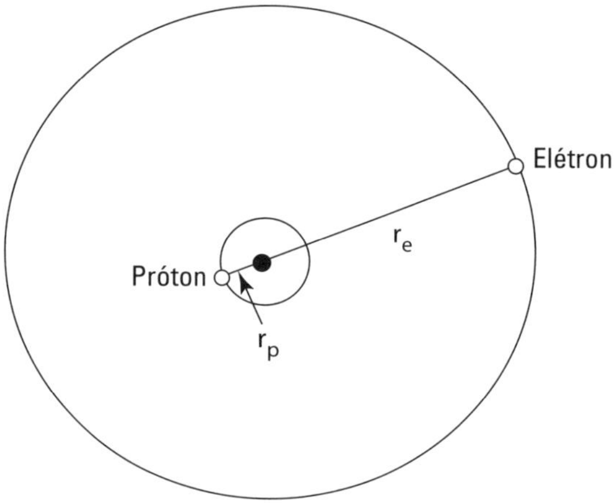

FIGURA 14-1: O átomo de hidrogênio.

Para orientá-lo na obtenção da equação de onda, uso os passos introduzidos no Capítulo 8 (mas, neste capítulo, você terá que voltar e repetir alguns dos passos sob ângulos diferentes).

1. **Determine suas coordenadas para escrever a equação de Schrödinger.**

LEMBRE-SE

Consulte a Figura 14-1 e observe que o próton não está no centro exato do átomo — o centro de massa mostrado como um ponto preto sólido está no centro exato. Na verdade, o próton está a um raio de r_p distante do centro exato, e o elétron está a um raio de r_e.

Para obter as equações de onda necessárias, construa a equação de Schrödinger que se encaixa nessa situação e inclua termos para a energia cinética e potencial do próton e do elétron. Aqui estão os termos.

- *Para a energia cinética do próton:*

$$\frac{-\hbar^2}{2m_p}\nabla_p{}^2$$

onde $\nabla_p{}^2 = \frac{\partial^2}{\partial x_p{}^2} + \frac{\partial^2}{\partial y_p{}^2} + \frac{\partial^2}{\partial z_p{}^2}$. Nesta expressão, x_p é a posição *x* do próton, y_p é sua posição, *y*, z_p é sua posição *z* e m_p é sua massa.

- *Para a energia cinética do elétron:*

$$\frac{-\hbar^2}{2m_e}\nabla_e{}^2$$

onde $\nabla_e{}^2 = \frac{\partial^2}{\partial x_e{}^2} + \frac{\partial^2}{\partial y_e{}^2} + \frac{\partial^2}{\partial z_e{}^2}$. Este termo é idêntico ao da energia cinética do próton, exceto pelo fato de que todas as variáveis se referem ao elétron em vez do próton.

- *Para a energia cinética do átomo:*

O termo para a energia potencial na equação de Schrödinger será apenas V(***r***), por ora. Muito fácil! Abordarei restrições mais específicas sobre isso no Passo 2.

Com esses três termos definidos, obtemos a equação de Schrödinger independente do tempo para esta situação:

$$\frac{-\hbar^2}{2m_p}\nabla_p{}^2\psi(\boldsymbol{r}_e, \boldsymbol{r}_p) - \frac{\hbar^2}{2m_e}\nabla_e{}^2\psi(\boldsymbol{r}_e, \boldsymbol{r}_p) + \mathrm{V}(\boldsymbol{r})\psi(\boldsymbol{r}_e, \boldsymbol{r}_p) = \mathrm{E}\psi(\boldsymbol{r}_e, \boldsymbol{r}_p)$$

onde $\psi(\boldsymbol{r}_e, \boldsymbol{r}_p)$ é a função de onda do elétron e do próton.

2. **Aplique restrições específicas; simplifique, se possível.**

A energia potencial eletrostática, V(***r***), para um potencial central é dada pela seguinte fórmula, em que ***r*** é o vetor de raio que separa as duas cargas:

$$\mathrm{V}(\boldsymbol{r}) = -\frac{1}{4\pi\varepsilon_0}\frac{e^2}{|\boldsymbol{r}|}$$

LEMBRE-SE

Para problemas deste tipo, os físicos quânticos usam o sistema de unidades CGS (centímetro-grama-segundo), em que $1 = \frac{1}{4\pi\varepsilon_0}$. Esse é mais um daqueles truques sorrateiros para simplificar os cálculos. Nesse sistema, o potencial devido às cargas do elétron e do próton no átomo de hidrogênio é

$$\mathrm{V}(\boldsymbol{r}) = \frac{-e^2}{|\boldsymbol{r}|}$$

Observe que a distância entre o elétron e o próton, *r*, pode ser expressa como $\boldsymbol{r} = \boldsymbol{r}_e - \boldsymbol{r}_p$, assim, a equação anterior se torna

$$\mathrm{V}(\boldsymbol{r}) = \frac{-e^2}{|\boldsymbol{r}_e - \boldsymbol{r}_p|}$$

o que nos dá a seguinte equação de Schrödinger:

$$\frac{-\hbar^2}{2m_p}\nabla_p{}^2\psi(\boldsymbol{r}_e, \boldsymbol{r}_p) - \frac{\hbar^2}{2m_e}\nabla_e{}^2\psi(\boldsymbol{r}_e, \boldsymbol{r}_p) - \frac{e^2}{|\boldsymbol{r}_e - \boldsymbol{r}_p|}\psi(\boldsymbol{r}_e, \boldsymbol{r}_p) = \mathrm{E}\psi(\boldsymbol{r}_e, \boldsymbol{r}_p)$$

Então, como você lida com essa equação? Descubra na próxima seção.

Simplificando e separando a equação do hidrogênio

A equação de Schrödinger encontrada na seção anterior para o átomo de hidrogênio é um tanto confusa, o que ajuda a explicar por que ela era um problema tão monstruoso quando os físicos tentavam entendê-la pela primeira vez. Seu cálculo é confuso pela necessidade de levar em conta a distância do próton a partir do centro de massa do átomo. Felizmente, os passos a seguir podem ajudá-lo.

1. **Reestruture a equação de Schrödinger em uma forma solucionável.**

   Talvez você pense que poderia simplificar as coisas presumindo que o próton está parado e que $\boldsymbol{r}_p = 0$. Uma abordagem inteligente, mas, infelizmente, o próton se move. Como resultado, ao usar esse truque específico, você obtém uma equação que não é exata.

   1a. *Mude para as coordenadas do centro de massa para simplificar a equação de Schrödinger usual.*

   O centro de massa do sistema próton/elétron está neste local:

$$\mathbf{R} = \frac{m_e \boldsymbol{r}_e + m_p \boldsymbol{r}_p}{m_e + m_p}$$

   E o vetor entre o elétron e o próton é $\boldsymbol{r} = \boldsymbol{r}_e - \boldsymbol{r}_p$.

   Usar os vetores **R** e $\boldsymbol{r}$ em vez de $\boldsymbol{r}_e$ e $\boldsymbol{r}_p$ facilita a resolução da equação de Schrödinger. O laplaciano para **R** é $\nabla_{\mathbf{R}}^2 = \frac{\partial^2}{\partial X^2} + \frac{\partial^2}{\partial Y^2} + \frac{\partial^2}{\partial Z^2}$. E o laplaciano para $\boldsymbol{r}$ é $\nabla_{\boldsymbol{r}}^2 = \frac{\partial^2}{\partial x^2} + \frac{\partial^2}{\partial y^2} + \frac{\partial^2}{\partial z^2}$.

   Como podemos relacionar $\nabla_{\mathbf{R}}^2$ e $\nabla_{\boldsymbol{r}}^2$ a ∇_p^2 e ∇_e^2, da equação usual? Depois de aplicar a álgebra, você tem,

$$\frac{1}{m_e}\nabla_e^2 + \frac{1}{m_p}\nabla_p^2 = \frac{1}{M}\nabla_{\mathbf{R}}^2 + \frac{1}{m}\nabla_{\boldsymbol{r}}^2$$

   em que $M = m_e + m_p$ é a massa total e $m = \frac{m_e m_p}{m_e + m_p}$ denomina-se *massa reduzida*. Quando você junta as equações do centro de massa, do vetor entre o próton e o elétron, da massa total e de m, então a equação de Schrödinger independente do tempo passa a ser a seguinte:

$$\frac{-\hbar^2}{2M}\nabla_{\boldsymbol{R}}^2\psi(\mathbf{R}, \boldsymbol{r}) - \frac{\hbar^2}{2m}\nabla_{\boldsymbol{r}}^2\psi(\mathbf{R}, \boldsymbol{r}) + V(\mathbf{R}, \boldsymbol{r})\psi(\mathbf{R}, \boldsymbol{r}) = E\psi(\mathbf{R}, \boldsymbol{r})$$

1b. Ajuste os termos potenciais na equação de Schrödinger.

Considerando os vetores, **R** e ***r***, o potencial é dado por

$$V(\boldsymbol{R},\boldsymbol{r}) = V(\boldsymbol{r}) = \frac{-e^2}{|\boldsymbol{r}|}$$

e a equação de Schrödinger se torna

$$\frac{-\hbar^2}{2M}\nabla_{\boldsymbol{R}}^2\psi(\mathbf{R},\boldsymbol{r}) - \frac{\hbar^2}{2m}\nabla_{\boldsymbol{r}}^2\psi(\mathbf{R},\boldsymbol{r}) - \frac{e^2}{|\boldsymbol{r}|}\psi(\mathbf{R},\boldsymbol{r}) = E\psi(\mathbf{R},\boldsymbol{r})$$

Essa equação parece mais fácil — a principal melhoria é que agora você tem $|\boldsymbol{r}|$ no denominador do termo de energia potencial em vez de $|\boldsymbol{r}_e - \boldsymbol{r}_p|$.

1c. Reescreva a equação como uma equação diferencial separável.

Como a equação contém termos que envolvem **R** ou ***r***, mas não ambos, a forma dessa equação indica que ela é uma equação diferencial separável. Você pode procurar uma solução com a seguinte forma:

$\psi(\mathbf{R}, \boldsymbol{r}) = \psi(\mathbf{R})\psi(\boldsymbol{r})$

Inserir a equação anterior na equação do Passo 1b, nos dá o seguinte:

$$\frac{-\hbar^2}{2M}\nabla_{\mathbf{R}}{}^2\psi(\mathbf{R})\psi(\boldsymbol{r}) - \frac{\hbar^2}{2m}\nabla_{\boldsymbol{r}}{}^2\psi(\mathbf{R})\psi(\boldsymbol{r}) - \frac{e^2}{|\boldsymbol{r}|}\psi(\mathbf{R})\psi(\boldsymbol{r}) = E\psi(\mathbf{R})\psi(\boldsymbol{r})$$

Talvez você pense ser mais difícil resolvê-la agora do que antes. Entretanto, dividindo essa equação por $\psi(\mathbf{R})\psi(\boldsymbol{r})$ lhe dá

$$\frac{-\hbar^2}{2M\psi(\mathbf{R})}\nabla_{\mathbf{R}}{}^2\psi(\mathbf{R}) - \frac{\hbar^2}{2m\psi(\boldsymbol{r})}\nabla_{\boldsymbol{r}}{}^2\psi(\boldsymbol{r}) - \frac{e^2}{|\boldsymbol{r}|} = E$$

que é uma equação com termos que dependem de $\psi(\mathbf{R})$ ou de $\psi(\boldsymbol{r})$, mas não de ambos. Você pode separar essa equação em duas, (onde a energia total, E, é igual a $E_{\mathbf{R}} + E_{\boldsymbol{r}}$), e fazer um pouco de malabarismo com elas para obter

- $$\frac{-\hbar^2}{2M}\nabla_{\mathbf{R}}{}^2\psi(\mathbf{R}) = E_{\mathbf{R}}\psi(\mathbf{R})$$
- $$\frac{-\hbar^2}{2m}\nabla_{\boldsymbol{r}}{}^2\psi(\boldsymbol{r}) - \frac{e^2}{|\boldsymbol{r}|}\psi(\boldsymbol{r}) = E_{\boldsymbol{r}}\psi(\boldsymbol{r})$$

2. Resolva as equações diferenciais para encontrar ψ.

Você pode resolver as equações do Passo 1c de forma independente, algo que requer um pouco de trabalho.

2a. Resolva ψ(R).

Em $\frac{-\hbar^2}{2M}\nabla_{\mathbf{R}}{}^2\psi(\mathbf{R}) = E_{\mathbf{R}}\psi(\mathbf{R})$, como resolver ψ(R), a função de onda do centro de massa do sistema elétron/próton? Essa é uma equação diferencial simples, e a solução é

$$\psi(\mathbf{R}) = Ce^{-i\boldsymbol{k}\cdot\boldsymbol{r}}$$

Nessa equação, C é uma constante, e ***k*** é o vetor de onda onde $|\boldsymbol{k}| = \frac{2M\sqrt{E_R}}{\hbar^2}$.

LEMBRE-SE

Na prática, E_R é tão pequeno que as pessoas quase sempre ignoram $\psi(\mathbf{R})$ — ou seja, presumem que seja 1. Em outras palavras, a ação real está em $\psi(\boldsymbol{r})$, não em $\psi(\mathbf{R})$, que é a função de onda do centro de massa do átomo de hidrogênio, e $\psi(\boldsymbol{r})$ é a função de onda de uma partícula (fictícia) de massa *m*.

2b. Resolva $\psi(r)$.

A equação de Schrödinger para $\psi(\boldsymbol{r})$ é a função de onda de uma partícula inventada de massa *m*. Esta é a equação de Schrödinger para $\psi(r)$:

$$\frac{-\hbar^2}{2m}\nabla_{\boldsymbol{r}}^{2}\psi(\boldsymbol{r}) - \frac{e^2}{|\boldsymbol{r}|}\psi(\boldsymbol{r}) = E_{\boldsymbol{r}}\psi(\boldsymbol{r})$$

DICA

Na prática, $m \approx m_e$, e $\psi(_r)$ está bem próximo de $\psi(\boldsymbol{r_e})$, então a energia, E_r, é bem próxima da energia do elétron. No Passo 1 desta seção, mencionei que você pode pensar ser capaz de definir $r_p = 0$ e tratar o próton como se ele fosse o centro estacionário do átomo de hidrogênio. Se tentar fazer isso com a equação original, terá uma equação muito semelhante a esta equação de Schrödinger para $\psi(\boldsymbol{r})$. Essa equação, porém, não seria exata por alguns motivos. Primeiro, você estaria usando a massa do elétron, m_e, em vez da massa reduzida, *m*. Em segundo lugar, faltaria a pequena contribuição de $\psi(\boldsymbol{R})$.

Procure uma equação exata para $\psi(\boldsymbol{r})$, sem cortes. Você pode separar a solução, $\psi(\boldsymbol{r})$, em uma parte radial e uma parte angular (consulte o Capítulo 13 para saber mais sobre essa separação):

$\psi(\boldsymbol{r}) = R_{n\ell}(\boldsymbol{r})Y_{\ell m}(\theta, \phi)$

A parte angular de $\psi(\boldsymbol{r})$ é composta de harmônicos esféricos, $Y_{\ell m}(\theta, \phi)$, portanto, essa parte está correta. Agora você precisa resolver a parte radial, $R_{n\ell}(r)$. A equação de Schrödinger fica assim para a parte radial:

$$\frac{-\hbar^2}{2m}\frac{d^2}{dr^2}[r\,R_{n\ell}(r)] + \ell(\ell+1)\frac{\hbar^2}{2mr^2}r\,R_{n\ell}(r) - \frac{e^2}{r}r\,R_{n\ell}(r) = E_r r\,R_{n\ell}(r)$$

em que $r = |\boldsymbol{r}|$.

Resolvendo a equação radial de Schrödinger

Para resolver a equação final da seção anterior, faz-se necessário considerar dois casos: quando *r* é muito pequeno e quando *r* é muito grande. Juntando os dois casos, obtemos a forma aproximada da solução radial.

Analisando o *r* pequeno

Para o *r* pequeno, os termos $-\frac{e^2}{r} r\,R_{n\ell}(r)$ e $E_r r R_{n\ell}(r)$, na equação anterior, tornam-se muito menores do que o restante, assim, você pode ignorá-los e expressar a Schrödinger radial como

$$\frac{-\hbar^2}{2m}\frac{d^2}{dr^2}[r\,R_{n\ell}(r)] + \ell(\ell+1)\frac{\hbar^2}{2mr^2} r\,R_{n\ell}(r) = 0$$

Em seguida, multiplique por $2m\hbar^2$ para obter

$$\frac{-d^2}{dr^2}[r\,R_{n\ell}(r)] + \frac{\ell(\ell+1)}{r^2} r\,R_{n\ell}(r) = 0$$

A solução para essa equação é proporcional a $R_{n\ell}(r) \sim Ar^{\ell} + Br^{-\ell-1}$.

Observe, entretanto, que $R_{n\ell}(r)$ deve desaparecer quando *r* vai a zero — mas o termo $r^{-\ell-1}$ vai ao infinito. E isso significa que B deve ser zero, portanto, você tem esta solução para o *r* pequeno:

$$R_{n\ell}(r) \sim r^{\ell}$$

Analisando o *r* grande

Para um *r* muito grande, $\frac{-\hbar^2}{2m}\nabla_{\boldsymbol{r}}^2\psi(\boldsymbol{r}) - \frac{e^2}{|\boldsymbol{r}|}\psi(\boldsymbol{r}) = E_{\boldsymbol{r}}\psi(\boldsymbol{r})$ se torna $\frac{d^2}{dr^2}[r\,R_{n\ell}(r)] + \frac{2mE_r}{\hbar^2} r\,R_{n\ell}(r) = 0$.

Como o elétron está em um estado ligado no átomo de hidrogênio, $E < 0$; portanto, a solução da equação anterior é proporcional a

$$R_{n\ell}(r) \sim Ae^{-\lambda r} + Be^{\lambda r}$$

em que $\lambda = \frac{\sqrt{-2mE_r}}{\hbar}$.

Nota: $R_{n\ell}(r) \sim Ae^{-\lambda r} + Be^{\lambda r}$ diverge quando *r* vai ao infinito por causa do termo $Be^{\lambda r}$, assim, B deve ser igual a zero. Isso significa que $R_{n\ell}(r) \sim e^{-\lambda r}$.

Analisando as duas soluções para *r*

Juntando as soluções para *r* pequeno e *r* grande (das seções anteriores), a equação de Schrödinger fornece uma solução para a equação de Schrödinger radial de $R_{n\ell}(r) = r^{\ell} f(r) e^{-\lambda r}$, em que $f(r)$ é uma função ainda não determinada de *r*. Sua próxima tarefa é determinar $f(r)$; para isso, substitua essa equação na equação radial de Schrödinger, obtendo o seguinte:

$$\frac{-\hbar^2}{2m}\frac{d^2}{dr^2}[r\,R_{n\ell}(r)] + \ell(\ell+1)\frac{\hbar^2}{2mr^2} r\,R_{n\ell}(r) - \frac{e^2}{r} r\,R_{n\ell}(r) = E_r r\,R_{n\ell}(r)$$

Ao fazer a substituição, você obtém esta equação diferencial:

$$\frac{d^2}{dr^2}\mathrm{f}(r)+2\left[\frac{\ell+1}{r}-\lambda\right]\frac{d\mathrm{f}(r)}{dr}+2\left[\frac{\frac{me^2}{\hbar^2}-\lambda(\ell+1)}{r}\right]\mathrm{f}(r)=0$$

Potencializando a equação diferencial

A seção anterior deixou você com uma equação diferencial e tanto, não é? Você pode resolvê-la usando uma série de potências (uma maneira comum de resolver equações diferenciais). Empregando a forma correta de série de potências de f(r) e pulando as duas páginas de cálculos necessários para simplificar a série (não precisa agradecer), você obtém a função resultante:

$$\mathrm{f}(r)=\sum_{k=0}^{\infty}a_k r^k=e^{2\lambda r}$$

A função de onda radial, $R_{n\ell}(\mathbf{r})$, fica assim:

$$R_{n\ell}(r)=r^{\ell}\mathrm{f}(r)e^{-\lambda r}$$

onde, como lembrete, $\lambda=\frac{\sqrt{-2mE}}{\hbar}$.

Inserir a forma que você tem para f(r) = $e^{2\lambda r}$ em $R_{n\ell}(r)$ resulta em

- $R_{n\ell}(r) = r^{\ell}\mathrm{f}(r)e^{-\lambda r}$
- $R_{n\ell}(r) = r^{\ell}e^{2\lambda r}e^{-\lambda r}$
- $R_{n\ell}(r) = r^{\ell}e^{\lambda r}$

A função de onda $\psi(r)$ assume esta forma: $\psi(r) = R_{n\ell}(r)\, Y_{\ell m}(\theta, \phi)$. E ao inserir sua forma de $R_{n\ell}(r)$ a partir dessa equação lhe dá

$$\psi(r) = r^{\ell}e^{\lambda r}\, Y_{\ell m}(\theta, \phi)$$

CUIDADO

Essa equação final parece boa — *exceto* pelo fato de que, conforme o expoente r aumenta, o valor de toda a função aumenta ainda mais rápido! A função de onda vai para o infinito à medida que r vai para o infinito. Mas como ela representa a probabilidade de uma partícula, esperamos que $\psi(r)$ vá a zero conforme r vai ao infinito. (Essa suposição é explicitamente declarada no início do capítulo.) Essa versão de $R_{n\ell}(r) = r^{\ell}e^{\lambda r}$ claramente não é física. Em outras palavras, algo deu errado em algum lugar. Consulte a próxima seção para saber como corrigir essa versão do f(r) e, por fim, $\psi(r)$.

Consertando *f(r)* para mantê-la finita

É necessário que a solução da equação radial (da seção anterior) vá para zero à medida que *r* vai ao infinito, o que significa consertar f(*r*) para mantê-la finita. Isso leva o problema a uma das etapas mais incômodas.

1. **Estabeleça um limite finito para o somatório de f(*r*).**

   O problema de $\psi(r)$ ir ao infinito à medida que *r* vai ao infinito está na maneira pela qual você presume a forma para f(*r*) na seção anterior, que é

   $$f(r) = \sum_{k=0}^{\infty} a_k r^k$$

   O somatório até o infinito pode lhe dar uma pausa por um bom motivo, pois não há razão para pensar que um átomo de hidrogênio tenha infinitos estados. E você precisa manter finito o número de estados.

   Para realizar esse truque, a série tem de terminar em um determinado índice, denominado *N*. N é chamado de *número quântico radial*. Portanto, essa equação se torna a seguinte (observe que o somatório agora é para N, e não para o infinito):

   $$f(r) = \sum_{k=0}^{N} a_k r^k$$

2. **Estabeleça constantes iguais a zero após o limite do somatório.**

   Para que essa série termine, cada elemento após N deve ser igual a zero. Esse fato significa que as constantes para esses termos (a_{N+1}, a_{N+2}, a_{N+3}, e assim por diante) devem ser todas iguais a zero. E essa situação ocorre quando a seguinte relação é válida:

   $$n\lambda - \frac{me^2}{\hbar^2} = 0 \qquad n = 1, 2, 3 \ldots$$

   Nessa expressão, *n* é chamado de *número quântico principal* e é calculado a partir de $n = N + \ell + 1$. A série para f(*r*) precisa atender a essa condição de quantização para ser finita. E agora apenas *n* estados quânticos são fisicamente permitidos.

   E como $\lambda = \frac{\sqrt{-2mE}}{\hbar}$, a equação

   $$n\lambda - \frac{me^2}{\hbar^2} = 0 \qquad n = 1, 2, 3 \ldots$$

   também impõe restrições aos valores permitidos de energia no átomo de hidrogênio.

Encontrando as energias permitidas do átomo de hidrogênio

Na seção anterior, você descobriu que a condição de quantização para $\psi(r)$ permanecer infinito conforme r vai ao infinito é

$$n\lambda - \frac{me^2}{\hbar^2} = 0 \qquad n = 1, 2, 3 \ldots$$

em que $\lambda = \frac{\sqrt{-2mE}}{\hbar}$.

Ao inserir λ na equação de condição de quantização e resolver a energia E, você obtém o seguinte (lembrando que, para cada passo, n é um número quântico, portanto n = 1, 2, 3,...):

$$\frac{n\sqrt{-2mE}}{\hbar} - \frac{me^2}{\hbar^2} = 0$$

$$\frac{n\sqrt{-2mE}}{\hbar} = \frac{me^2}{\hbar^2}$$

$$n^2\frac{(-2mE)}{\hbar^2} = \frac{m^2e^4}{\hbar^4}$$

$$-n^2 2E = \frac{me^4}{\hbar^2}$$

$$E = \frac{-me^4}{2n^2\hbar^2}$$

Como E depende do número quântico principal (consulte a seção anterior), é possível renomear essa equação para E_n e explicitar os valores do número quântico:

$$E_n = \frac{-me^4}{2n^2\hbar^2} \qquad n = 1, 2, 3 \ldots$$

DICA

As pessoas da física geralmente escrevem esse resultado em termos do raio de Bohr — o raio orbital que Niels Bohr calculou para o elétron em um átomo de hidrogênio, r_0. O raio de Bohr é $r_0 = \frac{\hbar^2}{me^2}$.

E em termos de r_0, E_n fica igual a

$$E_n = \frac{-me^4}{2n^2\hbar^2} = \frac{-e^2}{2r_0}\frac{1}{n^2} \qquad n = 1, 2, 3 \ldots$$

O estado fundamental, em que n = 1, é de aproximadamente E = –13,6 eV.

Observe que essa energia é negativa porque o elétron se encontra em um estado ligado — seria necessário adicionar energia ao elétron para liberá-lo do átomo de hidrogênio. Aqui estão o primeiro e o segundo estados excitados:

- Primeiro estado excitado, n = 2: E = –3,4 eV
- Segundo estado excitado, n = 3: E = –1,5 eV

LEMBRE-SE

Como descrevo no Capítulo 3, Niels Bohr usou a ideia do quantum para encontrar esses valores de estado excitado em 1911, mais de uma década antes de a matemática da mecânica quântica usada neste capítulo sequer existir. Essa façanha lhe rendeu, com razão, o Prêmio Nobel de Física em 1922.

Criando o formato da solução radial

Nesta seção, você conclui o cálculo das funções de onda que começou na seção "Simplificando e separando a equação do hidrogênio" — consulte o cálculo de $R_{n\ell}(r)$ na seção "Resolvendo a equação radial de Schrödinger", ambas anteriormente neste capítulo. Uma maneira de pensar nesse processo de cálculo é aplicar repetidamente restrições, reestruturar, resolver e verificar as condições de limite e a normalização até obter a solução final.

1. **Restruture a equação da função de onda radial $R_{n\ell}(r)$.**

   Com base nos cálculos anteriores, você sabe que $R_{n\ell}(r) = r^{\ell} f(r) e^{-\lambda r}$, em que $f(r) = \sum_{k=0}^{N} a_k r^k$, e, portanto, $R_{n\ell}(r) = r^{\ell} e^{-\lambda r} \sum_{k=0}^{N} a_k r^k$.

   No entanto, você tem mais trabalho a fazer. A equação anterior vem da solução da equação radial de Schrödinger:

   $$\frac{-\hbar^2}{2m}\frac{d^2}{dr^2} r\, R_{n\ell}(r) + \ell(\ell+1)\frac{\hbar^2}{2mr^2} r\, R_{n\ell}(r) - \frac{e^2}{r} r\, R_{n\ell}(r) = E_r r\, R_{n\ell}(r)$$

2. **Adicione uma constante multiplicativa, $A_{n\ell}$, para corresponder a essa solução.**

   Essa constante depende do número quântico principal *n* e do número quântico do momento angular ℓ, desta forma:

   $$R_{n\ell}(r) = A_{n\ell} r^{\ell} e^{-\lambda r} \sum_{k=0}^{N} a_k r^k$$

   Você encontra $A_{n\ell}$ ao normalizar $R_{n\ell}(r)$.

3. **Faça os cálculos para resolver $R_{n\ell}(r)$.**

   Por exemplo, tente encontrar $R_{10}(r)$. Neste caso, $n = 1$ e $\ell = 0$. Logo, como $N + \ell + 1 = n$, você tem $N = n - \ell - 1$. Portanto, $N = 0$ aqui. Isso deixa $R_{n\ell}(r)$ assim:

   $$R_{10}(r) = A_{10} r^0 e^{-\lambda r} \sum_{k=0}^{0} a_k r^k$$

   E a soma dessa equação é igual a $\sum_{k=0}^{0} a_k r^k = a_0$, portanto

   $$R_{10}(r) = A_{10} r^0 e^{-\lambda r} a_0$$

4. **Reestruture a equação $R_{10}(r)$ com substituições e restrições.**

Aplique as seguintes premissas e restrições:

- *Você sabe que* $r^0 = 1$, então $R_{10}(r) = A_{10}e^{-\lambda r} a_0$.
- *Deve reescrever* $n\lambda - \frac{me^2}{\hbar^2} = 0$ (a restrição quântica sobre essas soluções físicas) e $r_0 = \frac{\hbar^2}{me^2}$ (a equação para o raio de Bohr) como

  $$\lambda = \frac{me^2}{n\hbar^2} = \frac{1}{nr_0}.$$

- *Também tem de escrever* $R_{10}(r) = A_{10}e^{-\lambda r}a_0$ como

  $R_{10}(r) = A_{10}a_0 \exp\left(\frac{-r}{nr_0}\right)$, onde r_0 é o raio de Bohr.

Nota: Como $R_{n\ell}$ é R_{10} neste caso, $n = 1$ para esta equação, mas deixei o n explicitamente na equação anterior apenas para mostrar como ficaria em outros estados de energia.

5. **Para encontrar A_{10} e a_0, normalize a função de onda $\psi_{100}(r, \theta, \phi)$ para 1.**

A normalização é feita ao integrar $|\psi_{100}(r, \theta, \phi)|^2 d^3r$ em todo o espaço e estabelecer o resultado igual a 1. O resultado representa a ideia de que a probabilidade de essa função de onda existir em algum lugar do universo é igual a 1. (Consulte os Capítulos 4 e 8 para saber mais sobre essa probabilidade.)

LEMBRE-SE

Felizmente, a parte angular da função de onda já está normalizada. Ao redefinir $d^3r = r^2 \operatorname{sen}\theta\, dr\, d\theta\, d\phi$ e integrar os harmônicos esféricos, como Y_{00}, em uma esfera completa, $\int |Y_{00}|^2 \operatorname{sen}\theta d\theta d\phi$, você obtém 1. (Você pode encontrar o cálculo e a normalização dos harmônicos esféricos no Capítulo 13, se quiser dar uma olhada.)

6. **Normalize a parte radial da equação.**

Insira $R_{10}(r)$ para obter

$$1 = \int_0^{+\infty} r^2 |R_{10}(r)|^2 dr$$

$$1 = A_{10}{}^2 a_0^2 \int_0^{+\infty} r^2 \exp\left(\frac{-2r}{nr_0}\right) dr$$

Nessa equação, lembre-se de que $n = 1$ e aplique suas habilidades matemáticas para resolver as integrais. O resultado final é a seguinte equação que fornece uma relação contendo apenas A_{10} e a_0.

$$A_{10}a_0 = \frac{2}{\sqrt{r_0{}^3}}$$

7. **Conclua a solução da função de onda com as substituições finais.**

Embora seja necessário bastante trabalho para obter a equação anterior, ela é, na verdade, um resultado bastante simples ao ter em mente que A_{10} está lá apenas para normalizar o resultado, e que a equação$R_{10}(r)$ tem o termo $A_{10}a_0$ no início. Essa solução mostra exatamente isso, portanto, você pode simplesmente inserir $R_{10}(r)$ para obter

$$R_{10}(r) = \frac{2}{\sqrt{r_0^3}} e^{\frac{-r}{r_0}}$$

Você sabe que $\psi_{n\ell m}(r, \theta, \phi) = R_{n\ell}(r)\, Y_{\ell m}(\theta, \phi)$. O Capítulo 13 fornece vários dos harmônicos esféricos normalizados, $Y_{\ell m}(\theta, \phi)$, incluindo $Y_{00}(\theta, \phi) = \frac{1}{\sqrt{4\pi}}$.

Ao substituir tanto R_{10} quanto Y_{00}, você obtém

$$\psi_{100}(r, \theta, \phi) = \frac{2}{\sqrt{r_0^3}} e^{\frac{-r}{r_0}} \frac{1}{\sqrt{4\pi}}$$

E isso conclui o trabalho para encontrar a função de onda para um dos estados quânticos mais simples do átomo de hidrogênio.

Generalizando com a Função de Onda do Hidrogênio

Como certamente você viu nas seções anteriores deste capítulo, encontrar a função de onda de um átomo de hidrogênio é complicado. E lembre-se, trata-se do mais simples dos átomos! Em geral, a função de onda $\psi_{n\ell m}(r, \theta, \phi)$ para o hidrogênio é a seguinte:

$$\psi_{n\ell m}(r, \theta, \phi) = \frac{\sqrt{\left(\frac{2}{nr_0}\right)^3}\sqrt{(n-\ell-1)!}}{\sqrt{2n(n-1)!}} e^{\frac{-r}{nr_0}} \left(\frac{2r}{nr_0}\right)^{\ell} L_{n-\ell-1}^{2\ell+1}\left(\frac{2r}{nr_0}\right) Y_{\ell m}(\theta, \phi)$$

em que o termo $L_{n-\ell-1}^{2\ell+1}\left(\frac{2r}{nr_0}\right)$ é chamado de *polinômio generalizado de Laguerre*. Esse termo é uma forma de solução para determinados tipos de equações diferenciais (incluindo o tipo que você tem aqui, felizmente). Aqui estão os primeiros polinômios generalizados de Laguerre:

- $L_0^b(r) = 1$
- $L_1^b(r) = -r + b + 1$

» $L_2^b(r) = \frac{r^2}{2} - (b+2)r + \frac{(b+2)(b+1)}{2}$

» $L_3^b(r) = -\frac{r^3}{6} + \frac{(b+3)r^2}{2} - \frac{(b+2)(b+3)r}{2} + \frac{(b+1)(b+2)(b+3)}{6}$

Nas seções anteriores do capítulo (consulte "Criando o formato da solução radial"), você descobriu que $\psi_{100}(r, \theta, \phi)$ fica assim:

$$\psi_{100}(r, \theta, \phi) = \frac{2}{\sqrt{r_0^3}} e^{\frac{-r}{r_0}} \frac{1}{\sqrt{4\pi}}$$

Veja algumas outras funções de onda do hidrogênio, que lhe dão um contexto do nível de complexidade que podem ter:

» $\psi_{20m}(r, \theta, \phi) = \frac{1}{\sqrt{2r_0^3}}\left(1 - \frac{r}{2r_0}\right)e^{\frac{r}{2r_0}} Y_{0m}(\theta, \phi)$

» $\psi_{21m}(r, \theta, \phi) = \frac{1}{\sqrt{6r_0^3}} \frac{r}{2r_0} e^{\frac{-r}{2r_0}} Y_{1m}(\theta, \phi)$

» $\psi_{300}(r, \theta, \phi) = \frac{2}{3\sqrt{3r_0^3}} e^{\frac{-r}{3r_0}} \left[1 - \left(\frac{2r}{3r_0}\right) + \left(\frac{2r^2}{27{r_0}^2}\right)\right] Y_{00}(\theta, \phi)$

» $\psi_{31m}(r, \theta, \phi) = \frac{8}{9\sqrt{6r_0^3}} e^{\frac{-r}{3r_0}} \frac{r}{3r_0}\left[1 - \left(\frac{r}{6r_0}\right)\right] Y_{1m}(\theta, \phi)$

» $\psi_{32m}(r, \theta, \phi) = \frac{4}{9\sqrt{30{r_0}^3}} \frac{r^2}{9{r_0}^2} e^{\frac{-r}{3r_0}} Y_{2m}(\theta, \phi)$

Observe que $\psi_{n\ell m}(r, \theta, \phi)$ se comporta como r^ℓ para o r pequeno e, portanto, vai a zero. E para o r grande, $\psi_{n\ell m}(r, \theta, \phi)$ decai exponencialmente para zero. Assim, você resolveu o problema da seção, "Resolvendo a equação radial de Schrödinger", anteriormente neste capítulo, em que a função de onda diverge à medida que r se torna grande. Modificar esse somatório para que $f(r)$ não se torne infinito acabou sendo útil. Nada mal.

Veja as funções de onda radial $R_{10}(r)$, $R_{20}(r)$ e $R_{21}(r)$ na Figura 14-2.

Calculando a Degenerescência de Energia do Átomo de Hidrogênio

Cada estado quântico do átomo de hidrogênio ($\psi_{n\ell m}[r, \theta, \phi]$) é especificado com três números quânticos: n (o número quântico principal), ℓ (o número quântico do momento angular do elétron) e m (o componente z do momento angular do elétron). Você pode se perguntar quantos desses estados têm a mesma energia. Em outras palavras, qual é a degenerescência de energia do átomo de hidrogênio em termos dos números quânticos n, ℓ e m?

A energia real depende apenas de n, como vimos na seção "Encontrando as energias permitidas do átomo de hidrogênio", anteriormente neste capítulo:

$$E_n = \frac{-me^4}{2n^2\hbar^2} \qquad n = 1, 2, 3 \ldots$$

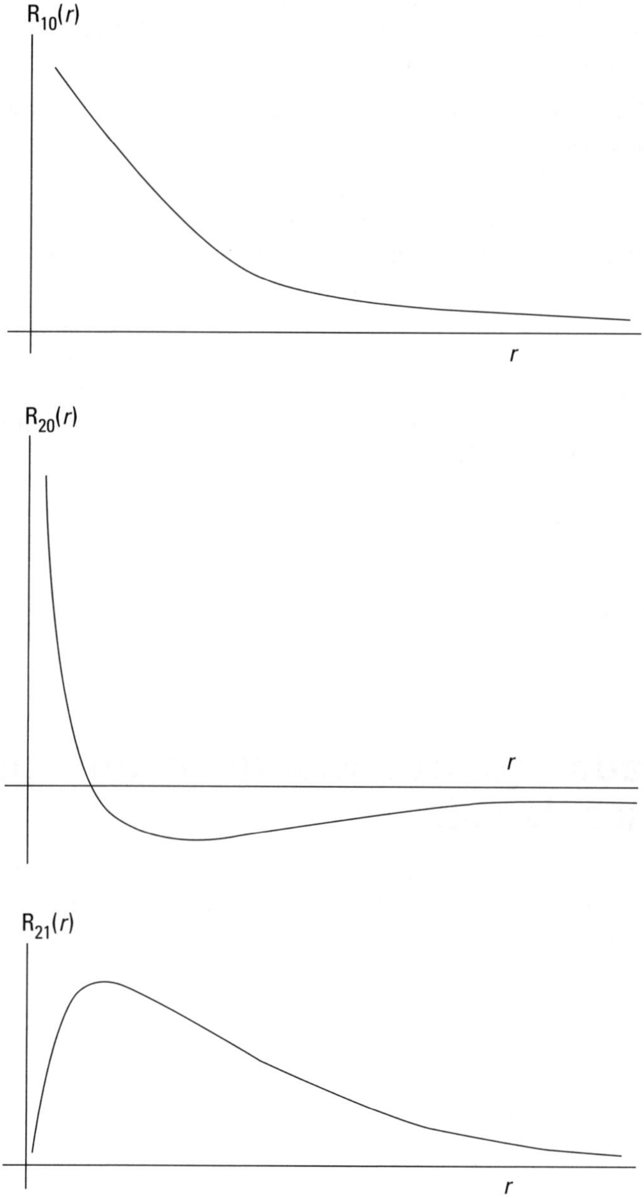

FIGURA 14-2: As funções radiais $R_{10}(r)$, $R_{20}(r)$ e $R_{21}(r)$, de cima para baixo.

A partir dessa equação, você pode ver que E é independente de ℓ e de m. Então, quantos estados, $|n, l, m\rangle$, têm a mesma energia para um valor específico de n? Você tem as seguintes circunstâncias:

» **Para um valor específico de *n*,** ℓ pode variar de zero a $n - 1$.

» **Para qualquer valor específico de ℓ,** você pode ter m valores de $-\ell$, $-\ell + 1, \ldots, 0, \ldots, \ell - 1, \ell$. Isso quer dizer que $(2\ell + 1)$ estados possíveis de m existem para um valor específico de ℓ.

» **Para cada valor de *n*,** você tem n^2 estados, todos com o mesmo nível de energia.

Assim, a degenerescência dos níveis de energia do átomo de hidrogênio é n^2. Por exemplo, o estado fundamental, $n = 1$, tem *degenerescência* $= n^2 = 1$. Isso faz sentido por causa de ℓ, e, portanto, m só pode ser igual a zero para esse estado.

Para $n = 2$, você tem uma degenerescência de 4. Novamente, esse valor é pequeno o suficiente para que você possa pensar facilmente em todos os casos. Temos $\ell = 0$ e $m = 0$ como um estado. E também $\ell = 1$, que permite três estados, onde $m = -1$, $m = 0$ e $m = 1$. As funções de onda a seguir representam esses quatro estados, todos com os mesmos valores de energia:

» $\psi_{200}(r, \theta, \phi)$

» $\psi_{21-1}(r, \theta, \phi)$

» $\psi_{210}(r, \theta, \phi)$

» $\psi_{211}(r, \theta, \phi)$

Estados quânticos: Adicionando um pouco de spin

Você pode estar se perguntando: "E o spin do elétron?" Exato! O spin do elétron realmente fornece estados quânticos adicionais. Até agora, nesta seção, você tratou a função de onda do átomo de hidrogênio como um produto de partes radiais e angulares:

$$\psi_{n\ell m}(r, \theta, \phi) = R_{n\ell}(r)Y_{\ell m}(\theta, \phi)$$

Agora você pode adicionar uma parte de spin, correspondente ao spin do elétron, onde s é o spin do elétron e m_s é o componente z do spin:

$$|s, m_s\rangle$$

A parte do spin na equação pode assumir os seguintes valores:

» $\left|\frac{1}{2}, \frac{1}{2}\right\rangle$

» $\left|\frac{1}{2}, -\frac{1}{2}\right\rangle$

Funções de onda para estados de spin

Quando levamos o spin em conta, $\psi_{n\ell m}(r, \theta, \phi)$ se torna $\psi_{n\ell m m_s}(r, \theta, \phi)$:

$$\psi_{n\ell m m_s}(r, \theta, \phi) = R_{n\ell}(r) Y_{\ell m}(\theta, \phi) |s, m_s\rangle$$

E essa função de onda pode assumir duas formas, dependendo de m_s, assim:

» $\psi_{n\ell m \frac{1}{2}}(r, s, \theta, \phi) = R_{n\ell}(r) Y_{\ell m}(\theta, \phi) \left|\frac{1}{2}, \frac{1}{2}\right\rangle$

» $\psi_{n\ell m -\frac{1}{2}}(r, s, \theta, \phi) = R_{n\ell}(r) Y_{\ell m}(\theta, \phi) \left|\frac{1}{2}, -\frac{1}{2}\right\rangle$

Efeito do spin na degenerescência

O que a adição de spin às funções de onda faz com a degenerescência de energia? Se você incluir o spin do elétron, existem dois estados de spin para cada estado $|n, \ell, m\rangle$. Portanto, ao fazer isso, a degenerescência de energia do átomo de hidrogênio é $2n^2$.

Na verdade, é possível até mesmo adicionar o spin do próton à função de onda (embora as pessoas normalmente não façam isso, pois o spin do próton interage apenas fracamente com os campos magnéticos aplicados ao átomo de hidrogênio). Nesse caso, você tem uma função de onda que fica assim:

$$\psi_{n\ell m m_{se} m_{sp}}(r, \theta, \phi) = R_{n\ell}(r) Y_{\ell m}(\theta, \phi) |s_e, m_{se}\rangle |s_p, m_{sp}\rangle$$

em que s_e é o spin do elétron, m_{se} é o componente *z* do spin do elétron, s_p é o spin do próton e m_{sp} é o componente *z* do spin do próton. O spin do elétron, m_{se}, tem dois estados, para cima ou para baixo, tal como o spin do próton, m_{sp}.

Você pode somar esses dois conjuntos de dois estados independentes. A degenerescência ao incluir o spin do próton (bem como o do elétron) resulta em um fator de quatro para cada $|n, \ell, m\rangle$. E a degenerescência é agora $4n^2$!

Linha fina: Obtendo os orbitais

Ao estudarmos o hidrogênio aquecido em espectroscopia, obtemos um espectro composto por várias linhas: *s* (*sharp* — brilhante, nítida), *p* (*principal*), *d* (*difusa*) e *f* (*fundamental*). Outras linhas não nomeadas, como *g*, *h* e outras, também estão presentes.

As linhas *s*, *p*, *d*, *f* e as demais correspondem a diferentes estados de momento angular do elétron, chamados de *orbitais*. O estado *s* corresponde a $\ell = 0$; o estado *p* a $\ell = 1$; o estado *d* a $\ell = 2$; o estado *f* a $\ell = 3$; e assim por diante. Cada um desses estados de momento angular tem uma nuvem de elétrons de formato diferente ao redor do próton, ou seja, um orbital diferente.

Três números quânticos — n, ℓ e m — determinam os orbitais. A Figura 14-3 mostra as nuvens de elétrons para o estado $|1, 0, 0\rangle$ (1*s*, com $m = 0$); o estado $|3, 2, 1\rangle$ (4*f*, com $m = 2$); e o estado $|2, 1, 1\rangle$ (2*p*, com $m = 1$).

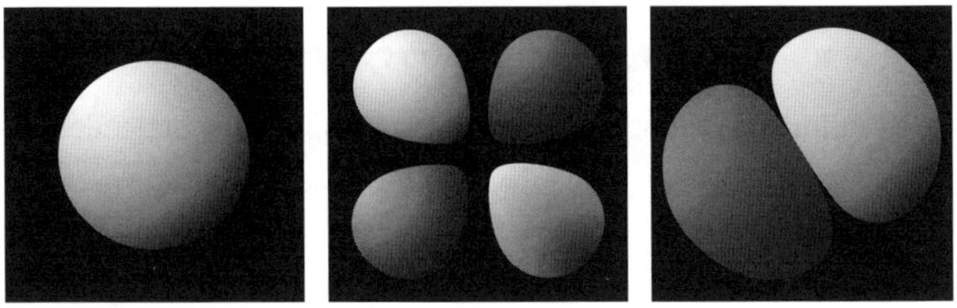

Estado $|1, 0, 0\rangle$ Estado $|3, 2, 1\rangle$ Estado $|2, 1, 1\rangle$

FIGURA 14-3: As nuvens de elétrons para os estados $|1, 0, 0\rangle$, $3, 2, 1\rangle$ e $|2, 1, 1\rangle$.

Caçando o Elusivo Elétron

Talvez você esteja curioso para saber onde está o elétron em um átomo de hidrogênio em qualquer outro momento. Em outras palavras, qual é a distância entre o elétron e o próton? Podemos encontrar o valor esperado de r, ou seja, $\langle r \rangle$, para saber. Se a função de onda for $\psi_{n\ell m}(r, \theta, \phi)$, então a expressão a seguir representa a probabilidade de o elétron ser encontrado no elemento espacial d^3r:

$$|\psi_{n\ell m}(r, \theta, \phi)|^2 d^3r$$

Em coordenadas esféricas, $d^3r = r^2 \text{ sen } \theta \, dr \, d\theta \, d\phi$, então você pode expressar $|\psi_{n\ell m}(r, \theta, \phi)|^2 d^3r$ como

$$|\psi_{n\ell m}(r, \theta, \phi)|^2 r^2 \text{ sen } \theta \, dr \, d\theta \, d\phi$$

A probabilidade de o elétron estar em uma concha esférica de raio r para $r + dr$ é, portanto, de

$$\int_0^{2\pi}\int_0^{\pi} |\psi_{n\ell m}(r, \theta, \phi)|^2 r^2 \text{sen}\theta \, d\theta \, d\phi \, dr$$

E como $\psi_{n\ell m}(r, \theta, \phi) = R_{n\ell}(r)Y_{\ell m}(\theta, \phi)$, a equação se torna

$$\int_0^{2\pi}\int_0^{\pi} |R_{n\ell}(r)Y_{\ell m}(\theta, \phi)|^2 r^2 \text{sen}\theta \, d\theta \, d\phi \, dr$$

A integral anterior é igual a

$$|R_{n\ell}(r)|^2 r^2 dr \int_0^{\pi} |Y_{\ell m}(\theta, \phi)|^2 \text{sen}\theta \, d\theta \int_0^{2\pi} d\phi$$

Os harmônicos esféricos Y são normalizados (consulte o Capítulo 13), de modo que essas integrais são iguais a 1 e a equação anterior se torna apenas

$$|R_{n\ell}(r)|^2 r^2 \, dr$$

Essa é a probabilidade de o elétron estar dentro da concha esférica de *r* para *r* + *dr*. O valor esperado de *r* é

$$\langle r \rangle = \int_0^{\infty} r |R_{n\ell}(r)|^2 r^2 dr$$

que é

$$\langle r \rangle = \int_0^{\infty} r^3 |R_{n\ell}(r)|^2 \, dr$$

É aqui que as coisas ficam mais complexas, porque $R_{n\ell}(r)$ envolve os polinômios de Laguerre. Mas depois de muitas contas, você obtém isto:

$$\langle r \rangle = \int_0^{\infty} r^3 |R_{n\ell}(r)|^2 \, dr = \left[3n^2 - \ell(\ell+1)\right] \frac{r_0}{2}$$

em que r_0 é o raio de Bohr: $r_0 = \frac{\hbar^2}{me^2}$. O raio de Bohr tem aproximadamente 5,29 × 10^{-11} metros, portanto, o valor esperado da distância entre o elétron e o próton é de

$$\langle r \rangle = \left[3n^2 - \ell(\ell+1)\right]\left(2{,}65 \times 10^{-11}\right) \text{ metros.}$$

Assim, por exemplo, no estado 1*s* ($|1, 0, 0\rangle$), o valor esperado de *r* é igual a

$$\langle r \rangle_{1s} = 3\left(2{,}65 \times 10^{-11}\right) = 7{,}95 \times 10^{-11} \text{ metros.}$$

E no estado 4*p* ($|4, 1, m\rangle$),

$$\langle r \rangle_{4p} = 46\left(2{,}65 \times 10^{-11}\right) = 1{,}22 \times 10^{-9} \text{ metros.}$$

NESTE CAPÍTULO

» Analisando os sistemas de muitas partículas

» Examinando os sistemas com partículas distinguíveis

» Perturbando os osciladores harmônicos e os átomos de hidrogênio

» Explorando a teoria de dispersão para colisões de partículas

Capítulo 15

Lidando com Muitas Partículas e Dinâmicas de Grupo

Até aqui, a maioria dos capítulos que se aprofundaram na matemática da física quântica (consulte os Capítulos 7 a 14) concentrou-se no comportamento de uma única partícula. Esse foco foi dado por um bom motivo: as equações da física quântica que envolvem várias partículas tornam-se complexas muito rapidamente e, em geral, são tão complexas que é impossível encontrar uma solução exata para elas. Como a situação insolúvel não é exatamente o melhor lugar para descobrir como algo funciona, neste capítulo concentro-me em problemas que envolvem sistemas simples em que uma solução pode ser calculada.

Se você compreendeu os conceitos básicos dos capítulos anteriores, pode começar a explorar sistemas mais complexos. Mesmo sem encontrar funções de onda exatas, você ainda pode descobrir uma quantidade surpreendente de coisas sobre sistemas de várias partículas. Por exemplo, pode derivar o princípio de exclusão de Pauli, que diz, entre outras coisas, que dois elétrons não podem estar exatamente no mesmo estado quântico. Mas muitos sistemas de múltiplas partículas são tão complexos que o trabalho necessário para descrever uma nova situação geralmente envolve equipes de pesquisadores que colaboram como parte de grandes projetos de pesquisa e teses de doutorado. Este capítulo apenas dá uma olhada superficial. (Você pode encontrar e trabalhar com problemas mais detalhados no *Quantum Physics Workbook For Dummies* [Wiley], se quiser.)

Este capítulo começa com uma introdução aos sistemas de muitas partículas e prossegue com a análise sobre partículas idênticas, simetria (e antissimetria) e conchas de elétrons. Em seguida, eu o ajudo a explorar a teoria de perturbação, que lhe dá a capacidade de combinar conceitos de diferentes tipos de comportamento quântico. E, por fim, apresento um vislumbre (matemático) do interior dos aceleradores de partículas, para que você possa ver como os físicos de partículas usam a teoria da dispersão para descrever os resultados das colisões de partículas.

Nota: Neste capítulo, você aplicará a matemática introduzida nos Capítulos 7 a 14, mas não resolverá nenhuma equação. O objetivo deste capítulo é ser uma espécie de trampolim para qualquer trabalho que você venha a fazer com várias partículas. Caso se sinta completamente confortável com a matemática dos capítulos anteriores e quiser se aprofundar em sistemas com múltiplas partículas, precisará de um conhecimento mais profundo de cálculo multivariável. E pode ser uma boa ideia começar a procurar programas de doutorado no departamento de física de sua universidade local.

Sistemas de Muitas Partículas, em Termos Gerais

No Capítulo 14, exploro um pouco da matemática básica da física quântica em torno do átomo de hidrogênio. Esses são os átomos mais simples, pois o hidrogênio envolve apenas um único próton e (ao menos nas versões que examinei) um único elétron. Mesmo assim, as equações do Capítulo 14 são bastante complexas e exigem todas as ferramentas exploradas nas Partes 3 e 4 para resolvê-las. Então, o que acontece quando você tem um sistema ainda mais elaborado, no qual está lidando com mais partículas?

A Figura 15-1 mostra um sistema de múltiplas partículas que identifica um número de partículas por suas posições em um espaço tridimensional (ignore o spin por enquanto). Esta seção explica como descrever esse sistema em termos de física quântica.

Considerando funções de onda e hamiltonianos

Comece trabalhando com a função de onda. O estado de um sistema com muitas *partículas* (consulte a Figura 15-1) é dado por $\psi(\mathbf{r}_1, \mathbf{r}_2, \mathbf{r}_3, \ldots)$. E aqui temos a probabilidade de que a partícula 1 está em $d^3\mathbf{r}_1$, a partícula 2 em $d^3\mathbf{r}_2$, a 3 em $d^3\mathbf{r}_3$, e assim por diante:

$$|\psi(\boldsymbol{r}_1, \boldsymbol{r}_2, \boldsymbol{r}_3, \ldots)|^2 \, d^3\boldsymbol{r}_1 d^3\boldsymbol{r}_2 \, d^3\boldsymbol{r}_3 \ldots$$

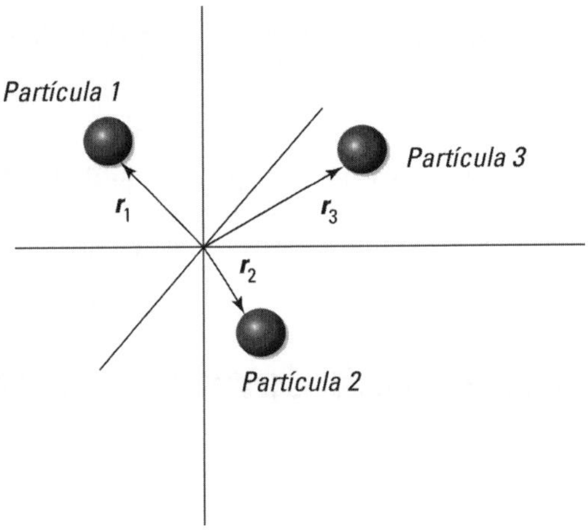

FIGURA 15-1: Um sistema de muitas partículas.

A normalização de $\psi(r_1, r_2, r_3, \ldots)$ exige que haja uma probabilidade de que essas partículas existam em algum lugar, e a integração da função anterior em todo o espaço precisa ser igual a uma probabilidade de 1. (Consulte o Capítulo 8 para saber mais sobre normalização.)

$$\int_{-\infty}^{+\infty} |\psi(\boldsymbol{r}_1, \boldsymbol{r}_2, \boldsymbol{r}_3, \ldots)|^2 \, d^3\boldsymbol{r}_1 d^3\boldsymbol{r}_2 d^3\boldsymbol{r}_3 \ldots = 1$$

E o operador hamiltoniano, H, que fornece os estados de energia? Ele é algo muito útil na física quântica (conforme discutido no Capítulo 7). Qual é o H, onde $H\psi(\mathbf{r}_1, \mathbf{r}_2, \mathbf{r}_3, \ldots) = E\psi(\mathbf{r}_1, \mathbf{r}_2, \mathbf{r}_3, \ldots)$? Quando se trata de uma única partícula, é possível escrever o operador hamiltoniano como

$$\frac{p^2}{2m}\psi(\boldsymbol{r}) + V(\boldsymbol{r})\,\psi(\boldsymbol{r}) = E\psi(\boldsymbol{r})$$

Porém, em um sistema de muitas partículas, o hamiltoniano deve representar a energia total de todas as partículas, não apenas de uma. A energia total do sistema é a soma da energia de todas as partículas (omitindo o spin no momento), portanto, veja como pode generalizar o hamiltoniano para sistemas com muitas partículas:

$$H\psi(\boldsymbol{r}_1, \boldsymbol{r}_2, \boldsymbol{r}_3, \ldots) = \sum_{i=1}^{N} \frac{p_i^2}{2m_i} \psi(\boldsymbol{r}_1, \boldsymbol{r}_2, \boldsymbol{r}_3, \ldots) + V(\boldsymbol{r}_1, \boldsymbol{r}_2, \boldsymbol{r}_3, \ldots)\psi(\boldsymbol{r}_1, \boldsymbol{r}_2, \boldsymbol{r}_3, \ldots)$$

Por sua vez, isso é igual a:

$$\begin{aligned} H\psi(\boldsymbol{r}_1, \boldsymbol{r}_2, \boldsymbol{r}_3, \ldots) &= \sum_{i=1}^{N} \frac{p_i^2}{2m_i} \psi(\boldsymbol{r}_1, \boldsymbol{r}_2, \boldsymbol{r}_3, \ldots) + V(\boldsymbol{r}_1, \boldsymbol{r}_2, \boldsymbol{r}_3, \ldots)\psi(\boldsymbol{r}_1, \boldsymbol{r}_2, \boldsymbol{r}_3, \ldots) \\ &= \sum_{i=1}^{N} \frac{-\hbar^2}{2m_i} \nabla_i^2 \psi(\boldsymbol{r}_1, \boldsymbol{r}_2, \boldsymbol{r}_3, \ldots) + V(\boldsymbol{r}_1, \boldsymbol{r}_2, \boldsymbol{r}_3, \ldots)\psi(\boldsymbol{r}_1, \boldsymbol{r}_2, \boldsymbol{r}_3, \ldots) \end{aligned}$$

Aqui, m_i é a massa da *inésima* partícula e V o potencial de múltiplas partículas. Novamente, à medida que o número de partículas aumenta, esse hamiltoniano se torna cada vez mais complicado. Com isso em mente, passar alguns anos concentrado em um único sistema de várias partículas parece ser um período de tempo bastante razoável.

Valendo um Nobel: Considerando átomos com vários elétrons

Esta seção faz uma breve análise de como a função de onda hamiltoniana (veja a seção anterior) funcionaria para um átomo neutro com vários elétrons (um avanço significativo em relação ao caso do Capítulo 14 de um átomo de hidrogênio mais simples). Um átomo com vários elétrons, como mostrado na Figura 15-2, é um sistema comum de várias partículas que a física quântica considera. Aqui, **R** é a coordenada do núcleo (em relação ao centro de massa), $\boldsymbol{r}_1$ é a coordenada do primeiro elétron (em relação ao centro de massa), $\boldsymbol{r}_2$ é a coordenada do segundo elétron, e assim por diante.

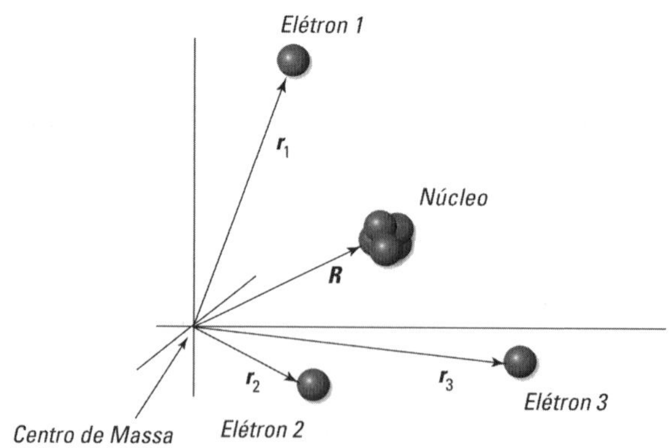

FIGURA 15-2: Um átomo com vários elétrons.

Se você tiver Z elétrons, a função de onda ficará $\psi(\mathbf{r}_1, \mathbf{r}_2, ..., \mathbf{r}_Z, \mathbf{R})$, enquanto a energia cinética dos elétrons e do núcleo fica da seguinte forma:

$$\mathrm{KE} = \sum_{i=1}^{Z} \frac{-\hbar^2}{2m_i} \nabla_i^2 \psi(\boldsymbol{r}_1, \boldsymbol{r}_2, \ldots \boldsymbol{r}_Z, \boldsymbol{R}) - \frac{\hbar^2}{2\mathrm{M}} \nabla_{\boldsymbol{R}}^2 \psi(\boldsymbol{r}_1, \boldsymbol{r}_2, \ldots \boldsymbol{r}_Z, \boldsymbol{R})$$

E a energia potencial do sistema tem a seguinte aparência:

$$\mathrm{PE} = -\sum_{i=1}^{Z} \frac{Ze^2}{|\boldsymbol{r}_i - \boldsymbol{R}|} \psi(\boldsymbol{r}_1, \boldsymbol{r}_2, \ldots \boldsymbol{r}_Z, \boldsymbol{R}) + \sum_{i>j} \frac{e^2}{|\boldsymbol{r}_i - \boldsymbol{r}_j|} \psi(\boldsymbol{r}_1, \boldsymbol{r}_2, \ldots \boldsymbol{r}_Z, \boldsymbol{R})$$

Assim, somando as duas equações anteriores, obtemos a energia total (E = KE + PE) de um átomo com várias partículas:

$$\mathrm{E}\psi(\boldsymbol{r}_1, \boldsymbol{r}_2, \ldots \boldsymbol{r}_z, \boldsymbol{R}) = \sum_{i=1}^{Z} \frac{-\hbar^2}{2m_i} \nabla_i^2 \psi(\boldsymbol{r}_1, \boldsymbol{r}_2, \ldots \boldsymbol{r}_Z, \boldsymbol{R}) - \frac{\hbar^2}{2\mathrm{M}} \nabla_{\boldsymbol{R}}^2 \psi(\boldsymbol{r}_1, \boldsymbol{r}_2, \ldots \boldsymbol{r}_Z, \boldsymbol{R})$$
$$-\sum_{i=1}^{Z} \frac{Ze^2}{|\boldsymbol{r}_i - \boldsymbol{R}|} \psi(\boldsymbol{r}_1, \boldsymbol{r}_2, \ldots \boldsymbol{r}_Z, \boldsymbol{R}) + \sum_{i>j}^{Z} \frac{e^2}{|\boldsymbol{r}_i - \boldsymbol{r}_j|} \psi(\boldsymbol{r}_1, \boldsymbol{r}_2, \ldots \boldsymbol{r}_Z, \boldsymbol{R})$$

Certo, isso parece uma verdadeira bagunça. Quer ganhar o Prêmio Nobel de Física? Basta encontrar a solução geral para a equação anterior. Sempre que você tiver um sistema de várias partículas no qual as partículas interagem entre si, não é possível dividir essa equação em um sistema de N equações independentes.

LEMBRE-SE

Nos casos em que as N partículas de um sistema com muitas partículas não interagem entre si, pode-se desmembrar a equação de Schrödinger em um conjunto de N equações independentes, e as soluções podem ser possíveis. Mas quando as partículas interagem e a equação de Schrödinger depende dessas interações, não dá para resolver essa equação para qualquer número significativo de partículas.

Uma ferramenta superpoderosa: Simetria de troca

Embora seja impossível encontrar soluções gerais para equações como a da energia total de um átomo com muitas partículas (na seção anterior), ainda é possível ver o que acontece quando as partículas são trocadas umas pelas outras — e os resultados são muito reveladores. Esta seção aborda a ideia de simetria de troca.

AS SIMETRIAS ABUNDAM

Neste capítulo, falo sobre simetria em termos da coordenada de localização, *r*, para manter as coisas simples, mas você também pode considerar outras quantidades, como spin, velocidade e assim por diante. Isso não tornaria esta discussão diferente, pois é possível agrupar todas as medidas quânticas de uma partícula — localização, velocidade, rapidez e assim por diante — em um único estado quântico, que pode ser chamado de ξ (a letra grega xi). Se isso fosse feito, a função de onda geral para N partículas seria a seguinte: $\psi(\xi_1, \xi_2, ..., \xi_i, ..., \xi_j, ..., \xi_N)$. Mas lembre-se, esta seção considera apenas a função de onda $\psi(\boldsymbol{r}_1, \boldsymbol{r}_2, ..., \boldsymbol{r}_i, ..., \boldsymbol{r}_j, ..., \boldsymbol{r}_N)$ para não complicar muito.

Na física, simetria representa maneiras de transformar um sistema sem alterar a realidade subjacente do ponto em questão. Em seu artigo de 1972, "More Is Different" [Mais é diferente], publicado na *Science* (Vol. 177, Nº 4047), o físico teórico norte-americano Philip W. Anderson disse: "Por *simetria*, nos referimos à existência de diferentes pontos de vista a partir dos quais o sistema parece o mesmo. É apenas um pouco exagerado dizer que a física é o estudo da simetria." Grande parte da física teórica e de partículas avançada é explicitamente expressa em termos das simetrias presentes e das simetrias não presentes. Estas, as que não se sustentam, são chamadas na física de "quebra" de simetrias. Essas simetrias quebradas têm implicações profundas, e vários Prêmios Nobel de Física foram concedidos por sua análise na física.

Por exemplo, nosso universo parece ser composto por muito mais *matéria bariônica* (o termo técnico para matéria regular) do que antimatéria. Se a quantidade de matéria bariônica e de antimatéria estivesse em perfeito estado de equilíbrio na criação do universo, seria de se esperar que essas matérias opostas se aniquilassem mutuamente e não restasse nenhuma matéria. A razão pela qual isso não aconteceu é que existia uma *assimetria bariônica* na distribuição inicial, de modo que o universo tinha mais matéria bariônica do que antimatéria — o que resultou em uma consequência muito importante dessa assimetria física!

A ordem é importante: Alterando partículas com o operador de troca

É possível determinar o que acontece com a função de onda quando você troca duas partículas. O fato de a função de onda ser ou não simétrica sob tais operações oferece um insight sobre se duas partículas podem ocupar o mesmo estado quântico. Esta seção analisa a troca de partículas e as funções simétricas e antissimétricas.

Dê uma olhada na função de onda geral para N partículas:

$$\psi(\boldsymbol{r}_1, \boldsymbol{r}_2, ..., \boldsymbol{r}_i, ..., \boldsymbol{r}_j, ..., \boldsymbol{r}_N)$$

Agora imagine que você tem um operador de troca, P_{ij}, que troca as partículas *i* e *j*. Ou seja, é um operador que pega o termo r_i e o troca pelo termo r_j. (Isso é literalmente tudo o que esse operador faz.) Ao usar o operador de troca, você pode identificar dois resultados imediatos nessa situação:

- A troca do termo *i* pelo termo *j* é idêntica à troca do termo *j* pelo termo *i*, portanto $P_{ij} = P_{ji}$.
- Usar P_{ij} duas vezes troca dois termos e, em seguida, troca-os imediatamente de volta, portanto P_{ij}^2 resulta na função original. Isso quer dizer que $P_{ij}^2 = 1$.

Classificando funções de onda simétricas e antissimétricas

$P_{ij}^2 = 1$ (consulte a seção anterior), portanto, observe que se uma função de onda for uma autofunção de P_{ij}, então os possíveis autovalores são 1 e −1. Isto é, para $\psi(\mathbf{r}_1, \mathbf{r}_2, ..., \mathbf{r}_i, ..., \mathbf{r}_j, ..., \mathbf{r}_N)$ uma autofunção de P_{ij} fica assim:

$$P_{ij}\psi(\mathbf{r}_1, \mathbf{r}_2, ..., \mathbf{r}_i, ..., \mathbf{r}_j, ..., \mathbf{r}_N) = \psi(\mathbf{r}_1, \mathbf{r}_2, ..., \mathbf{r}_i, ..., \mathbf{r}_j, ..., \mathbf{r}_N) \text{ ou}$$

$$-\psi(\mathbf{r}_1, \mathbf{r}_2, ..., \mathbf{r}_i, ..., \mathbf{r}_j, ..., \mathbf{r}_N)$$

Há dois tipos de autofunções do operador de troca:

- Autofunções simétricas:
  - $P_{ij}\psi_s(\mathbf{r}_1, \mathbf{r}_2, ..., \mathbf{r}_i, ..., \mathbf{r}_j, ..., \mathbf{r}_N) = \psi_s(\mathbf{r}_1, \mathbf{r}_2, ..., \mathbf{r}_i, ..., \mathbf{r}_j, ..., \mathbf{r}_N)$
- Autofunções antissimétricas:
  - $P_{ij}\psi_a(\mathbf{r}_1, \mathbf{r}_2, ..., \mathbf{r}_i, ..., \mathbf{r}_j, ..., \mathbf{r}_N) = -\psi_a(\mathbf{r}_1, \mathbf{r}_2, ..., \mathbf{r}_i, ..., \mathbf{r}_j, ..., \mathbf{r}_N)$

Se a função de onda não se encaixar em uma dessas fórmulas, então ela não seria uma autofunção do operador P_{ij}. (Veja uma introdução às autofunções no Capítulo 7.) Em uma situação em que todas as partículas são idênticas — como um átomo com vários elétrons —, essa simetria parece bastante simples. As coisas ficam um pouco mais complicadas quando as partículas não são idênticas.

Carros flutuantes: Abordando sistemas de muitas partículas distinguíveis

A seção anterior discute a ideia de trocar partículas semelhantes; agora, volta-se à análise dos sistemas de partículas que podem ser distinguidos, ou seja, sistemas de partículas identificavelmente diferentes. Como verá nesta seção, é possível separar esses sistemas em equações linearmente independentes.

Suponha que você tenha um sistema com muitos tipos diferentes de carros flutuando no espaço. Você pode distinguir todos esses carros porque são todos diferentes — eles têm massas diferentes, por exemplo.

Agora, digamos que cada carro interaja com seu próprio potencial, ou seja, o potencial que um carro vê não depende de nenhum outro carro. Isso significa que o potencial de todos os carros é apenas a soma dos potenciais individuais que cada carro vê, que fica assim, supondo que você tenha N carros:

$$\text{PE} = V(\boldsymbol{r}_1, \boldsymbol{r}_2, \ldots, \boldsymbol{r}_N) = \sum_{i=1}^{N} V(\boldsymbol{r}_i)$$

Poder separar a energia potencial em uma soma de termos independentes como essa facilita muito a vida. Veja como fica o hamiltoniano:

$$H\psi(\boldsymbol{r}_1, \boldsymbol{r}_2, \ldots, \boldsymbol{r}_N) = \sum_{i=1}^{N}\left[\frac{-\hbar^2}{2m_i}\nabla_i^2 + V_i(\boldsymbol{r}_i)\right]\psi(\boldsymbol{r}_1, \boldsymbol{r}_2, \ldots, \boldsymbol{r}_N)$$

Isso é muito mais simples do que o hamiltoniano para um átomo de hidrogênio anteriormente neste capítulo. Observe que você pode separar a equação anterior para o potencial de todos os carros em N equações diferentes:

$$\frac{-\hbar^2}{2m_i}\nabla_i^2\,\psi_i(\boldsymbol{r}_i) + V_i(\boldsymbol{r}_i)\psi_i(\boldsymbol{r}_i) = E_i\psi_i(\boldsymbol{r}_i)$$

E a energia total é apenas a soma das energias dos carros individuais:

$$E = \sum_{i=1}^{N} E_i$$

E a função de onda é apenas o produto das funções de onda individuais:

$$\psi_{n_1, n_2, \ldots, n_N}(\boldsymbol{r}_1, \boldsymbol{r}_2, \ldots, \boldsymbol{r}_N) = \prod_{i=1}^{N}\psi_{n_i}(\boldsymbol{r}_i)$$

em que o símbolo Π é como o símbolo Σ, exceto pelo fato de representar um produto de termos, não uma soma, e n_i se refere a todos os números quânticos da *i*nésima partícula.

LEMBRE-SE

Quando as partículas do sistema com o qual você está trabalhando são distinguíveis e sujeitas a potenciais independentes, o problema de lidar com muitas delas se torna mais simples. Você pode dividir o sistema em N sistemas independentes de uma partícula. A energia total é apenas a soma da energia individual de cada partícula. A equação de Schrödinger se divide em N equações diferentes. E a função de onda acaba sendo apenas o produto das funções de onda das N partículas diferentes.

Conciliando muitas partículas idênticas

A verdadeira aventura começa quando as partículas em um sistema de múltiplas partículas são todas indistinguíveis. Quando não é possível distinguir as partículas, como pode saber qual está onde? Esta seção explica o que acontece.

Perdendo a identidade

Digamos que você tenha um monte de bolas de bilhar e queira observá-las de forma clássica. Você pode pintar cada uma de maneira diferente e, assim, mesmo quando elas se movimentam pela mesa de bilhar, você consegue distingui-las — bola 7 na caçapa do canto, e esse tipo de coisa. Classicamente, as partículas idênticas mantêm sua individualidade. Você ainda pode distingui-las.

Isso não acontece na mecânica quântica devido à impossibilidade de localizar partículas com precisão absoluta. Desse modo, se você tivesse um monte de elétrons, perderia rapidamente a noção de qual é qual — não é possível pintá-los, como acontece com as bolas de bilhar. Nada em dois elétrons diferentes permite realmente distinguir um do outro!

Por exemplo, observe o cenário da Figura 15-3, que mostra dois elétrons colidindo e se afastando. Nesse caso, parece ser fácil acompanhar os dois elétrons.

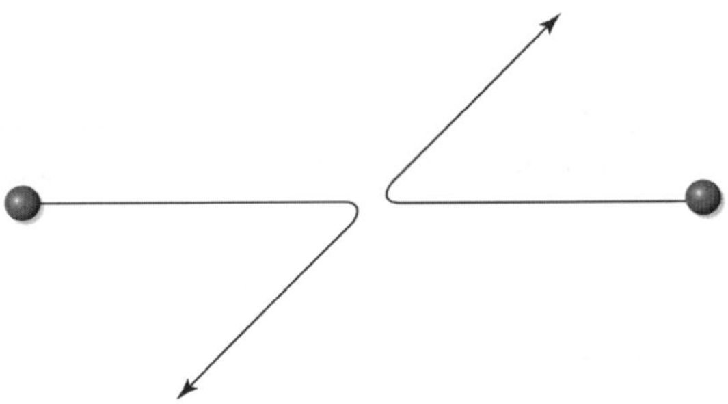

FIGURA 15-3: Um elétron colidindo com outro.

Mas agora observe o cenário da Figura 15-4. Os mesmos dois elétrons poderiam ter se afastado como na representação dessa figura e não como ocorre na Figura 15-3, e você nunca saberia disso.

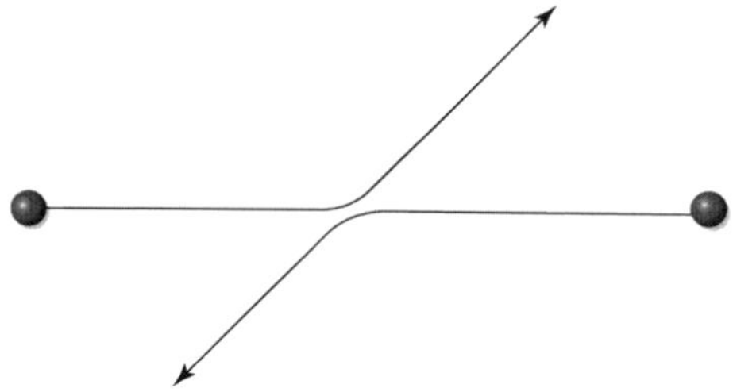

FIGURA 15-4: Um elétron colidindo com outro.

Então, qual elétron é qual? Do ponto de vista do experimentador, não há como saber. É possível colocar detectores para capturar os elétrons, mas não é possível determinar qual dos elétrons recebidos foi parar em qual detector devido aos dois cenários possíveis mostrados nas Figuras 15-3 e 15-4.

DICA

No âmbito da mecânica quântica, as partículas idênticas não mantêm sua individualidade em termos de qualquer quantidade mensurável e observável. Você perde a individualidade de partículas idênticas assim que as mistura com partículas semelhantes. Essa ideia vale para qualquer sistema de N partículas. Assim que você deixa N partículas idênticas interagirem, não é possível dizer qual delas está em $\mathbf{r}_1$, $\mathbf{r}_2$, $\mathbf{r}_3$, $\mathbf{r}_4$ e assim por diante.

Simetria e antissimetria

Em termos práticos, a perda de individualidade entre partículas idênticas significa que a *densidade de probabilidade* (a probabilidade de uma variável aleatória contínua situada entre um intervalo específico de valores) permanece inalterada ao trocar partículas. Por exemplo, se você trocasse o elétron 10.281 pelo elétron 59.830, ainda teria a mesma probabilidade de um elétron ocupar $d^3r_{10.281}$ e $d^3r_{59.830}$.

LEMBRE-SE

A função de onda de um sistema de N partículas idênticas deve ser simétrica ou antissimétrica quando você troca duas partículas. O spin acaba sendo o fator decisivo:

- **Função de onda antissimétrica:** Se as partículas tiverem um spin ímpar meio inteiro (½, $^3/_2$ etc.), então a função de onda com a troca de partículas fica assim:
  - $\psi(\mathbf{r}_1 s_1, \mathbf{r}_2 s_2, \ldots, \mathbf{r}_i s_i, \ldots, \mathbf{r}_j s_j, \ldots, \mathbf{r}_N s_N) = -\psi(\mathbf{r}_1 s_1, \mathbf{r}_2 s_2, \ldots, \mathbf{r}_j s_j, \ldots, \mathbf{r}_i s_i, \ldots, \mathbf{r}_N s_N)$
- **Função de onda simétrica:** Se as partículas tiverem spin inteiro (0, 1 etc.), a função de onda ficará da seguinte forma sob a troca de partículas:
  - $\psi(\mathbf{r}_1 s_1, \mathbf{r}_2 s_2, \ldots, \mathbf{r}_i s_i, \ldots, \mathbf{r}_j s_j, \ldots, \mathbf{r}_N s_N) = \psi(\mathbf{r}_1 s_1, \mathbf{r}_2 s_2, \ldots, \mathbf{r}_j s_j, \ldots, \mathbf{r}_i s_i, \ldots, \mathbf{r}_N s_N)$

Ter funções de onda simétricas ou antissimétricas leva a alguns comportamentos físicos diferentes.

LEMBRE-SE

Em particular, as partículas com spin inteiro, como fótons ou mésons pi, são chamadas de bósons. E as partículas com spin ímpar meio inteiro, como elétrons, prótons e nêutrons, são chamadas de férmions. O comportamento dos sistemas de férmions difere muito do comportamento dos sistemas de bósons.

E essas equações de função de onda acabam sendo a base do *postulado da simetria*, que diz que em sistemas de N partículas idênticas, só existem estados simétricos ou antissimétricos — e que estados de simetria mista não existem.

LEMBRE-SE

O postulado da simetria também afirma, conforme observado na natureza, que

- **Férmions** têm estados antissimétricos sob a troca de duas partículas.
- **Bósons** têm estados simétricos sob a troca de duas partículas.

Os capítulos 4 e 5 abordam os férmions e bósons com mais detalhes. Nesse contexto, o principal a saber é que a função de onda de N férmions é completamente antissimétrica e a função de onda de N bósons é completamente simétrica.

Degenerescência de troca: O hamiltoniano estável

O hamiltoniano não varia com a troca de duas partículas idênticas. Em outras palavras, ele é invariante, não importa quantas partículas idênticas sejam trocadas. Isso é chamado de degenerescência de troca.

A propósito, o operador de troca, P_{ij}, (introduzido na seção "A ordem é importante: Alterando partículas com o operador de troca", anteriormente neste capítulo) é um invariante do movimento porque comuta com o hamiltoniano:

$$[H, P_{ij}] = 0$$

Criando funções de onda simétricas e antissimétricas

Muitas das funções de onda que são soluções para estruturas físicas como o poço quadrado não são inerentemente simétricas ou antissimétricas; são simplesmente assimétricas. Em outras palavras, elas não têm simetria definida. Então, como você acaba tendo funções de onda simétricas ou antissimétricas?

A resposta é que você mesmo precisa criá-las, e isso se faz somando funções de onda assimétricas. Por exemplo, suponha que você tenha uma função de onda assimétrica de duas partículas, $\psi(\mathbf{r}_1 s_1, \mathbf{r}_2 s_2)$.

DICA

Para criar uma função de onda simétrica, some $\psi(\mathbf{r}_1 s_1, \mathbf{r}_2 s_2)$ e a versão na qual as duas partículas são trocadas, $\psi(\mathbf{r}_2 s_2, \mathbf{r}_1 s_1)$. Presumindo que $\psi(\mathbf{r}_1 s_1, \mathbf{r}_2 s_2)$ e $\psi(\mathbf{r}_2 s_2, \mathbf{r}_1 s_1)$ estejam normalizadas, você pode criar uma função de onda simétrica usando essas duas funções de onda, simplesmente somando-as:

$$\psi_s(\boldsymbol{r}_1 s_1, \boldsymbol{r}_2 s_2) = \frac{1}{\sqrt{2}}[\psi(\boldsymbol{r}_1 s_1, \boldsymbol{r}_2 s_2) + \psi(\boldsymbol{r}_2 s_2, \boldsymbol{r}_1 s_1)]$$

DICA

Você pode criar uma função de onda antissimétrica subtraindo as duas funções de onda:

$$\psi_a(\boldsymbol{r}_1 s_1, \boldsymbol{r}_2 s_2) = \frac{1}{\sqrt{2}}[\psi(\boldsymbol{r}_1 s_1, \boldsymbol{r}_2 s_2) - \psi(\boldsymbol{r}_2 s_2, \boldsymbol{r}_1 s_1)]$$

Esse processo se torna rapidamente mais complexo quando adicionamos mais partículas, pois é necessário trocar todas elas. Por exemplo, se você estivesse escrevendo a função de onda para um sistema de três partículas, teria seis funções de onda distintas que seriam somadas (para uma função de onda simétrica) ou somadas e subtraídas (para a função de onda assimétrica).

Em teoria, é possível criar funções de onda simétricas e antissimétricas para qualquer sistema de N partículas combinando as funções de onda de partículas trocadas. Na prática, a criação das funções de onda se torna um pesadelo num piscar de olhos.

Trabalhando com Partículas Idênticas que Não Interagem

Trabalhar com partículas idênticas que não interagem facilita a vida por ser possível tratar as equações individualmente em vez de combiná-las em uma grande confusão. Suponha que você tenha um sistema de N partículas idênticas, cada uma das quais experimenta o mesmo potencial. É possível separar a equação de Schrödinger em N equações de partícula única idênticas. Essa ideia assemelha-se ao que descrevo na seção "Carros flutuantes: Abordando sistemas de muitas partículas distinguíveis", anteriormente neste capítulo.

Naquela seção, analisamos a função de onda de um sistema de N partículas *distinguíveis* e chegamos ao produto de todas as funções de onda individuais. Mas essa equação não funciona com partículas idênticas, porque

- Não podemos dizer que a partícula 1 está no estado $\psi_1(\boldsymbol{r}_1)$, que a partícula 2 está no estado $\psi_2(\boldsymbol{r}_2)$ e assim por diante — aqui, elas são partículas idênticas, e não distinguíveis como antes.
- Ela não tem simetria inerente — e os sistemas de N partículas idênticas devem ter uma simetria definida. Portanto, em vez de simplesmente multiplicar as funções de onda, você precisa ser um pouco mais cuidadoso.

Funções de onda de sistemas de duas partículas

Como você cria funções de onda simétricas e antissimétricas para um sistema de duas partículas? Comece com as funções de onda de partícula única (consulte a seção "Criando funções de onda simétricas e antissimétricas", anteriormente neste capítulo):

- $\psi_s(\boldsymbol{r}_1 s_1, \boldsymbol{r}_2 s_2) = \frac{1}{\sqrt{2}}[\psi(\boldsymbol{r}_1 s_1, \boldsymbol{r}_2 s_2) + \psi(\boldsymbol{r}_2 s_2, \boldsymbol{r}_1 s_1)]$
- $\psi_a(\boldsymbol{r}_1 s_1, \boldsymbol{r}_2 s_2) = \frac{1}{\sqrt{2}}[\psi(\boldsymbol{r}_1 s_1, \boldsymbol{r}_2 s_2) - \psi(\boldsymbol{r}_2 s_2, \boldsymbol{r}_1 s_1)]$

Por analogia, aqui está a função de onda simétrica, desta vez composta por duas funções de onda de partícula única:

$$\psi_s(\boldsymbol{r}_1 s_1, \boldsymbol{r}_2 s_2) = \frac{1}{\sqrt{2}}[\psi_{n_1}(\boldsymbol{r}_1 s_1)\psi_{n_2}(\boldsymbol{r}_2 s_2) + \psi_{n_1}(\boldsymbol{r}_2 s_2)\psi_{n_2}(\boldsymbol{r}_1 s_1)]$$

E aqui temos a função de onda antissimétrica, composta pelas duas funções de onda de partícula única:

$$\psi_a(\boldsymbol{r}_1 s_1, \boldsymbol{r}_2 s_2) = \frac{1}{\sqrt{2}}[\psi_{n_1}(\boldsymbol{r}_1 s_1)\psi_{n_2}(\boldsymbol{r}_2 s_2) - \psi_{n_1}(\boldsymbol{r}_2 s_2)\psi_{n_2}(\boldsymbol{r}_1 s_1)]$$

em que n_i representa todos os números quânticos da *i*nésima partícula.

Note em especial que $\psi_a(\boldsymbol{r}_1 s_1, \boldsymbol{r}_2 s_2) = 0$ quando $n_1 = n_2$; em outras palavras, a função de onda antissimétrica desaparece quando as duas partículas têm o mesmo conjunto de números quânticos, isto é, quando estão no mesmo estado quântico. Essa ideia tem ramificações físicas importantes (consulte a seção posterior "Nem todos estão convidados: O princípio de exclusão de Pauli").

A seguir, três outras maneiras de expressar a função de onda $\psi_s(\boldsymbol{r}_1 s_1, \boldsymbol{r}_2 s_2)$:

- **Quando P é o operador de permutação** (que recebe a permutação do argumento), você tem

  $$\psi_s(\boldsymbol{r}_1 s_1, \boldsymbol{r}_2 s_2) = \frac{1}{\sqrt{2!}}\sum_{\mathrm{P}} \mathrm{P}\psi_{n_1}(\boldsymbol{r}_1 s_1)\psi_{n_2}(\boldsymbol{r}_2 s_2)$$

- **Quando o termo $(-1)^{\mathrm{P}}$ é 1 para permutações pares** (quando você troca tanto $\boldsymbol{r}_1 s_1$ quanto $\boldsymbol{r}_2 s_2$ e também n_1 e n_2) e ainda –1 é para permutações ímpares (quando você troca $\boldsymbol{r}_1 s_1$ e $\boldsymbol{r}_2 s_2$, mas não n_1 e n_2; ou troca n_1 e n_2, mas não $\boldsymbol{r}_1 s_1$ e $\boldsymbol{r}_2 s_2$), obtém-se

  $$\psi_a(\boldsymbol{r}_1 s_1, \boldsymbol{r}_2 s_2) = \frac{1}{\sqrt{2!}}\sum_{\mathrm{P}} (-1)^{\mathrm{P}}\, \mathrm{P}\psi_{n_1}(\boldsymbol{r}_1 s_1)\psi_{n_2}(\boldsymbol{r}_2 s_2)$$

» **Na forma determinante,** você tem

$$\psi_a(\boldsymbol{r}_1 s_1, \boldsymbol{r}_2 s_2) = \frac{1}{\sqrt{2!}} \det \begin{vmatrix} \psi_{n_1}(\boldsymbol{r}_1 s_1) & \psi_{n_1}(\boldsymbol{r}_2 s_2) \\ \psi_{n_2}(\boldsymbol{r}_1 s_1) & \psi_{n_2}(\boldsymbol{r}_2 s_2) \end{vmatrix}$$

Observe que esse determinante é zero se $n_1 = n_2$.

Funções de onda de sistemas de três ou mais partículas

Agora você pode montar a função de onda de um sistema de três partículas a partir das funções de onda de uma única partícula. As funções de onda simétrica e antissimétrica (respectivamente) ficam assim:

$$\psi_s(\boldsymbol{r}_1 s_1, \boldsymbol{r}_2 s_2, \boldsymbol{r}_3 s_3) = \frac{1}{\sqrt{3!}} \sum_{\mathrm{P}} \mathrm{P} \psi_{n_1}(\boldsymbol{r}_1 s_1) \psi_{n_2}(\boldsymbol{r}_2 s_2) \psi_{n_3}(\boldsymbol{r}_3 s_3)$$

$$\psi_a(\boldsymbol{r}_1 s_1, \boldsymbol{r}_2 s_2, \boldsymbol{r}_3 s_3) = \frac{1}{\sqrt{3!}} \sum_{\mathrm{P}} (-1)^{\mathrm{P}} \psi_{n_1}(\boldsymbol{r}_1 s_1) \psi_{n_2}(\boldsymbol{r}_2 s_2) \psi_{n_3}(\boldsymbol{r}_3 s_3)$$

Que tal generalizar isso para sistemas de N partículas? Se você tiver um sistema de N partículas, as funções de onda simétrica e antissimétrica (respectivamente) ficarão da seguinte maneira:

$$\psi_s(\boldsymbol{r}_1 s_1, \boldsymbol{r}_2 s_2, \ldots, \boldsymbol{r}_{\mathrm{N}} s_{\mathrm{N}}) = \frac{1}{\sqrt{\mathrm{N}!}} \sum_{\mathrm{P}} \mathrm{P} \psi_{n_1}(\boldsymbol{r}_1 s_1) \psi_{n_2}(\boldsymbol{r}_2 s_2) \ldots \psi_{n_N}(\boldsymbol{r}_{\mathrm{N}} s_{\mathrm{N}})$$

$$\psi_a(\boldsymbol{r}_1 s_1, \boldsymbol{r}_2 s_2, \ldots, \boldsymbol{r}_N s_N) = \frac{1}{\sqrt{\mathrm{N}!}} \sum_{\mathrm{P}} (-1)^{\mathrm{P}} \mathrm{P} \psi_{n_1}(\boldsymbol{r}_1 s_1) \psi_{n_2}(\boldsymbol{r}_2 s_2) \ldots \psi_{n_N}(\boldsymbol{r}_{\mathrm{N}} s_{\mathrm{N}})$$

LEMBRE-SE

A grande novidade é que a função de onda antissimétrica para N partículas vai a zero se quaisquer duas partículas tiverem os mesmos números quânticos ($n_i = n_j$, $i \neq j$). E isso tem um grande efeito na física, como você verá a seguir.

Nem todos estão convidados: O princípio de exclusão de Pauli

A função de onda antissimétrica desaparece se quaisquer duas partículas em um sistema de N partículas tiverem os mesmos números quânticos. Como os férmions são o tipo de partículas que têm funções de onda antissimétricas, isso equivale a dizer que, em um sistema de N partículas, não há dois férmions que possam ter os mesmos números quânticos, ou seja, ocupar o mesmo estado.

Essa ideia, que o físico austríaco Wolfgang Pauli formulou em 1925, é chamada de princípio de exclusão de Pauli. O tópico de discussão dos físicos naquela época era o átomo, e o princípio de exclusão de Pauli se aplicava aos elétrons (um tipo de férmion), que estão presentes em todos os átomos.

LEMBRE-SE

O princípio de exclusão de Pauli afirma que não há dois elétrons que possam ocupar o mesmo estado quântico dentro de um único átomo. E esse resultado é importante para a estrutura dos átomos. Em vez de se amontoarem a esmo, os elétrons precisam preencher os estados quânticos ainda não ocupados. Isso não acontece com os bósons — por exemplo, se você tiver um monte de partículas alfa (bósons), todas elas podem estar no mesmo estado quântico. O mesmo não acontece com os férmions.

Os elétrons têm vários números quânticos em um átomo: n (energia), ℓ (momento angular), m (componente z do o momento angular) e m_s (componente z do spin). E usando essas informações, é possível construir a estrutura eletrônica dos átomos.

Compreendendo a tabela periódica

Um dos maiores sucessos da equação de Schrödinger, juntamente com o princípio de exclusão de Pauli (consulte a seção anterior), é explicar a estrutura eletrônica dos átomos.

LEMBRE-SE

Os elétrons em um átomo têm uma estrutura de conchas [ou camadas] como em uma cebola, com diferentes conchas definidas por determinados números quânticos. Os elétrons preenchem essa estrutura com base no princípio de exclusão de Pauli, que afirma que não há dois elétrons que possam ter o mesmo estado:

- **As principais conchas** são especificadas pelo número quântico principal, *n*, correspondente à distância do elétron em relação ao núcleo.
- **As conchas, por sua vez, têm subconchas** com base no número quântico do momento angular orbital, ℓ.
- **Por sua vez, cada subconcha tem subconchas** — denominadas orbitais — que são baseadas no componente *z* do momento angular, *m*.

Notação da estrutura de concha do elétron

Portanto, cada concha n tem n – 1 subconchas, correspondendo a $\ell = 0, 1, 2, \ldots, n - 1$. Por sua vez, cada subconcha tem $2\ell + 1$ orbitais, correspondendo a $m = -1, -\ell + 1, \ldots, \ell - 1, \ell$.

Assim como no caso do átomo de hidrogênio, as várias subconchas ($\ell = 0, 1, 2, 3, 4$ etc.) são denominadas estados *s*, *p*, *d*, *f*, *g*, *h* etc. Desta forma, por exemplo, para determinado *n*, um estado *s* tem um orbital ($m = 0$), um estado *p* tem três orbitais ($m = -1$, 0 e 1), um estado *d* tem cinco orbitais ($m = -2, -1, 0$, 1 e 2) e assim por diante.

Além disso, devido ao componente z do spin, m_s, cada orbital pode conter dois elétrons — um com spin para cima e outro com spin para baixo.

Preenchendo as conchas de elétrons

Então, como os elétrons, sendo férmions, preenchem a estrutura de um átomo? Os elétrons não conseguem preencher um estado quântico já ocupado. Para átomos no estado fundamental, os elétrons preenchem os orbitais em ordem crescente de energia. Assim que todos os orbitais de uma subconcha são preenchidos, o próximo elétron passa para a próxima subconcha; e quando a subconcha é preenchida, o próximo elétron passa para a concha seguinte, e assim por diante.

É claro que, conforme você preenche as diferentes conchas, subconchas e orbitais de elétrons, há uma estrutura eletrônica diferente. E, como as interações entre os elétrons formam a base da química, à medida que os elétrons preenchem os sucessivos níveis quânticos em vários átomos acontecem propriedades químicas diferentes para esses átomos — o que estabelece a organização do período (linha) e do grupo (coluna) da tabela periódica.

Um Empurrãozinho nos Sistemas: Teoria de Perturbação

Os problemas em física quântica podem ficar muito difíceis num piscar de olhos — outra forma de dizer que, infelizmente, não é possível encontrar soluções exatas para muitos problemas de física quântica. A falta de soluções exatas se aplica especialmente quando mesclamos dois tipos de sistemas. Por exemplo, você pode saber tudo sobre como funcionam os poços quadrados (veja o Capítulo 8) e também sobre os elétrons em campos magnéticos (da física clássica; consulte o Capítulo 2 sobre as equações de Maxwell), mas o que acontece ao combinar ambos (poços quadrados e campos magnéticos)? As funções de onda de cada sistema, que você conhece exatamente, não são mais aplicáveis — em vez disso, você precisa de algum tipo de combinação. A teoria de perturbação vem nos salvar! Essa teoria nos permite lidar com combinações de situações, desde que a interferência não seja muito forte.

Teoria de perturbação, muito prazer!

LEMBRE-SE

A ideia por trás da *teoria de perturbação* é que você começa com um sistema conhecido — cujas funções de onda e níveis de energia você conhece. Tudo está configurado até esse ponto. Em seguida, surge um novo estímulo externo — uma perturbação — que abala o status quo. Por exemplo, você pode aplicar um campo eletrostático ou magnético em seu sistema conhecido, o que o altera de alguma forma.

A teoria de perturbação permite que você lide com situações como essa, desde que a perturbação não seja muito forte. Em outras palavras, se você aplicar um campo magnético fraco em seu sistema conhecido, os níveis de energia ficarão praticamente inalterados, mas com uma correção. (***Nota:*** É por isso que ela é chamada de teoria de perturbação e não de teoria de interferência drástica.) A alteração que você faz na configuração é leve o suficiente para que possa calcular os níveis de energia e as funções de onda resultantes como correções dos níveis de energia fundamentais e das funções de onda do sistema não perturbado.

Então, o que significa falar de perturbações em termos físicos? Digamos que você tenha o seguinte hamiltoniano:

$$H = H_0 + \lambda W \quad (\lambda << 1)$$

Aqui, H_0 é um hamiltoniano conhecido, com autofunções e autovalores conhecidos, e λW o chamado hamiltoniano de perturbação, em que $\lambda << 1$ indica que ele é pequeno.

Encontrar os autoestados do hamiltoniano nessa equação é o objetivo da solução de problemas como este — em outras palavras, aqui está o problema que você deve resolver:

$$H|\psi_n\rangle = (H_0 + \lambda W)|\psi_n\rangle = E_n|\psi_n\rangle \qquad (\lambda << 1)$$

A maneira como você resolve essa equação depende do fato de as soluções exatas e conhecidas de H_0 serem degeneradas (ou seja, vários estados têm a mesma energia) ou não. A próxima seção resolve o caso não degenerado.

Trabalhando com perturbações em hamiltonianos não degenerados

Comecemos com o caso em que o hamiltoniano não perturbado, H_0, tem soluções não degeneradas. Ou seja, para cada estado $|\phi_n\rangle$, há exatamente uma energia, E_n, que não é igual à energia de qualquer outro estado: $H_0|\phi_n\rangle = E_n|\phi_n\rangle$ (assim como uma função de um para um tem apenas um valor de x para qualquer y). Tais níveis de energia não degenerados do hamiltoniano não perturbado são referidos como $E^{(0)}{}_n$ para distingui-los das correções que a perturbação introduz, de modo que a equação se torna

$$H_0|\phi_n\rangle = E^{(0)}{}_n|\phi_n\rangle$$

Nota: Daqui em diante, me refiro aos níveis de energia do sistema perturbado como E_n.

A ideia por trás da teoria das perturbações é que você pode realizar expansões com base no parâmetro λ (que é muitíssimo menor que 1) para encontrar as funções de onda e os níveis de energia do sistema perturbado. Aqui está a equação que leva a isso, até os termos em λ^2 nas expansões:

$$E_n = E_0 + \lambda\langle\phi_n|W|\phi_n\rangle + \lambda^2 \sum_{m\neq n} \frac{|\langle\phi_m|W|\phi_n\rangle|^2}{E^{(0)}{}_n - E^{(0)}{}_m} + \ldots \quad (\lambda << 1)$$

Isso lhe dá as correções de primeira e segunda ordem para a energia, de acordo com a teoria de perturbação. Você começa com a energia não perturbada E_0, modificada por essas duas correções de energia.

Para que essa equação convirja, o termo no somatório deve ser pequeno. E observe, em particular, o que acontece com o termo de expansão se os níveis de energia forem degenerados:

$$\frac{|\langle\phi_m | W | \phi_n\rangle|^2}{E^{(0)}{}_n - E^{(0)}{}_m}$$

DICA

O denominador aqui é a diferença entre as energias de estado. Em um caso degenerado, $n = m$ e você acabará com $E^{(0)}{}_n$ que é igual a $E^{(0)}{}_m$. Isso resulta em um denominador igual a zero, de modo que a equação de correção de energia vai ao infinito (já que não é possível dividir por zero). Essa abordagem da teoria de perturbação não satisfaz se você tiver energias degeneradas. Será necessária uma outra abordagem (apresentada mais adiante na seção "Trabalhando com perturbações em hamiltonianos degenerados") para lidar com sistemas com estados de energia degenerados.

Na próxima seção, mostrarei um exemplo para tornar mais real a ideia de perturbar Hamiltonianos não degenerados.

Testando a teoria de perturbação: Osciladores harmônicos em campos elétricos

Considere o caso em que você tem uma pequena partícula oscilando em um potencial harmônico, para a frente e para trás, como mostra a Figura 15-5.

FIGURA 15-5: Um oscilador harmônico.

Confira o hamiltoniano para essa partícula, na qual a massa da partícula é m, sua localização é x e a frequência angular do movimento é ω:

$$H = \frac{-\hbar^2}{2m}\frac{d^2}{dx^2} + \frac{1}{2}m\omega^2 x^2$$

Esse hamiltoniano foi abordado em profundidade no Capítulo 9, e você pode consultar esse conteúdo se quiser saber como usá-lo para encontrar soluções exatas para problemas de física quântica. E, com a teoria de perturbação, é possível pegar essa solução exata e usá-la como trampolim para obter uma nova solução em uma situação com pequenas alterações após ter sido perturbada.

Agora, suponha que a partícula esteja carregada, com carga q, e que você aplique um campo elétrico fraco, ε, como mostra a Figura 15-6.

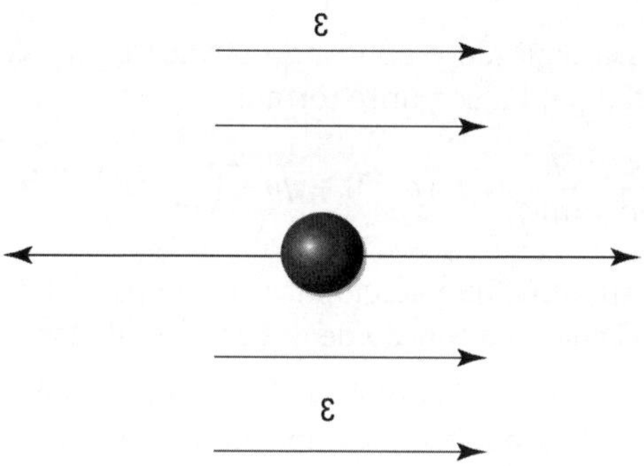

FIGURA 15-6: Aplicando um campo elétrico a um oscilador harmônico.

A força devida ao campo elétrico, nesse caso, é a perturbação, e o hamiltoniano se torna

$$H = \frac{-\hbar^2}{2m}\frac{d^2}{dx^2} + \frac{1}{2}m\omega^2 x^2 + q\varepsilon x$$

Toda a mudança entre o trabalho do Capítulo 9 e o trabalho aqui apresentado vem desse termo final ($q\varepsilon x$) representando a força do campo elétrico fraco. Aplicando a teoria de perturbação, a energia do oscilador harmônico no campo elétrico passa a ser

$$E_n = \left(n + \frac{1}{2}\right)\hbar\omega - \frac{q^2\varepsilon^2}{2m\omega^2}$$

Felizmente, neste caso, também é possível calcular o resultado exato da situação. Ao fazer isso, descobrimos que a energia do oscilador harmônico em ambos os casos é a mesma! Em outras palavras, a teoria de perturbação fornece o mesmo resultado que a resposta exata.

LEMBRE-SE

No entanto, nem sempre dá para calcular o resultado exato, portanto, às vezes faz-se necessário usar a teoria de perturbação para encontrar a solução. Exemplos como este (para o oscilador harmônico) evidenciam que a teoria de perturbação, como uma abordagem, é uma forma de encontrar a solução exata (quando for possível calculá-la).

Funções de onda do oscilador carregado

Portanto, agora você pode examinar a função de onda do oscilador carregado (do exemplo da seção anterior). Aqui está a função de onda do sistema perturbado, de primeira ordem:

$$|\psi_n\rangle = |\phi_n\rangle + \sum_{m \neq n} \frac{\langle \phi_m | \lambda W | \phi_n \rangle}{E^{(0)}_n - E^{(0)}_m} |\phi_m\rangle \ldots \qquad (\lambda << 1)$$

Trabalhando com essa equação e aplicando termos como $\lambda W = q\varepsilon x$, você pode transformar a equação para a seguinte forma:

$$|\psi_n\rangle = |n\rangle + \frac{q\varepsilon}{\hbar\omega}\sqrt{\frac{\hbar}{2m\omega}}\left(\sqrt{n}\,|n-1\rangle - \sqrt{n+1}\,|n+1\rangle\right)$$

Nota: Essa equação significa que adicionar um campo elétrico a um oscilador harmônico quântico espalha a função de onda do oscilador harmônico.

Originalmente, a função de onda do oscilador harmônico é apenas sua função padrão, $|\psi_n\rangle = |n\rangle$. A aplicação de um campo elétrico espalha a função de onda, adicionando um componente de $|n-1\rangle$, proporcional ao campo elétrico, ε, e à carga do oscilador, q, assim:

$$|\psi_n\rangle = |n\rangle + \frac{q\varepsilon}{\hbar\omega}\sqrt{\frac{\hbar}{2m\omega}}\left(\sqrt{n}\,|n-1\rangle - \ldots\right)$$

E a função de onda também se espalha para o outro estado adjacente, $|n+1\rangle$, desta forma:

$$|\psi_n\rangle = |n\rangle + \frac{q\varepsilon}{\hbar\omega}\sqrt{\frac{\hbar}{2m\omega}}\left(\sqrt{n}\,|n-1\rangle - \sqrt{n+1}\,|n+1\rangle\right)$$

LEMBRE-SE

Você acaba misturando estados quando introduz uma perturbação. Essa mistura entre os estados significa que a perturbação aplicada deve ser pequena em relação à separação entre os estados de energia não perturbados, ou você corre o risco de confundir todo o sistema a ponto de não poder fazer nenhuma previsão sobre o que vai acontecer.

De qualquer forma, trata-se de um bom resultado — mesclar os estados proporcionalmente à intensidade do campo elétrico aplicado —, típico do resultado obtido com a teoria das perturbações.

DICA

A teoria de perturbação não degenerada funciona e depende muito de ter os estados de energia separados para que sua solução possa misturá-los.

Trabalhando com perturbações em hamiltonianos degenerados

Na seção "Trabalhando com perturbações em Hamiltonianos não degenerados", anteriormente neste capítulo, mostrei que, quando há dois estados de energia equivalentes, a correção de energia de segunda ordem não funciona. O denominador desse termo se torna zero, significando que o próprio termo se torna infinito e não físico. Isso leva à necessidade de usar uma abordagem diferente para lidar com sistemas com energias degeneradas.

Como o sistema é *degenerado*, por definição, vários estados têm a mesma energia. Suponha que você tenha um sistema com *f* estados que tenham a mesma energia (portanto, você diria que o sistema é *f* vezes degenerado). Isso resultaria no seguinte hamiltoniano não perturbado:

$$H_0|\phi_{n_\alpha}\rangle = E^{(0)}{}_n|\phi_{n_\alpha}\rangle \quad (\alpha = 1,2,3,\ldots,f)$$

Como isso afeta o estado de perturbação? O hamiltoniano completo, H, é composto pelo hamiltoniano original, não perturbado, H_0, e pelo hamiltoniano de perturbação, H_ρ:

$$H|\psi_n\rangle = (H_0 + H_\rho)|\psi_n\rangle = E_n|\psi_n\rangle$$

Na aproximação de ordem zero, é possível escrever a autofunção $|\psi_n\rangle$ como uma combinação dos estados degenerados $|\phi_{n_\alpha}\rangle$:

$$|\psi_n\rangle = \sum_{\alpha=1}^{f} a_\alpha|\phi_{n_\alpha}\rangle \ldots$$

O trabalho envolvido no uso dessa função de onda é tedioso e está além do escopo deste livro. (Afinal, o fim está próximo!)

DICA

Aqui está um ponto importante: como essas situações têm estados de energia degenerados, mais de um resultado repetirá soluções de energia idênticas. Em outras palavras, ao trabalhar com vetores e matrizes em problemas degenerados como esse, você encontra casos em que várias entradas fornecem os mesmos resultados de energia. Portanto, os problemas podem parecer completamente intransponíveis em um momento e, em seguida, vários elementos da matriz são reduzidos a zero. Assim, você pode ficar com apenas alguns cálculos que realmente precisa realizar para chegar às soluções. Nem sempre acontece dessa maneira, mas é definitivamente bom quando isso acontece.

Quando as Partículas Colidem: Teoria do Espalhamento

Muitas descobertas surpreendentes da física quântica ao longo do século XX vieram do trabalho em aceleradores de partículas, onde os físicos podem acelerar partículas a velocidades imensas e depois colidi-las. É um campo científico divertido e, quando essas partículas se chocam, a análise do que resulta da colisão oferece muitas informações novas. Discuto muitas descobertas relacionadas a isso nos Capítulos 4 e 5, mas, neste capítulo, me aprofundarei em como os físicos fazem essas descobertas.

Classicamente, é possível prever o ângulo exato em que os objetos em colisão se afastarão um do outro se a colisão for elástica (ou seja, o momento e a energia cinética são conservados). Na mecânica quântica, entretanto, só é possível atribuir probabilidades aos ângulos em que as coisas se espalham. E, como em outras situações que abordo no livro (por exemplo, o experimento de fenda dupla no Capítulo 3), as instâncias que dão respostas clássicas exatas produzem apenas probabilidades na física quântica.

Introduzindo a dispersão de partículas e as seções transversais

Na física quântica, é bom pensar em termos de observáveis — o que você pode ver. Assim, pense em um experimento de espalhamento [ou dispersão] em termos de partículas que entram e partículas que saem, como a ilustração da Figura 15-7, por exemplo. Na figura, as partículas estão sendo enviadas em um fluxo (as partículas incidentes) vindo da esquerda e cruzando um alvo. A maioria delas continua para a direita sem ser espalhada, mas algumas partículas interagem com o alvo e se dispersam.

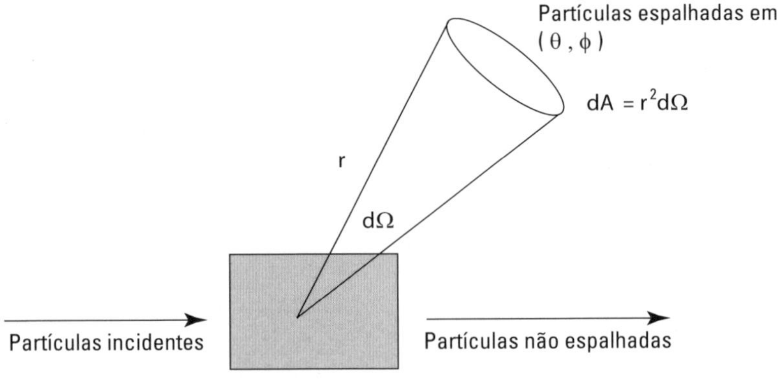

FIGURA 15-7: Espalhamento a partir de um alvo.

As partículas que se espalham o fazem em um ângulo específico em três dimensões, ou seja, o ângulo de espalhamento é dado como um ângulo sólido (representado como um cone na Figura 15-7), $d\Omega$, que é igual a senθ $d\theta$ $d\phi$, onde ϕ e θ são os ângulos esféricos (consulte o Capítulo 13 para saber mais sobre ângulos esféricos).

LEMBRE-SE

A seção transversal diferencial é dada por $\frac{d\sigma(\phi,\theta)}{d\Omega}$, e é uma medida do número de partículas por segundo espalhadas em dΩ por fluxo de entrada. O fluxo incidente, J (também chamado de densidade de corrente), é o número de partículas incidentes por unidade de área por unidade de tempo. Portanto, $\frac{d\sigma(\phi,\theta)}{d\Omega}$ é

$$\frac{d\sigma(\phi,\theta)}{d\Omega} = \frac{1}{\mathrm{J}}\frac{d\,\mathrm{N}(\phi,\theta)}{d\Omega}$$

onde N(ϕ, θ) é o número de partículas em ângulos ϕ e θ.

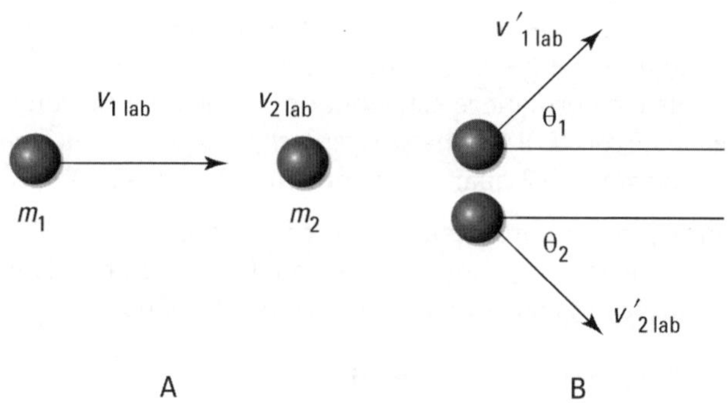

FIGURA 15-8: Espalhamento no referencial de laboratório.

DICA

A seção transversal diferencial é a seção transversal para espalhamento em um ângulo sólido específico. Ela tem as dimensões de área (largura e altura), portanto, chamá-la de seção cruzada [ou transversal] é apropriado. A seção transversal total, σ, é a seção transversal para dispersão de qualquer tipo, através de qualquer ângulo. Desse modo, se a seção transversal diferencial para dispersão em um ângulo sólido específico for como o centro do alvo, a seção transversal total corresponde a todo o alvo.

Você pode relacionar a seção transversal total com a seção transversal diferencial integrando o seguinte:

$$\sigma = \int \frac{d\sigma(\phi,\theta)d\Omega}{d\Omega} = \int_0^{2\pi}\int_0^{\pi} \frac{d\sigma(\phi,\theta)}{d\Omega}\,\mathrm{sen}\theta d\theta d\phi$$

Transpondo os referenciais de centro de massa e de laboratório

Entrar nos detalhes do espalhamento começa com uma discussão sobre o referencial de centro de massa [*center-of-mass frame*] e o referencial de laboratório [*lab frame*]. Os experimentos são realizados no referencial de laboratório, mas os cálculos de espalhamento são feitos no referencial de centro de massa, portanto, é preciso saber como transpor os cálculos entre os dois referenciais. Nesta seção, não vou abordar todas as transposições, mas apresento a maneira geral de considerá-las.

A Figura 15-8 mostra o espalhamento no referencial de laboratório. Uma partícula, viajando a $v_{1\ \text{lab}}$, incide em outra partícula em repouso ($v_{2\ \text{lab}} = 0$) e a atinge. Após a colisão, a primeira partícula espalha-se em um ângulo θ_1, viajando a $v_{1\ \text{lab}}$, e a outra partícula espalha-se em um ângulo θ_2 com velocidade de $v_{2\ \text{lab}}$.

DICA

No referencial de centro de massa, o centro de massa é estacionário e as partículas se dirigem uma para a outra. Após a colisão, elas se afastam uma da outra em ângulos θ e $\pi - \theta$. Usamos o referencial de centro de massa para os cálculos, pois ele permanece estacionário, o que significa que o *momento total antes e depois da colisão é zero nesse referencial*. Esse fato é útil ao realizarmos os cálculos. (É sempre útil quando o momento total é zero.)

Intercalamos esses referenciais ao fazer as transposições. E você precisa relacionar as velocidades e os ângulos (de uma forma não relativística). Aqui estão algumas relações iniciais úteis para relacionar os ângulos θ_1 e θ:

1. **Crie equações para a velocidade.**

   A velocidade da partícula 1 no referencial de laboratório é igual à velocidade da partícula 1 ($v_{1\ \text{lab}}$) no referencial de centro de massa (v_{1c}) mais a própria velocidade do centro de massa (v_{cm}):

   Antes da colisão: $\upsilon_{1\ \text{lab}} = \upsilon_{1\ \text{c}} + \upsilon_{\text{cm}}$

   Depois da colisão: $\upsilon'_{1\ \text{lab}} = \upsilon'_{1\ \text{c}} + \upsilon_{\text{cm}}$

2. **Aplique o fato de que o momento é zero antes e depois da colisão.**

   Antes da colisão: $m_1\upsilon_{1\ \text{c}} + m_2\upsilon_{2\ \text{c}} = 0$

   Depois da colisão: $m_1\upsilon'_{1\ \text{c}} + m_2\upsilon'_{2\ \text{c}} = 0$

   Trate a colisão como elástica, de modo que a energia cinética seja conservada.

$$\frac{1}{2}m_1\upsilon_{1\ \text{c}}^{\ 2} + \frac{1}{2}m_2\upsilon_{2\ \text{c}}^{\ 2} = \frac{1}{2}m_1\upsilon'^{\ 2}_{1\ \text{c}} + \frac{1}{2}m_2\upsilon'^{\ 2}_{2\ \text{c}}$$

Com base nessas identidades e relações iniciais — e no conhecimento de trigonometria —, você pode encontrar os diferentes componentes da velocidade e escrevê-los em termos dos ângulos e das massas, removendo convenientemente a velocidade. Se você conhece as massas das partículas e os ângulos das colisões de saída, então as velocidades em si não importarão.

Rastreando a amplitude de dispersão das partículas sem spin

Nesta seção, você verá o espalhamento elástico de duas partículas não relativísticas sem spin sob o ponto de vista da física quântica independente do tempo. Suponha que a interação entre as partículas dependa apenas de sua distância relativa, $|r_1 - r_2|$. Você pode reduzir problemas desse tipo a dois problemas dissociados (consulte o Capítulo 14 para obter detalhes). A primeira equação dissociada trata o centro de massa das duas partículas como uma partícula livre, e a segunda equação é para uma partícula efetiva de massa $\frac{m_1 m_2}{m_1 + m_2}$.

Começando com a equação da partícula efetiva de massa

A primeira equação dissociada — a da partícula livre do centro de massa — não nos interessa em discussões sobre dispersão. A segunda equação é aquela em que devemos nos concentrar, onde $\mu = \frac{m_1 m_2}{m_1 + m_2}$ oferece a seguinte equação de Schrödinger para trabalharmos:

$$\frac{-\hbar^2}{2\mu}\nabla^2\psi(r) + V(r)\psi(r) = E\psi(r)$$

Você precisa usar essa equação para resolver a probabilidade de uma partícula ser espalhada em um ângulo sólido $d\Omega$ — e você encontra essa probabilidade pela seção transversal diferencial, $\frac{d\sigma}{d\Omega}$.

LEMBRE-SE

Na física quântica, os pacotes de ondas representam as partículas. Em termos de dispersão, esses pacotes de ondas têm de ser largos o suficiente para que o espalhamento que ocorre durante o processo de dispersão seja insignificante (no entanto, o pacote de ondas não pode ser tão espalhado a ponto de abranger todo o laboratório, inclusive os detectores de partículas). Aqui está o ponto crucial: após o espalhamento, a função de onda se divide em duas partes — uma parte não espalhada e uma parte espalhada. É assim que a dispersão funciona no mundo da física quântica.

Continuando com a função de onda dispersa

Após a dispersão das partículas sem spin, a função de onda não dispersa não tem muito interesse para você, mas a função de onda dispersa, sim. Aqui estão as formas das duas funções de onda.

» **Função de onda incidente:** $\phi_{inc}(r) = Ae^{i\boldsymbol{k}_0 \cdot \boldsymbol{r}}$, onde $k_0^2 = \frac{2\mu E_0}{\hbar^2}$

» **Função de onda espalhada:** $\psi_{sc}(r) = Af(\phi, \theta)\frac{e^{i\boldsymbol{k} \cdot \boldsymbol{r}}}{r}$

Para a função de onda espalhada, a parte f(ϕ, θ) é chamada de amplitude de espalhamento. Simplificando, a amplitude de espalhamento representa a parte da onda que será espalhada. Se você estivesse analisando um problema de dispersão, seu trabalho seria encontrá-la. Aqui, A é um fator de normalização e

$$k = \sqrt{\frac{2\mu E}{\hbar^2}}$$

onde E é a energia da partícula espalhada.

DICA

A amplitude de espalhamento de partículas sem spin acaba sendo crucial para entender o espalhamento do ponto de vista da física quântica. O problema de determinar a seção transversal diferencial se resume a determinar a amplitude de espalhamento!

A aproximação de Born: Resgatando a equação de onda

Para encontrar a amplitude de espalhamento — e, portanto, a seção transversal diferencial — de partículas sem spin, você resolve a equação de Schrödinger:

$$\frac{-\hbar^2}{2\mu}\nabla^2\psi(r) + V(r)\psi(r) = E\psi(r)$$

Isso acaba se traduzindo na seguinte forma (a função de onda de dispersão), que, como você pode imaginar, é um monstro para tentar resolver com exatidão:

$$\psi(r) = \phi_{\text{inc}} - \frac{\mu}{2\pi\hbar^2}\int\frac{e^{i\boldsymbol{k}|\boldsymbol{r}-\boldsymbol{r}'|}}{|\boldsymbol{r}-\boldsymbol{r}'|}V(r')\psi(r')d^3\boldsymbol{r}'$$

Mas você pode chegar perto o suficiente com uma série de aproximações sucessivas, chamadas de aproximação de Born (esse é um resultado famoso). Mencionei no início do capítulo que os físicos podem obter seu doutorado apenas por criar um método para resolver um único cenário quântico. Max Born já tinha seu doutorado quando criou esse método, contudo, como recrutou Heisenberg e alguns outros pioneiros importantes da física quântica, ele merecia ter *algo* com seu nome! (Você pode saber mais sobre Born nos Capítulos 3 e 16.)

Para começar, a aproximação de Born de ordem zero é apenas $\psi_0(r) = \phi_{inc}(r)$. E inserir esse termo de ordem zero, $\phi_{inc}(r)$, na função de onda de espalhamento, no lugar de $\psi(r')$, fornece o termo de primeira ordem:

$$\psi_1(r) = \phi_{inc}(r) - \frac{\mu}{2\pi\hbar^2}\int \frac{e^{i|\boldsymbol{r}-\boldsymbol{r}_1|}}{|\boldsymbol{r}-\boldsymbol{r}_1|} V(r_1)\phi_{inc}(r_1)d^3\boldsymbol{r}_1$$

Em seguida, você insere essa aproximação de primeira ordem na equação para obter a aproximação de segunda ordem:

$$\begin{aligned}
&\psi_2(r) = \\
&\phi_{inc}(r) - \frac{\mu}{2\pi\hbar^2}\int \frac{e^{ik|\boldsymbol{r}-\boldsymbol{r}_2|}}{|\boldsymbol{r}-\boldsymbol{r}_2|} V(r_2)\phi_{inc}(r_2)d^3\boldsymbol{r}_2 \\
&+ \frac{\mu^2}{4\pi^2\hbar^4}\int \frac{e^{ik|\boldsymbol{r}-\boldsymbol{r}_2|}}{|\boldsymbol{r}-\boldsymbol{r}_2|} V(r_2)\psi_1(r_2)d^3r_2 \int \frac{e^{ik|\boldsymbol{r}_2-\boldsymbol{r}_1|}}{|\boldsymbol{r}_2-\boldsymbol{r}_1|} V(r_1)\phi_{inc}(r_1)d^3\boldsymbol{r}_1
\end{aligned}$$

Esse padrão de pesadelo continua para os termos mais altos, que você pode encontrar conectando os termos de ordem inferior aos mais altos. Mas depois de compor uma aproximação de Born da função de onda, você tem um ponto de partida para definir a função de onda e, então, pode usá-la para encontrar a amplitude de espalhamento e a seção transversal diferencial.

5

A Parte dos Dez

NESTA PARTE . . .

Descubra mais sobre dez dos mais importantes pioneiros da física quântica.

Aprofunde-se nos dez dos maiores triunfos da física quântica.

NESTE CAPÍTULO

» **Descobrindo dez cientistas influentes na física quântica**

» **Lembrando as principais conquistas dos pioneiros**

» **Descobrindo onde obter mais informações sobre eles**

Capítulo 16
Dez Pioneiros Importantes da Física Quântica

Ao longo deste livro, menciono vários dos pensadores mais inovadores e influentes da história da ciência, especialmente aqueles que trabalhavam com física no início do século XX. Esses cientistas transformaram nossa compreensão do universo físico e da natureza fundamental da matéria e da energia, desde a visão clássica até a visão quântica descrita neste livro.

Neste capítulo, dedico algum tempo a analisar mais diretamente esses cientistas. Forneço algumas informações biográficas e relaciono algumas de suas principais realizações. Também abordei essas realizações em outras partes do livro, mas, em alguns casos, apresento ainda realizações que estão fora do escopo do assunto deste livro. E, quando apropriado, ofereço informações sobre biografias interessantes e populares desses cientistas para os leitores que possam estar interessados em saber mais.

Max Planck (1858–1947)

Max Karl Ernst Ludwig Planck nasceu em Kiel, Alemanha, em uma família de intelectuais. Durante sua carreira universitária, estudou em Berlim com os físicos Hermann von Helmholtz e Gustav Kirchhoff, trabalhando em muitos dos principais problemas da termodinâmica.

A realização científica mais significativa de Planck é a solução para o problema da radiação do corpo negro — abordado em detalhes no Capítulo 3 — em que ele propôs a ideia de quantificar os níveis de energia. Essa abordagem foi concebida como uma simplificação matemática para permitir uma solução, não para representar necessariamente uma restrição física real na natureza. A constante física que leva seu nome, a constante de Planck, aparece em toda parte na física quântica. Esse trabalho lhe rendeu o Prêmio Nobel de Física de 1918.

Planck reconheceu a importância da teoria da relatividade especial de Albert Einstein desde o início e tornou-se um ávido defensor da teoria e do jovem físico que a propôs. Anos mais tarde, tanto Planck quanto Einstein se uniriam em seu ceticismo em relação às implicações da física quântica, especialmente conforme manifestado na interpretação de Copenhague (que explicava as medições quânticas como o colapso da função de onda quântica).

Para um relato mais abrangente de Max Planck, considere a leitura de sua biografia por Brandon R. Brown, *Planck: Driven by Vision, Broken by War* (Oxford University Press, 2015).

Albert Einstein (1879–1955)

A tentativa de fazer um breve resumo da vida e da obra de Albert Einstein parece, de certa forma, desrespeitosa. Acredito que nenhuma outra figura intelectual em toda a história tenha assumido uma perspectiva cultural tão profunda e capaz de mudar o mundo. Em 1999, Albert Einstein foi considerado a Pessoa do Século pela revista *Time*.

Embora seja conhecido principalmente por sua teoria da relatividade, Einstein foi fundamental para a criação e a evolução da física quântica em quase todos os estágios. Mesmo com três décadas de experiência em física, fiquei constantemente surpreso, ao escrever este livro, com a frequência com que algum fio condutor da física quântica acabava se relacionando com o próprio Einstein. Você pode encontrar uma lista mais abrangente dessas influências nos recursos online deste livro (especificamente, na Folha de Cola, disponível no site da editora Alta Books: `altabooks.com.br`).

Niels Bohr (1885–1962)

Niels Bohr nasceu em Copenhague, Dinamarca, e se tornou uma das figuras centrais da física quântica. Sua principal realização, que lhe rendeu o Prêmio Nobel de Física de 1922, foi reconhecer que a teoria quântica poderia ser aplicada à estrutura do átomo. Falei sobre isso no Capítulo 3. A teoria utilizou o modelo de Rutherford do átomo e aplicou a teoria quântica de Planck para explicar (de forma bastante aproximada) os resultados da espectroscopia do átomo de hidrogênio.

Com base nesse primeiro sucesso da teoria quântica, Bohr tornou-se um entusiasta do potencial da incorporação da física quântica. Ele estabeleceu um instituto de física teórica em Copenhague que ficou conhecido como Instituto de Copenhague. Praticamente todos os físicos europeus da época que trabalharam com a teoria quântica acabaram indo para o Instituto de Copenhague.

Embora Bohr não tenha sido o principal inovador em nenhuma descoberta (depois do modelo de Bohr do átomo), ele teve um impacto profundo na geração de físicos que transformaria a teoria quântica nascente em uma mecânica quântica matemática completa. Ele se tornou o "vovozão" da geração que se seguiu.

Louis de Broglie (1892–1987)

Louis Victor Pierre Raymond, 7º duque de Broglie, nasceu em Dieppe, na França. De família aristocrática, Louis começou seus estudos com um amor pela história e presumiu que seguiria esse campo. Mas acabou migrando para a física.

Embora tenha tido uma carreira notável, ele é mais conhecido por sua tese de doutorado de 1924, na qual previu o comportamento ondulatório da matéria (discutido no Capítulo 3). Essa hipótese de De Broglie foi confirmada experimentalmente em 1927 e lhe rendeu o Prêmio Nobel de Física de 1929.

Werner Heisenberg (1901–1976)

Werner Karl Heisenberg nasceu em Würzburg, na Baviera. Ele atingiu a maioridade como estudante de física no momento em que Niels Bohr estava no ápice de sua fama — fundando o Instituto de Copenhague, ganhando o Prêmio Nobel de Física e tentando convencer a todos de que, caso se conseguisse descobrir como a teoria quântica funcionava, ela revolucionaria a física. Heisenberg aceitou seu desafio.

Depois de se reunir com Bohr em Copenhague, Heisenberg desenvolveu a estrutura básica do que se tornaria a mecânica quântica. Ele enviou uma cópia de seu trabalho para seu brilhante amigo Wolfgang Pauli e seu mentor Max Born. Em poucas semanas, Born enviou os resultados para publicação em um periódico de física e contratou outro estudante, Pascual Jordan, para ajudá-lo a resolver os detalhes.

Em um período de meses em 1925, Heisenberg, Born e Jordan elaboraram uma formulação matricial da mecânica quântica, explicando a teoria em termos matemáticos precisos, como tabelas de números que interagem entre si. Em 1927, Heisenberg publicou o princípio da incerteza que leva seu nome; esse é um dos conceitos mais fundamentais da física quântica. Quando o Prêmio Nobel de Física de 1932 foi concedido pelo desenvolvimento da mecânica quântica, Heisenberg foi seu único ganhador.

Embora não seja uma biografia, a vida de Heisenberg está no centro da narrativa de física, *Helgoland: Making Sense of the Quantum Revolution* (Riverhead Books, 2021), de Carlo Rovelli. Outra boa abordagem narrativa de Heisenberg é a peça de Michael Frayn, *Copenhagen* (1998), baseada em uma viagem real que Heisenberg fez a Copenhague em 1941 para se encontrar com Niels Bohr. Os dois tiveram uma conversa particular, mas nenhum deles jamais divulgou os detalhes reais desse encontro.

Erwin Schrödinger (1887–1961)

Erwin Rudolf Josef Alexander Schrödinger nasceu em Viena, Áustria-Hungria. Mais ou menos na mesma época em que Heisenberg, Born e Jordan estavam desenvolvendo sua formulação matricial da mecânica quântica, Schrödinger desenvolveu a formulação da mecânica ondulatória. Ele também elaborou o que ficou conhecido como equação de Schrödinger. O desenvolvimento dessa equação lhe rendeu o Prêmio Nobel de Física de 1933, que dividiu com Paul Dirac.

O nome de Schrödinger é provavelmente mais conhecido, tanto dentro quanto fora da física, pelo experimento mental chamado gato de Schrödinger, que tem a intenção de apontar o absurdo da interpretação de Copenhague sobre a mecânica quântica. Esse experimento mental é abordado em profundidade no Capítulo 6.

Paul Dirac (1902–1984)

Paul Adrien Maurice Dirac nasceu em Bristol, Inglaterra. Enquanto Heisenberg, Born e Jordan criavam a mecânica matricial, e enquanto Schrödinger criava a mecânica ondulatória, Paul Dirac *também* estava desenvolvendo a base matemática da mecânica quântica. Seu método era semelhante ao dos outros que desenvolveram a mecânica matricial, embora ele usasse uma abordagem matemática ainda mais esotérica do que a deles.

Em 1930, Dirac publicou um livro, *The Principles of Quantum Mechanics*, que introduziu muitas das ferramentas matemáticas usadas até hoje para explorar a mecânica quântica, como a notação de Dirac (ou notação bra-ket, conforme discutido no Capítulo 7). Ele também trabalhou para conciliar a teoria geral da relatividade de Einstein com as equações da mecânica quântica e, ao fazê-lo, previu a existência da antimatéria, que foi detectada experimentalmente em 1932. Por esse trabalho, Dirac dividiu o Prêmio Nobel de Física de 1933 com Erwin Schrödinger.

Max Born (1882–1970)

Max Born nasceu em Breslau, hoje conhecida como Wroclaw, na Polônia. Born foi o mentor direto de vários físicos revolucionários que ajudaram a criar a mecânica quântica. Quando Heisenberg estava trabalhando em sua formulação, foi Born quem o orientou a pensar nos valores de observação quântica em um formato de matriz. E, por fim, foi Born quem reconheceu que a função de onda de Schrödinger poderia ser entendida como representação da probabilidade de um determinado resultado. Esse foi o principal insight que o levou a receber o Prêmio Nobel de Física de 1954.

Richard Feynman (1918–1988)

Richard Phillips Feynman nasceu no Queens, na cidade de Nova York, nos Estados Unidos. Feynman se formou em física pelo Massachusetts Institute of Technology e depois fez doutorado na Universidade de Princeton. Em sua dissertação de 1942, estabeleceu as bases para algumas ideias fundamentais às quais retornaria em sua pesquisa, incluindo

- » A formulação da integral de caminho
- » Diagramas de Feynman
- » Os pósitrons se comportam como elétrons se movendo para trás no tempo

Quando o Prêmio Nobel de Física de 1965 foi concedido pelo desenvolvimento da eletrodinâmica quântica, ele foi compartilhado por Feynman, Julian Schwinger e Sin-Itiro Tomonaga e, naquele momento, essas contribuições importantes de Feynman já tinham mais de vinte anos. Ainda assim, ele se orgulhava delas, e ficou famoso por ter os diagramas de Feynman estampados em sua van.

Feynman escreveu vários livros. A maioria deles é voltada para a física e, na verdade, são apenas transcrições de suas palestras, embora alguns sejam mais autobiográficos, como *Só pode ser brincadeira, Sr. Feynman! As excêntricas aventuras de um físico* e *What Do You Care What Other People Think? Further Adventures of a Curious Character*. Sua biografia definitiva foi escrita por James Gleick: *Feynman, a natureza do gênio*.

Murray Gell-Mann (1929–2019)

Murray Gell-Mann nasceu em Manhattan, na cidade de Nova York, nos Estados Unidos. Enquanto Feynman foi um dos últimos físicos a obter um doutorado antes do desenvolvimento da bomba nuclear, o diploma de bacharel obtido por Gell-Mann em 1948 o colocou entre a primeira geração de físicos a se graduar em física na era nuclear. Na década de 1950, ele e Feynman trabalharam juntos para ajudar a descobrir alguns aspectos fundamentais da interação de partículas fracas.

Gell-Mann é mais conhecido como o fundador da cromodinâmica quântica (QCD) e, especificamente, por ser a fonte do termo *quark* para identificar as novas partículas que compunham os hádrons (partículas subatômicas), como o próton e o nêutron. (O termo foi uma referência a uma frase do romance *Finnegans Wake*, de James Joyce.) Sua pesquisa sobre a natureza fundamental da física de partículas rendeu a Gell-Mann o Prêmio Nobel de Física de 1969.

NESTE CAPÍTULO

» Explicando resultados inesperados

» Identificando características do mundo quântico

» Desenvolvendo novos modelos

Capítulo 17
Dez Triunfos da Física Quântica

A física quântica foi criada para explicar as medidas físicas que a física clássica não conseguia explicar. Este capítulo aborda dez triunfos da física quântica e destaca os principais pontos que você precisa entender sobre o que torna cada triunfo tão importante. Você pode encontrar mais detalhes sobre conceitos relacionados ao longo do livro e, principalmente, na Parte 1 e na Parte 2.

Dualidade Onda-partícula

Essa partícula é uma onda? Ou essa onda é uma partícula? Trata-se de uma das questões à qual a física quântica foi criada para resolver, porque as partículas exibiam propriedades ondulatórias no laboratório, enquanto as ondas exibiam propriedades de partículas. Os principais momentos da história dos desenvolvimentos associados à dualidade onda-partícula são abordados ao longo do livro, principalmente nos Capítulos 2, 3 e 4.

O Efeito Fotoelétrico

Um dos primeiros sucessos da física quântica envolveu a explicação do efeito fotoelétrico, conforme discutido no Capítulo 3. A energia dos elétrons aumenta com a frequência da luz, não com sua intensidade; essa situação dá suporte à teoria da luz como um fluxo de fótons discretos. Albert Einstein explicou isso em 1905 e acabou ganhando o Prêmio Nobel de Física de 1921 pela explicação. O efeito fotoelétrico tem muitas aplicações práticas, inclusive na geração de imagens e na detecção de luz. É possível construir um material que emita diferentes quantidades de elétrons à medida que a luz muda, criando um sensor capaz de detectar mudanças na luz ou nas imagens. Se você já entrou em uma loja e viu a porta da frente se abrir para você, essa tecnologia tem suas raízes no efeito fotoelétrico. Os painéis solares são outra tecnologia importante que descende de tal descoberta.

Postulando o Spin

Os resultados do experimento de Stern-Gerlach não poderiam ser explicados sem postular o spin, outro triunfo da física quântica. Esse experimento enviou elétrons por um campo magnético, e a previsão clássica era de que o fluxo de elétrons criaria um ponto de elétrons em uma tela. No entanto, havia dois pontos, que correspondiam aos dois spins, para cima e para baixo.

Essa compreensão detalhada do comportamento e da estrutura do elétron e das partículas em geral, levou a um exame mais profundo da natureza fundamental da matéria física e de sua estrutura. O Modelo Padrão da Física de Partículas, a teoria atual que descreve os pilares básicos do universo, incorpora o spin como uma característica fundamental na definição de todas as partículas do universo.

Diferenças entre as Leis de Newton e a Física Quântica

Talvez o maior triunfo da física quântica tenha sido a construção, em um período de cerca de meio século, de uma estrutura teórica e matemática abrangente (e precisa!) que forneceu uma alternativa à física clássica para analisar a matéria e a energia no reino quântico. Na física clássica, as partículas ligadas podem ter qualquer energia ou velocidade, mas isso não é verdade na física quântica. E, na física clássica, pode-se determinar com exatidão a posição e o momento das partículas, o que não é verdade na física quântica (graças ao princípio da incerteza de Heisenberg, que analisei no Capítulo 3). Além disso, na física quântica, você pode sobrepor estados uns aos outros e fazer com que as partículas entrem em áreas que, classicamente, seriam impossíveis.

O Princípio da Incerteza de Heisenberg

Em seu princípio da incerteza, Heisenberg teorizou que não é possível medir simultaneamente a posição e o momento exatos de uma partícula. Essa é uma das teorias centrais que transformou a física clássica e forneceu a base para a física quântica. (Mais sobre isso no Capítulo 3.)

Tunelamento Quântico

Provavelmente, um dos resultados mais estranhos da física quântica acontece quando uma partícula atravessa uma lacuna que não deveria (em termos clássicos) ser capaz de atravessar. Por exemplo, como um elétron com energia E pode entrar em um campo eletrostático (um exemplo das barreiras de potencial mencionadas no Capítulo 8), no qual é necessário ter mais do que a energia E para penetrar? Na física clássica, a resposta é simples: ele não pode.

Na verdade, a física quântica mostra que, em alguns casos, a partícula pode acabar do outro lado dessa lacuna "intransponível". Esse processo, chamado de *tunelamento quântico*, basicamente faz com que a partícula salte através da lacuna sem percorrer a distância intermediária. A função de onda é extremamente pequena dentro da lacuna, dentro do campo eletrostático. Como o quadrado da função de onda representa a probabilidade de uma partícula estar nesse local, isso significa que você tem uma probabilidade extremamente pequena de encontrar a partícula dentro do campo eletrostático.

Mas a função de onda do outro lado da lacuna, a partir de onde a partícula começou, é de fato bastante significativa em comparação. (Veja o trabalho no Capítulo 8 para confirmar isso.) Em outras palavras, ao contrário de toda a intuição clássica, existe alguma probabilidade significativa de que a partícula acabe do outro lado da lacuna. Nesses casos, a partícula de alguma forma passou de um lado dessa barreira supostamente intransponível para o outro, embora você quase nunca encontre essas partículas dentro da barreira! Como a partícula não tem energia para atravessar a barreira, a metáfora é que ela atravessou a barreira por um túnel.

Espectros Discretos de Átomos

A ciência começou o século XX ainda sem saber se os átomos realmente existiam. Naquela época, o debate se dava principalmente entre os químicos. Eles sabiam que os produtos químicos se decompunham em determinados elementos, mas não se decompunham ainda mais por meio de reações químicas. E a decomposição sempre acontecia em proporções de números inteiros, sugerindo que os elementos talvez fossem a menor estrutura e não podiam ser decompostos ainda mais.

Os físicos entraram em cena por meio da termodinâmica e da teoria eletromagnética. Eles descobriram que, quando você bombeia energia para os átomos, às vezes os faz emitir certas linhas específicas de luz. O estudo desse espectro eletromagnético de energia, às vezes chamado de linhas espectrais, deu origem a seu próprio ramo da ciência, a espectroscopia. Esse campo de estudo remonta à década de 1860 e, portanto, é bem anterior à física quântica. No início do século XX, químicos e físicos adotaram a ideia de que os átomos eram estruturas físicas. O novo campo da física quântica foi fundamental para aqueles que estudavam a espectroscopia, e estava relacionado à forma como a matéria e a energia interagiam.

A modelagem da natureza quantizada de átomos e orbitais é outro triunfo da física quântica. Acontece que os elétrons não podem ter qualquer valor de energia em um átomo, mas, em lugar disso, têm apenas certos níveis de energia quantizados permitidos — e esse foi um dos fundamentos da física quântica.

Oscilador Harmônico

O oscilador harmônico tem todo o Capítulo 9 dedicado a ele, mas vale a pena mencioná-lo aqui. Quantificar osciladores harmônicos no nível micro foi outro triunfo da física quântica. Classicamente, os osciladores harmônicos podem ter qualquer energia, mas não em termos de mecânica quântica.

LEMBRE-SE

Sempre que um físico observa uma partícula que permanece por qualquer período de tempo, ele está realmente observando algo que se comporta como um oscilador harmônico quântico. Os átomos em uma rede ou dentro de uma molécula devem ser tratados como osciladores. As partículas presas em poços de energia ou armadilhas ópticas, incluindo a base da computação quântica, também dependem desse entendimento.

Poços Quadrados

Assim como os osciladores harmônicos, a quantização de partículas ligadas em poços quadrados no nível micro foi outro triunfo da física quântica. Esse assunto é abordado detalhadamente no Capítulo 8, principalmente por ser um daqueles problemas que a física quântica realmente sabe como resolver com precisão. Classicamente, as partículas em poços quadrados podem ter qualquer energia, mas a física quântica diz que você só pode ter certas energias permitidas.

O Gato de Schrödinger

O gato de Schrödinger é um experimento mental que detalha alguns problemas que surgem no mundo macro por pensarmos que o spin dos elétrons é completamente indeterminado até que seja medido. Por exemplo, se você conhece o spin de um dos pares de elétrons recém-criados, sabe que o outro tem de ter o spin oposto. Então, se você separar dois elétrons por anos-luz e medir o spin de um elétron, o spin do outro elétron subitamente se ajusta ao valor oposto, mesmo a uma distância que levaria anos para ser percorrida por um sinal do primeiro elétron. Coisa complicada! O paradoxo no centro desse experimento mental fornece a base para grande parte do Capítulo 6, portanto, confira-o para obter mais detalhes sobre esse debate acalorado.

Índice

A

ação fantasmagórica à distância 105
adjunto hermitiano 124
amplitude
  de espalhamento 310
  de probabilidade 113
antimatéria 80
aproximação de Born 310
assimetria bariônica 290
átomo
  de hidrogênio 263
    degenerescência de energia 278
  estrutura eletrônica 299
  marcos iniciais 264
  poder 7
  simples 263

B

base contínua 137
bóson de Higgs 86

C

campo
  eletromagnético 30
  gravitacional 30
  magnético fraco 301
cientistas
  conflitos 12
coeficiente
  de reflexão 156
  de transmissão 156
colapso instantâneo
  conciliar 105
compreensão
  abstrata 10
  quântica 91
comprimento de onda
  deslocamento 52
computadores quânticos 92
conjugado complexo 116
coordenadas
  esféricas 205, 247
  retangulares 230
correção de energia 302
cromodinâmica quântica 86

D

decodificação de criptografias 92
degenerescência de troca 295
degrau de potencial 154
  barreira de potencial 163
densidade de corrente 156
diagramas de Feynman 66
domínio quântico 15
dupla fenda
  experimento 26

E

efeito
  Compton 50
  do observador 97
    consciente 97
  fotoelétrico 48
eletrodinâmica quântica 63
eletromagnetismo
  funcionamento 84
elétron
  comportamento orbital 53
emaranhamento 13
emissão estimulada 88

experimentos 88
energia
cinética
radial 250
rotacional 250
degenerada 242
potencial 250
energia potencial
poços 141
autovalores
duplamente degenerados 146
não degenerados 145
distância horizontal 143
quadrado 142
infinito 146
equação
de Maxwell 29
de Schrödinger 138
de Schrödinger 3D 230
diferencial
de Legendre 209
homogênea 184
separável 269
espaço
amostral 38
de Hilbert 111
tridimensional 193
espectroscopia 35
estados
do elétron
orbitais 281
excitados 186
finitos 273
ligados 144
estrutura
atômica 70
de conchas 299
experimento
de Stern-Gerlach 216
mental
gato de Schrödinger 102

F

física
clássica 15
quântica e clássica
diferença 9
quantização 44
física quântica
debates 102
pioneiros 315
Albert Einstein 316
Erwin Schrödinger 318
Louis de Broglie 317
Max Born 319
Max Planck 316
Murray Gell-Mann 320
Niels Bohr 317
Paul Dirac 319
Richard Feynman 320
Werner Heisenberg 318
fissão nuclear 90
reatores 90
fluxo de elétrons
controle 89
força
eletromagnética 28
nuclear 70
bósons de calibre 85
formas de energia 19
ondas 20
interferência 23
superposição 23
termodinâmica 36
fóton virtual 68
função
de onda 61
independente do tempo
aparência 237
normalização 150
partículas emaranhadas 104
quântica 79

separação 231
esférica
Bessel e Neumann 253
onda
probabilística 100
trabalho 49
fusão nuclear 90

G

grandeza escalar 17
gravidade quântica 87

H

harmônicas esféricas normalizadas 212
hipótese atômica
de Feynman 33

I

ideia de emaranhamento 98
interferômetro
de Michelson-Morley 32
interpretações físicas 99
das variáveis ocultas 101
desigualdade de Bell 106
ou de Broglie-Bohm 101
de Copenhague 100
de muitos mundos 100
invenção da tecnologia 11

L

lasers
desenvolvimento 88
leis
da termodinâmica 37
de Hooke 174
do movimento 16
energia e momento 18

M

massa reduzida 268
matéria
bariônica 290
comportamento 16
dupla identidade 56
matriz
de Heisenberg 136
de identidade 132
de Pauli 224
mecânica quântica 10
relativística 57
medições
de um experimento
incerteza 40
diferença 96
molécula diatômica 196
momento angular 191
autoestados reais 195
equação hamiltoniana 192
intrínseco 215
líquido 216
quadrado 195
representação matricial 202
múltiplas partículas
indistinguíveis 293
sistema 286

N

natureza da luz 24
difração 25
éter luminífero 31
teoria corpuscular 26
níveis de energia 136
notação de Dirac 114
número
de onda 148
quântico 76
principal 273
qubit 77

radial 273
spin 76
bósons 78
férmions 78

O

onda-partícula
dualidade 56, 79
operador 120
comutador 125
de aniquilação 177
de criação 177
de momento 193
de permutação 297
de posição 193
diferencial 249
hamiltoniano 174
autoestados 176
inverso 134
linear 123
tipos 120
valor esperado 121
oscilador
carregado
função de onda 304
harmônico 173
casos da física clássica 174
força de restauração 260
isotrópicos 245, 259
quântico 175

P

pacote de onda 169, 236
gaussiano 170
padrão de interferência 97
paradoxo de EPR 104
partículas
aceleradores 69
físicas 235
idênticas
densidade de probabilidade 294
perda da individualidade 294
que não interagem 296
individuais 75
estados quânticos 75
livres 167
em 3D 232
energia total 234
virtuais 67
poço potencial
esférico quadrado 255
polinômio
de Hermite 187
generalizado
de Laguerre 261, 277
pósitron 57
postulado da simetria 295
potencial
central 249
equação radial 252
cúbico 242
em 3D 237
quântico 102
princípio
da incerteza de Heisenberg 58, 127
de exclusão de Pauli 298
de Feynman
primeiro 11
probabilidade 58
quântica
papel 96
relativa 112
produto escalar 234
projeto Manhattan 83

R

radiação
de corpo negro 44
osciladores radiantes 46
eletromagnética

tipos 28
realidade
descrição incompleta 105
física 8
natureza quântica 8
referencial
de centro de massa 308
de laboratório 308
restrições de continuidade 259
resultados
experimentais 11
observáveis 10

S

seção transversal diferencial 307
simetria de troca 289
sistema
de duas partículas
funções de onda 297
de unidades CGS 267
solução
degenerada 305
não degenerada 301
quântica 162
não zero 162
spin
do elétron 280
inteiro 218
bósons 218
categorias 219
meio inteiro 218
férmions 218
categorias 219
para cima e para baixo 217
superposição de ondas 61

T

teoria
de perturbação 300
oscilador harmônico 302
de tudo 87
do espalhamento 306
quântica de campos 64, 84
transformações unitárias 135
troca de partículas 290
autofunções 291
distinguíveis 291
truques matemáticos 177
tunelamento quântico 163

V

variância e desvio-padrão
noções estatísticas 40
variante quântica 56
vetores 17
autovetores e autovalores 129
combinação linear 116
de estado 114
desigualdade de Schwarz 119
independente da base 117
de onda 55
espaço
de momento 118
de posição 118
ortogonais 119

Este livro foi impresso nas oficinas gráficas da Editora Vozes Ltda.,
Rua Frei Luís, 100 – Petrópolis, RJ.